"十四五"高等教育应用型本科机电类专业系列教材

智能控制技术及应用

阚　秀◎主编

中国铁道出版社有限公司

北　京

内 容 简 介

本书介绍智能控制的基本原理和方法技术,重点介绍智能控制系统涉及的新方法、新技术及典型应用案例,主要包括专家控制、模糊控制、神经网络控制、智能优化算法、深度学习和强化学习。本书重在理论联系实际,介绍内容具有工程应用项目研究的工业实际背景,每章配套的典型案例、习题和实验均选自实际工业系统控制应用,很多来自科研项目。本书为乐于动手的学生提供了自学实验环节,也为有兴趣深入钻研智能控制理论的学生介绍了模糊控制、深度学习以及强化学习的新理论和新方法。

本书适合作为高等院校电气类、电子信息类专业的教材,也可供从事检测和控制等系统研究、设计和开发的科研与工程技术人员参考。

图书在版编目(CIP)数据

智能控制技术及应用/阚秀主编 . —北京:中国铁道出版社
有限公司,2023.3
"十四五"高等教育应用型本科机电类专业系列教材
ISBN 978-7-113-29912-5

Ⅰ.①智… Ⅱ.①阚… Ⅲ.①智能控制-高等学校-教材
Ⅳ.①TP273

中国国家版本馆 CIP 数据核字(2023)第 020167 号

书　　名:**智能控制技术及应用**
作　　者:阚　秀

策　　划:曹莉群　　　　　　　　　编辑部电话:(010)63551926
责任编辑:曾露平　　徐盼欣
封面设计:郑春鹏
责任校对:苗　丹
责任印制:樊启鹏

出版发行:中国铁道出版社有限公司(100054,北京市西城区右安门西街 8 号)
网　　址:http://www.tdpress.com/51eds/
印　　刷:天津嘉恒印务有限公司
版　　次:2023 年 3 月第 1 版　　2023 年 3 月第 1 次印刷
开　　本:787 mm×1 092 mm 1/16　印张:15.5　字数:376 千
书　　号:ISBN 978-7-113-29912-5
定　　价:39.80 元

前　　言

智能控制是控制领域中的新兴前沿学科之一,它的发展得益于现代计算机、数字通信、数字控制、人工智能等多学科的发展,即智能控制是一门综合性强、多学科交叉的学科。智能控制提供了新的方法和思路,可以用于解决具有复杂性、非线性和不确定性等工程实践过程中的控制问题,也被称为自动控制理论发展的第三阶段。本书是编者总结多年教学经验,并结合行业发展和学生反馈,在多年教学讲义的基础上编写而成。

全书共分9章,主要介绍智能控制涉及的基本概念、工作原理、方法模型和技术应用。第1章介绍智能控制的发展历程、系统分类和结构原理;第2章介绍专家控制的定义和工作特点、专家控制系统的基本原理与设计方法;第3章介绍模糊控制的数学基础,包括模糊集合论、模糊关系和模糊推理;第4章介绍模糊控制系统的工作原理和组成特点,模糊控制器的结构和设计流程,并将模糊控制方法用于解决实际工程问题;第5章介绍人工神经网络的原理与分类、前向神经网络和反馈神经网络;第6章介绍神经网络控制系统的工作原理与组成结构,基于神经网络的系统辨识,神经网络控制器设计流程,并将神经网络控制方法用于解决实际工程问题;第7章分析智能优化算法与控制系统之间的关联,介绍遗传算法、粒子群优化算法和蚁群算法的基本原理及实现步骤;第8章介绍深度学习技术在智能控制中的应用,基于深度学习和迁移学习实现了图像的识别与分类;第9章介绍强化学习技术在智能控制中的应用,基于强化学习实现了小车倒立摆的控制。

本书特点如下:

(1)介绍了基本概念、基本理论和基本方法,并延伸到前沿研究中的新思想和新技术。

(2)针对应用实践中的各类控制问题,基于各种类型的控制方法,利用 MATLAB 和 Python 等技术进行分析解决。

(3)从应用实践的角度出发,突出理论联系实际,给出具有可读性和可操作性的各种控制算法完整的解决方案。

本书可以根据培养计划和学生基础进行课时安排,建议为48学时。建议第1章2学时,第2章5学时,第3章8学时,第4章8学时,第5章6学时,第6章6学时,第7章5学时,第8章4学时,第9章4学时。

本书由上海工程技术大学阚秀主编,第1~4章由阚秀编写,第5、6章由罗晓编写,第7~9章由陈小龙编写,参与编写的人员还有张臻、高秀宇和郑金洁,全书由阚秀和罗晓统稿。本书在编写过程中参考了许多教材和资料,在此向各位专家学者一并致谢。

由于编者水平有限,加之时间仓促,书中难免存在不足和疏漏之处,欢迎广大读者批评指正。

编　者

2022 年 7 月

目　　录

第1章 绪　　论

1.1　智能控制概述

1.1.1　智能控制的发展历程

随着科学技术的持续发展,社会中各个行业随之发生了翻天覆地的变化。在社会发展的过程中,各个学科不再是单纯地独自发展,而是多学科进行交叉融合,这也促成了许多新方法、新技术、新学科的诞生,智能控制就是多学科相融合的产物。智能控制以控制理论、计算机科学、人工智能、运筹学等学科为基础,在解决工程实践问题过程中融合并扩展了相关的理论和技术。

1. 传统控制面临的挑战

传统控制包括经典控制和现代控制,是采用传递函数和微分方程等工具从频域和时域两方面研究精确的被控对象模型的控制方式,适用于解决线性、确定性、单目标等相对简单明确的控制问题。

18 世纪工业革命期间,为了保持蒸汽机的匀速运转,Walt 设计了一个离心调节器自动调节进气量,开辟了自动控制用于实际生产系统的先河。1932 年,Nyquist 根据稳态正弦输入的开环响应研究了闭环系统的稳定性。20 世纪 40 年代,频率响应法成为工程技术人员设计线性闭环控制系统的重要方法。20 世纪 50 年代初,Evans 完善了根轨迹法。至此,以频率响应法和根轨迹法为核心的经典控制理论逐步成熟。经典控制理论的主要贡献在于将 PID 控制调节器成功用于解决单输入-单输出线性系统的控制问题。进入 20 世纪 60 年代以后,数字计算机技术的快速发展为解决复杂多维系统的控制提供了技术支撑,在此期间,空间探索控制技术发展迅速,以满足现代工程实践中日益增加的复杂控制要求,以庞特里亚金极大值原理、李雅普诺夫稳定性、贝尔曼动态规划、卡尔曼滤波等为理论基础,形成了以最优控制、系统辨识、最优估计和自适应控制等为代表的现代控制理论分析和设计方法。现代控制理论的主要贡献在于成功地解决了火箭发射等多输入-多输出系统的控制问题。

随着社会的不断发展,自动控制面向的对象系统越来越复杂,控制性能和指标的要求也越来越苛刻,如智能机器人、航空航天器、精密仪器生产和复杂化学过程控制等,仅仅借助精确数学模型描述和分析的传统控制理论已难以解决复杂系统的控制问题,尤其是在具有如下特点的现代控制工程中:

①实际被控系统和其所处环境往往具有复杂性、非线性、时变性和不确定性等特点,很难建立被控对象的精确数学模型。

②研究过程中往往会提出一些苛刻的假设条件,如线性化约束和统计分布描述等,而这些假设往往与实际不符。

③对于研究中所遇到的系统和环境中所存在的不确定现象,一般无法用传统的数学方法进行刻画和表达。

④实际系统的输入和输出信息表现为多种模态形式,传统控制理论方法对这些信息的处理融合和知识表达往往不能奏效。

⑤实际控制任务往往比较复杂且性能指标要求严格,传统控制方法通常面向的是单一的任务需求,且难以保证健壮性、稳定性、抗干扰性等多性能要求。

2. 智能控制的发展

面对实际系统控制中存在的诸多复杂问题,传统控制理论和方法在应用过程中显得无能为力。然而,人们发现在实际生产生活中,熟练的操作工人和技术专家可以很好地完成复杂生产过程的配置和优化控制,达到令人满意的控制效果。那么,如何有效地将熟练的操作工人或技术专家的经验知识进行合理有效的表达,并与控制方法结合起来去解决复杂系统的控制问题,就成为智能控制研究的目标所在。也就是说,智能控制主要是针对控制对象及其环境、目标和任务的不确定性和复杂性而提出的。一方面,这是由于实现大规模复杂系统的控制需要;另一方面,伴随着智能化时代的到来,现代计算机技术、人工智能和微电子学等学科高速发展,使得实现系统控制的技术工具发生了革命性的变化。智能时代的明显标志就是智能自动化,而智能控制作为智能自动化基础,它的产生和发展显然是历史的必然。

智能控制的概念最早是由美国普渡大学的美籍华人傅京逊教授提出的。傅京逊于 1965 年在其论文中首次将人工智能的启发式推理规则用于学习系统。Mendel 于 1966 年提出"人工智能控制"的概念。1967 年,Leondes 和 Mendel 首次使用"智能控制"一词,并把记忆、目标分解等技术应用于学习控制系统。傅京逊于 1971 年阐述了人工智能与自动控制的交接关系,即人作为控制器、人机结合作为控制器、无人参与的自动控制。与此同时,智能控制的相关理论和方法也在不断发展。Zadeh 于 1965 年发表的《模糊集合》一文开辟了模糊控制这一智能控制新理论。Astrom 在其 1986 年发表的《专家控制》一文中将专家系统技术引入控制系统,组成了另一种类型的智能控制系统。基于 McCulloch 和 Pitts 在 1943 年提出的脑神经元模型,模仿生物神经系统的人工神经网络模型在控制机理表达和实际应用中不断发展。另外,近几十年来一系列生物启发式算法被先后提出,用以模拟自然界生物在生存中所反映出的智能行为机制,这些智能算法为实现系统有效控制提供了很多解决方案。

随着智能控制理论和方法的不断丰富,智能控制独立为学科的条件逐渐成熟。1985 年8 月,IEEE 在美国组织召开了"第一届智能控制学术讨论会",会上集中讨论了智能控制原理和智能控制系统的结构。这次会议之后不久,在 IEEE 控制系统学会内成立了 IEEE 智能控制专业委员会。1987 年 1 月,IEEE 控制系统学会和计算机学会联合召开了"智能控制国际会议",来自美国、欧洲、日本、中国等国家的 150 位代表出席,提交大会报告和分组宣读的 60 多篇论文以及专题讨论显示出智能控制的长足进展,同时也说明,由于许多新技术问题的出现以及相关技术的发展,需要重新考虑控制领域和相近学科。这次会议是一个里程碑,它表明智能控制作为一门独立学科正式成立。另外,智能控制受到了国内学者的高度重视,中国自动化学会等学术组织于 1993 年 8 月在北京召开了第一届全球华人智能控制与智能自动化大会,1995 年8 月在天津召开了智能自动化专业委员会成立大会及首届中国智能自动化学术会议。

进入 21 世纪以来,智能控制得到了更高水平的发展和更多领域的应用,实现了与国民生产生活的深度融合。随着智能时代的到来,智能制造已经成为全球制造业发展的新方向,各国相继提出了再工业化、工业4.0、智能制造和新机器人战略等发展战略,这为智能控制学科的发展提供了前所未有的发展机遇。2022年1月,国务院颁布的《国务院关于印发"十四五"数字经济发展规划的通知》中强调,全面深化重点产业数字化转型,深入实施智能制造工程。

智能控制作为一门新兴学科诞生,是控制科学与工程界以及信息科学界的一件大事,具有重要的科学意义和深远的工程影响。智能控制的意义和影响主要包括:

①为解决传统控制无法解决的问题找到了一条新的途径。

②促进了自动控制理论和技术向着更高水平的方向发展。

③激发学术界开启新思潮,推动了科学技术的创新和发展。

④为进一步实现脑力劳动和体力劳动的自动化(智能化)做出了贡献。

⑤为多学派的思想融合和多学科的交叉合作树立了典范。

自"智能控制"概念提出以来,智能控制已经从二元论(人工智能和自动控制)发展到四元论(人工智能、信息论、运筹学和自动控制)。在取得丰硕研究和应用成果的同时,智能控制理论也得到不断的发展和完善。智能控制作为多学科交叉的产物,它的发展得益于人工智能、认知科学、模糊集理论和生物控制论等许多学科的发展,也促进了相关学科的发展。智能控制作为发展较快的新兴学科,尽管其理论体系还远没有经典控制理论那样成熟和完善,但智能控制理论和应用研究所取得的成果也显示出其旺盛的生命力,受到了相关研究和工程技术人员的广泛关注。随着社会的进步和科学技术的发展,智能控制的应用领域将不断拓展,智能控制的理论和技术也必将得到不断的发展和完善。

1.1.2 智能控制的概念

从机器智能的角度来看,智能控制是认知科学、数学和控制技术的结合,设计对应策略施加于系统达到既定的控制目标。智能控制的定义可以有多种不同的描述。从工程应用的角度看,有以下几种描述:

①智能控制是由智能机器自主地实现其目标的过程。而智能机器则定义为,在结构化或非结构化的、熟悉的或陌生的环境中,自主地或与人交互地执行人类规定的任务的一种机器。

②智能控制是把人类具有的直觉推理和试凑法等智能加以形式化或机器模拟,并用于控制系统的分析与设计中,以期在一定程度上实现控制系统的智能化。

③智能控制是一类无须人的干预就能够自主地驱动智能机器实现其目标的自动控制,也是用计算机模拟人类智能的一个重要领域。

④智能控制是研究与模拟人类智能活动及其控制与信息传递过程的规律,研制具有仿人智能的工程控制与信息处理系统的一个新兴分支学科。

以上虽然给出了智能控制的几种定义,但是学术界对智能控制至今尚无公认的统一的定义,且智能控制系统如同生物系统的智能程度一样也是有高有低的。

1.1.3 智能控制系统的类型

智能控制作为一门新兴学科和交叉学科,目前还未形成完整的理论体系。按照作用原理可将智能控制系统分为几个具有较为完整体系的类型。下面简要介绍专家控制系统、模糊控制系统、神经网络控制系统、学习控制系统、仿生控制系统、网络控制系统、分布式控制系统。

1. 专家控制系统

专家是指那些对解决专门问题非常熟悉的人,他们的这种专门技术通常源于丰富的经验,以及处理问题的详细专业知识。专家系统主要是指一个智能计算机程序系统,其内部含有大量某个领域专家水平的知识与经验,能够利用人类专家的知识和解决问题的经验方法来处理该领域的高水平难题。它具有启发性、透明性、灵活性、符号操作、不确定性推理等特点。应用专家系统的概念和技术模拟人类专家的控制知识与经验而建造的控制系统,称为专家控制系统。用专家系统所构成的专家控制,包括专家控制系统和专家控制器,其相对工程费用较高,而且涉及自动获取知识困难、无自学能力、知识面太窄等问题。尽管专家控制系统在解决复杂的高级推理中获得了较为成功的应用,但是专家控制的实际应用相对还是比较少。

2. 模糊控制系统

模糊控制是在被控制对象的模糊模型的基础上,运用模糊控制器的近似推理手段实现系统控制的一种方法。模糊模型是用模糊语言和规则描述的一个系统的动态特性及性能指标。模糊控制的基本思想是用机器去模拟人对系统的控制,它是受实际事实所启发的:对于用传统控制理论无法进行分析和控制的、复杂的、无法建立数学模型的系统,有经验的操作者或专家却能取得比较好的控制效果,这是因为他们拥有丰富的经验。人们希望把这种经验指导下的行为过程总结成一些规则,并根据这些规则设计出控制器,然后运用模糊理论、模糊语言变量和模糊逻辑推理的知识,把这些模糊的语言上升为数值运算,从而能够利用计算机来完成对这些规则的具体实现,达到以机器代替人对某些对象进行自动控制的目的。

3. 神经网络控制系统

神经网络是指由大量与生物神经系统神经细胞相类似的人工神经元互连而组成的网络,或由大量拟生物神经元的处理单元并联互连而成,这种神经网络具有某些智能和仿人控制功能。神经网络控制即基于神经网络控制或简称神经控制,是指控制系统中采用神经网络这一工具对难以精确描述的、复杂的非线性对象进行建模,或充当控制器,或优化计算,或进行推理,或故障诊断等,或同时兼有上述某些功能的适应组合,将这样的系统统称为神经网络的控制系统,将这种控制方式称为神经网络控制。

4. 学习控制系统

学习是人类的主要智能之一,人类的各项活动都需要学习,在人类的进化过程中学习起着十分重要的作用。学习控制正是模拟人类自身各种优良的控制调节机制的一种尝试。学习是一种过程,它通过重复输入信号,并从外部校正该系统,从而使系统对特定输入具有特定响应。学习控制系统是一个能在其运行过程中逐步获得受控过程及环境的非预知信息,积累控制经验,并在一定的评价标准下进行估值、分类、决策和不断改善系统品质的自动控制系统。

5. 仿生控制系统

生物群体的生存过程普遍遵循达尔文的物竞天择、适者生存的进化准则。群体中的个体根据对环境的适应能力而被大自然所选择或淘汰。生物通过个体间的选择、交叉、变异来适应大自然的生存环境。将进化计算,特别是遗传机制和传统的反馈机制用于控制过程,即可实现一种新的控制——进化控制。从某种意义上说,智能控制就是仿生和拟人控制,模仿人和生物的控制机构、行为和功能所进行的控制,就是拟人控制和仿生控制。

6. 网络控制系统

随着计算机网络技术、移动通信技术和智能传感技术的发展,计算机网络已迅速发展成为世界范围内广大用户的交互接口,软件技术也阔步走向网络化,通过网络为用户提供各种网络服务。计算机网络通信技术的发展为智能控制用户界面向网络靠拢提供了技术基础,智能控制系统的知识库和推理机也逐步和网络智能接口交互起来。于是,网络控制系统应运而生。网络控制系统即在网络环境下实现的控制系统,是指在某个区域内一些现场检测、控制及操作设备和通信线路的集合,以提供设备之间的数据传输,使该区域内不同地点的设备和用户实现资源共享和协调操作。

7. 分布式控制系统

计算机技术、人工智能、网络技术的出现与发展,突破了集中式系统的局限性,并行计算和分布式处理等技术(包括分布式人工智能和多智能体系统)应运而生。可把智能体看作能够通过传感器感知其环境,并借助执行器作用于该环境中的任何事物。当采用多智能体系统进行控制时,其控制原理随着智能体结构的不同而有所差异,难以给出一个通用的或统一的多智能体控制系统结构。

以上这些控制系统之间及其与常规控制之间的相互结合又会构成各种各样的控制系统,但基本上都是以上这些控制系统的派生。

1.1.4　智能控制系统的特点和功能

1. 智能控制系统的特点

智能控制就是面向具有高度复杂性、高度非线性、高度不确定性系统所提出的可解决高性能目标的新学科,智能控制系统一般具有下列特点:

①智能控制系统一般同时具有以知识表示的非数学广义模型的控制过程,或者以知识表示的非数学广义模型和以数学模型表示的混合控制过程,或者模仿自然和生物行为机制的计算智能算法,往往含有复杂性、不完全性、模糊性或不确定性以及不存在已知算法的过程,并以知识进行推理,以启发式策略和智能算法来引导求解过程。

②智能控制的核心是高层控制,即组织级。高层控制的任务在于对实际环境或过程进行组织,即决策和规划,实现广义问题求解。为了实现这些任务,需要采用符号信息处理、启发式程序设计、仿生计算、知识表示以及自动推理和决策等相关技术。这些问题的求解过程与人脑的思维过程或生物的智能行为具有一定的相似性,即具有不同程度的“智能”。当然,低层控制级也是智能控制系统必不可少的组成部分。

③智能控制系统的设计重点不在于常规控制器,而在于智能机模型或计算智能算法。

④智能控制的实现,一方面要依靠控制硬件、软件和智能的结合,实现控制系统的智能化;另一方面要实现自动控制科学与计算机科学、信息科学、系统科学以及人工智能的结合,为自动控制提供新思想、新方法和新技术。

⑤智能控制是一门边缘交叉学科,智能控制涉及众多的相关学科,智能控制的发展需要各相关学科的配合与支持。

⑥智能控制是一个新兴的研究领域。智能控制学科无论在理论上还是实践上都还不够成熟,不够完善,需要进一步探索与开发。研究者需要寻找更好的智能控制相关理论,对现有理

论进行修正,以期使智能控制得到更快更好的发展。

2. 智能控制系统的功能

从功能和行为上分析,智能控制系统应该具备以下一个或多个功能:

①自适应功能:系统应具有适应被控对象动力学特性变化、环境变化和运行条件变化的能力。这种智能行为实质上是一种从输入到输出的映射关系,它可以看成不依赖模型的自适应设计,具有很好的适应性能。与传统的自适应控制相比,这里所说的自适应功能具有更广泛的含义。

②自学习功能:系统对一个不确定的过程或其所处的环境所提供的信息进行识别、记忆和学习,并将得到的经验用于进一步估计、分类、决策或控制,从而使系统的性能得以改善。

③自组织功能:对于复杂的任务和多传感信息具有自行组织和协调的功能,系统具有相应的主动性和灵活性,即智能控制器可以在任务要求的范围内自行决策,自主采取行动,而当出现多目标冲突时,各控制器可在一定限制条件下自行解决这些冲突。

④自修复功能:系统对自身发生的各类故障实时自我诊断,故障行为发生时系统能够自动启动相关程序替换故障模块,甚至可以通过自身对程序和模块的修复,实现控制系统在无人干预下恢复正常的能力。

1.2 智能控制系统结构原理

1.2.1 智能控制的组织架构

智能控制系统的典型组织结构如图1-1所示。"广义对象"包括通常意义下的控制对象和外部环境,例如,对于智能机器人系统来说,机器人的机械臂、被操作物体以及系统所处的工作环境可以统称为广义对象。"传感器"采集监测对象和环境的相关信息,包括视觉传感器、距离传感器、振动传感器和触觉传感器等,传感器可以向"感知信息处理"单元提供输入。"感知信息处理"将传感器采集得到的原始信息加以处理,并与内部环境模型产生的期望值进行比较,在时间和空间上综合测量值和期望值之间的异同,以检测发生的事件、对象、特征和关系。"认知"主要用来接收和存储信息、知识、经验和数据,并对它们进行分析和推理,做出行动的决策,送至"规划/控制"单元。"通信接口"建立起人机之间、系统模块之间的联系。"规划/控制"是整个控制系统的核心,根据给定的任务要求、反馈的信息以及经验知识,进行自动搜索、推理决策、动作规划,最终产生具体的控制作业,并经"执行器"作用于控制对象。"执行器"是控制系统的输出,是对控制对象发生作用的单元,包括电机、阀门、电磁线圈等。一个智能控制系统可以有多个甚至成千上万个执行器,为了完成给定的控制目标和任务,这些执行器需要协调工作。

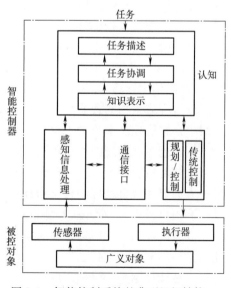

图1-1 智能控制系统的典型组织结构

1.2.2　智能控制的结构理论

智能控制具有多元跨学科的结构。目前已提出多种智能控制结构理论,其中影响较大的主要有三种:二元结构、三元结构和四元结构,分别由傅京逊、Saridis 和蔡自兴在 1971 年、1977 年和 1987 年提出。三种结构可由下列交集形式表示:

$$IC = AI \cap AC \tag{1-1}$$

$$IC = AI \cap AC \cap OR \tag{1-2}$$

$$IC = AI \cap AC \cap OR \cap IT \tag{1-3}$$

式中　IC——智能控制(Intelligent Control);

　　　AI——人工智能(Artificial Intelligent);

　　　AC——自动控制(Automatic Control);

　　　OR——运筹学(Operation Research);

　　　IT——信息论(Information Theory)。

1. 二元结构理论

在 20 世纪六七十年代期间,傅京逊研究了几个与自学习控制有关的领域,并于 1971 年阐述了人工智能与自动控制的交接关系,归纳了三种类型的智能控制系统,即人作为控制器的控制系统、人机结合作为控制器的控制系统、无人参与的自动控制系统。

①人作为控制器的控制系统:由于人具有识别、决策和控制等能力,因此对于不同的控制任务、不同的对象及环境情况,人作为控制器的控制系统具有自学习、自适应和自组织功能,能自动采取不同的控制策略以适应不同的情况。

②人机结合作为控制器的控制系统:在这样的系统中,机器完成那些连续进行并需要快速计算的常规控制任务,人则完成任务分配、决策、监控等任务。

③无人参与的自动控制系统:最典型的例子是自主机器人,这时的自主式控制器需要完成问题求解和规划、环境建模、传感信息分析和低层的反馈控制等任务。

2. 三元结构理论

美国普渡大学的 Saridis 认为构成二元结构的两元相互支配,无助于智能控制的有效和成功应用,必须把运筹学的概念引入智能控制。他在 1977 年把傅京逊的二元结构扩展为了三元结构,即把智能控制看作人工智能、自动控制和运筹学的交集,如图 1-2 所示。这种三元结构后来成为 1985 年 8 月在纽约召开的 IEEE 第一次智能控制研讨会议的主题之一。

为了把上述各个作用协调于某个共同的、有效的数学描述,必须对人工智能、运筹学和控制论等学科的某些概念加以相应调整,这些调整包括:

①由于所讨论的是机器智能而不是人类智能,因而把这种智能称为机器智能,而不称之为人工智能,尽管这种提法在许多情况下难以区别。

②把运筹学限于自动机理论,因为智能控制只涉及某个执行任务的有限集,也可能应用到形式语言,因为它等价于某个已经建立的、确定的自动化任务。

③执行级包括选择某个适当的控制器,使它满足设计者所提出的适当的技术要求。在自主系统中,设计者就是机器自身。因此,控制器的设计问题可以看作选择最好的控制器问题,以保障控制器在整个可纳空间内满足问题提出的技术要求。

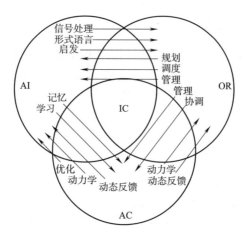

图 1-2　三元结构关系图

在提出三元交集结构的同时,Saridis 从智能控制系统的功能模块结构观点出发,提出了分层递阶智能控制系统,如图 1-3 所示。分层递阶智能控制主要由组织级、协调级和执行级三个控制级组成,其中,执行级一般需要比较准确的模型,以实现具有一定精度要求的控制任务;协调级用来协调执行级的动作,不需要精确的模型,但需要具备学习功能,以便在现有的控制环境中改善性能,并能接收上一级的模糊指令和符号语言;组织级将操作员的自然语言翻译成机器可理解的语言,进行组织决策和执行任务,并直接干预低层级的操作。对于执行级,识别的功能在于获得不确定参数值或监督系统参数的变化;对于协调级,识别的功能在于根据

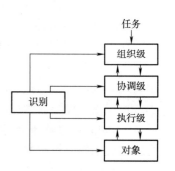

图 1-3　智能控制系统的
分层递阶结构

执行级送来的测量数据和组织级送来的指令产生合适的协调作用;对于组织级,识别的功能在于翻译定性的指令和其他输入。显然,分层递阶的智能控制系统具有以下两个特点:①对控制而言,自上而下的精度越来越高。②对识别而言,自下而上信息反馈越来越粗略,智能程度越来越高。

3. 四元结构理论

在研究前述各种智能控制的结构理论、知识、信息和智能的定义以及各相关学科的关系之后,蔡自兴于 1987 年在三元交集结构的基础上提出四元智能控制结构,把智能控制看作自动控制、人工智能、信息论与运筹学四个学科的交集。

(1)信息论是解释知识和智能的一种手段

知识是人们通过体验、学习或者联想而知晓的对客观世界规律性的认识,这些认识包括事实、条件、过程、规则、关系和规律等。一个人或者一个知识库的知识水平取决于其具有的信息或者对知识理解的范围。信息是知识的交流或对知识的感受,是对知识内涵的一种量测,描述事件的信息量越大,该事件的不确定性就越小。智能是一种应用知识对一定环境进行处理的能力或者由目标准则衡量的抽象思考能力。智能的另一定义,为在一定环境下针对特定的目标有效地获取信息、处理信息和利用信息从而成功地达到目标的能力。信息论是研究信息、信

息特性测量、信息处理以及人机通信过程效率的数学理论。从而可以推知：①知识比信息的含义更广；②智能是获取和运用知识的能力；③可以用信息论在数学上解释机器知识和机器智能。因此，信息论已经成为解释机器知识和机器智能及其系统的一种手段，智能控制系统是这种机器智能系统的一个实例。

（2）控制论、系统论和信息论是紧密相互作用的

现代科学中的系统论、信息论和控制论（以下简称"三论"）作为现代科学前沿突出的学科群，无论从哪一方面来看，都是相互作用和相互靠拢的。无论是人工智能、控制论还是系统论，都与信息论息息相关。例如，一台具有高度自主制导能力的智能机器人，它对环境的感知，对信息的获取、存储与处理以及为适应各种情况而做出的优化、决策和运动等，都需要"三论"参与作用，并相互渗透。智能控制系统中的通信更离不开信息和信息论的指导。通信定义为按照达成的协议，使信息在人、地点、进程和机器之间进行传送。具体地，通信是指人与人或人与自然之间通过某种行为或者媒介进行的信息交流与传递，从广义上指需要信息的双方或多方在不违背各自意愿的情况下，采用各种方法，使用各种媒质，将信息从某一方准确安全地传送到另一方。智能控制系统的各部分一般都是需要进行通信的，因而也就离不开信息论的参与和指导。

（3）信息论已成为控制智能机器的工具

通过前面的定义和讨论可以知道，信息具有知识的秉性，它能够减少或消除人们认识的不定性。对于控制系统或控制过程来说，信息是关于控制系统或过程运动状态和方式的知识。智能控制比其他控制具有更加明显的知识性，因而与信息论有更加密切的关系。许多智能控制系统，实质上是以知识和经验为基础的拟人或仿生控制系统。智能控制的知识和经验源于信息可被加工处理，变为新的信息，如指令、决策、方案和计划等，并用于控制系统或装置的活动。信息论的发展已经把信息概念推广到控制领域，成为控制机器、控制生物和控制社会的手段，发展为控制仿生机器和拟人机器。许多智能控制系统力图模仿人体的活动功能，尤其是人脑的思维和决策过程，人体器官的构造功能也反映了"三论"的密切关系与相互作用。

（4）信息熵成为智能控制的测度

在 Saridis 的分层递阶智能控制理论中，对智能控制系统的各级采用熵作为测度。熵在信息论中指的是信息源中所包含的平均信息量。组织级是智能控制系统的最高层次，它涉及知识的表示与处理，具有信息理论的含义。协调级采用香农熵衡量所需要的知识，连接组织级和执行级，起到承上启下的作用。它采用信息熵测量协调的不确定性，在执行界则用博尔茨曼的熵函数表示系统的执行代价，它等价于系统所消耗的能量，这些熵之和称为总熵，用于表示控制作用的总代价，设计和建立智能控制系统的原则就是要使总熵最小。熵和熵函数是现代信息论的重要基础，把熵函数和信息流一起引入智能控制系统，表明信息论是组成智能控制的不可或缺的部分。

（5）信息论参与智能控制的全过程，并对执行级起到核心作用

信息论参与智能控制的全过程，包括信息传递、信息变换、知识获取、知识表示、知识推理、知识处理、知识检索、决策以及人机通信等。在智能控制系统的执行级，信息论起到核心作用，各个控制硬件接收、变换、处理和输出种种信息。例如，在 REICS 实时专家控制系统中，信息预处理器用于接收来自硬件的信号和数据，对这些信息进行预处理，并把处理后的信息送至专

家控制器的知识库和推理机。又如,某智能机器人控制系统由智能决策子系统和信息辨识与处理子系统组成,其中,前者包含智能数据库以及推理机,后者涉及对各种信号的测量与信息处理。这两个例子都说明信息处理或预处理是由执行级的信息处理器执行的。可见,信息论不仅对智能控制的高层发生作用,而且在智能控制的低层——执行级——也起到了核心作用。

习 题

1-1 智能控制与经典控制的区别是什么?

1-2 智能控制系统的特点是什么?

1-3 智能控制系统由哪几部分组成?

第 2 章　专家控制

2.1　专家系统概述

2.1.1　专家系统的发展历史

人类是具有智能的高等生物,而人工智能的核心目标就是要探索如何采用机器的技术和方法,模仿、延伸甚至扩展人类的智能,从而通过机器的方式实现人类的智能。实现人类智能的方式一般有符号智能和计算智能。符号智能是传统意义上的人工智能,基于知识采用推理的方法进行问题求解,其核心问题是如何采用合适的推理算法从已知条件到达目标的搜索问题,典型例子就是专家系统。而计算智能是基于数据,采用大量样本进行训练建立已知信息和目标信息之间的联系,进而解决问题,典型例子包括人工神经网络、遗传算法、模糊控制等。专家系统是一类具有专门知识和经验的智能计算机程序系统,通过对人类专家的问题求解能力的建模,采用人工智能中的知识表示和知识推理技术来解决一般需要行业领域内的顶尖专家才能解决的复杂疑难问题,达到具有与专家同等的解决问题能力的水平。

据报道,DENDRAL(一种帮助化学家判断某待定物质分子结构的专家系统)是世界上第一个成功的专家系统,其主要功能是在较短的时间内通过分析质谱和核磁共振等推断出未知化合物的可能分子结构。DENDRAL 达到了专家的水平,它的诞生意味着人工智能的一个全新领域——专家系统的横空出世。此后,各种不同功能的专家系统如雨后春笋般相继出现。MYCSYMA 系统主要用于数学运算,能够求解微积分运算、微分方程等各种数学问题。MYCIN系统主要用于帮助医生对血液感染患者进行诊断和选用抗生素类药物进行治疗。它是一种使用了人工智能的早期模拟决策系统,可用来进行严重感染时的感染菌诊断以及抗生素给药推荐。其他典型的专家系统还包括 DNA 鉴定分析专家系统 FaSTR、成本管理专家系统 COMEX、水压稳定控制专家系统 WPSC、旅游专家系统 ESTJ、基于气相色谱-质谱的代谢物鉴定专家系统 MetExpert、制药专家系统 SeDeM 等。

早期的专家系统受专家经验有限、专家资源稀缺、计算机资源和计算能力有限等因素制约,发展较为缓慢,且功能较为单一。近年来,随着计算机存储容量和计算能力的飞跃提升,以及大数据和数据挖掘等相关技术的迅猛发展,越来越多不同种类、不同功能的专家系统相继出现,并广泛应用于故障诊断、教学、培训、工业、农业、经济、安全评估、医疗和法律等不同领域。近年来开发的典型专家系统包括服务机器人专家系统、室外照明控制专家系统、水下滑翔机路径规划专家系统和地震预报专家系统等。

2.1.2 专家系统的定义

1. 专家系统的定义

专家系统是早期人工智能的一个重要分支,它可以看作是一类具有专门知识和经验的计算机智能程序系统,一般采用人工智能中的知识表示和知识推理技术来模拟通常由领域专家才能解决的复杂问题。20 世纪 70 年代中期,专家系统的开发获得成功。但是,专家系统目前尚无统一的定义,简单定义为专家级、智能型的计算机程序系统。

专家系统有如下不同的定义:

①专家系统是一个智能计算机程序系统,其内部含有大量的某个领域专家水平的知识与经验,能够利用人类专家的知识和解决问题的方法来处理该领域的问题,以人类专家的水平完成特别困难的某一专业领域的任务。也就是说,专家系统是一个具有大量的专业知识与经验的程序系统,它应用人工智能技术和计算机技术,根据某领域一个或多个专家提供的知识和经验进行推理和判断,即模仿人类专家运用知识经验来解决所面临问题的方法、技巧和步骤,以便解决那些之前需要人类专家处理的复杂问题。简而言之,专家系统是一种模拟人类专家解决领域问题的计算机程序系统。

②专家系统能够处理现实世界中需要专家做出解释的复杂问题,并使用专家推理的计算机理模型解决这些问题,得出与专家相同的结论。

③专家系统是一个设计用于建立人类专家问题求解能力模型的计算机程序。

④专家系统定义包括下列几个相对独立的方面:获取专门知识,使用高级规则,避免盲目搜索,有效解决问题;采用符号表示和推理;具有智能,注重领域原理,使用弱推理法;问题具有较大的复杂度和求解难度;进行重新描述,把术语的描述转化为适于专家规则形式的描述;具有不同形式的解释推理能力,尤其是对过程自身的推理解释能力;建立系统要完成的总任务和功能。

⑤专家系统是广泛应用专门知识以解决人类专家水平问题的人工智能的一个分支,专家系统有时又称基于知识的系统或基于知识的专家系统。

⑥专家系统是利用存储在计算机内的某一特定领域的人类专家知识,来解决需要人类专家才能解决的现实问题的计算机系统。

⑦专家系统是一种具有大量专门知识和经验的智能计算机系统,通常主要指计算机软件系统。

2. 专家系统的一般结构

专家系统的结构是指专家系统各组成部分的构造方法和组织形式。系统结构选择恰当与否与专家系统的适用性和有效性密切相关。选择什么结构最为恰当?要根据系统的应用环境和所执行任务的特点而定。例如,MYCIN 系统的任务是疾病诊断和解释,其问题的特点是需要较小的可能空间、比较可靠的知识,这就决定了其可采用穷尽检索解空间和单链推理等较简单的控制方法和系统结构。与此不同,HEARSAY-II系统(黑板系统)的任务是进行口语理解,需要检索巨大的可能解空间,数据和知识都不可靠,缺少解决问题的比较固定的路线,经常需要猜测才能继续推理等,这些特点决定了 HEARSAY-II必须采用比 MYCIN 复杂的系统结构。

专家系统的简化结构如图 2-1 所示,理想专家系统简化结构如图 2-2 所示。由于每个专家系统所需要完成的任务和特点各不相同,其系统结构也不尽相同,一般只具有图中的部分模块。

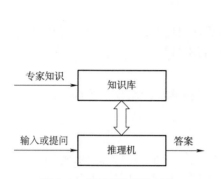

图 2-1　专家系统简化结构

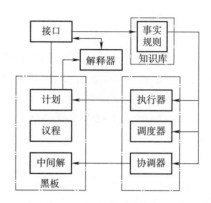

图 2-2　理想专家系统简化结构

接口是人与系统进行信息交流的媒介,它为用户提供了直观方便的交互作用手段。接口的功能是识别与解释用户向系统提供的命令、问题和数据等信息,并把这些信息转化为系统的内部表示形式。另外,接口也将系统向用户提出的问题、得出的结果和做出的解释以用户易于理解的形式提供给用户。黑板是用来记录系统推理过程中用到的控制信息、中间假设和中间结果的数据库,包括计划、议程和中间解三部分。计划记录了当前待解决问题总的处理计划、目标、问题的当前状态和问题背景。议程记录了一些执行的动作,这些动作大多由黑板中已有的结果与知识库中的规则作用而得到。中间解区域中存放当前系统已产生的结果和候选假设。

知识库包括两部分内容:一部分是已知的同当前问题有关的数据信息;另一部分是进行推理时要用到的一般知识和领域知识,这些知识大都以规则、网络和过程的形式表示。调度器按照系统建造者所给的控制知识(通常使用优先权办法),从议程中选择一个项作为系统下一步要执行的动作。执行器应用知识库和黑板中记录的信息,执行调度器所选定的动作。协调器的主要作用是当得到新数据或新假设时,对已得到的结果进行修正,以保持结果前后的一致性。解释器的功能是向用户解释系统的行为,包括解释结论的正确性及系统输出其他候选解的原因。为完成这一功能,通常需要利用黑板中记录的中间结果、中间假设和知识库中的知识。

一般应用程序与专家系统的区别在于:前者把问题求解的知识隐含地编入程序;后者则把应用领域的问题求解知识单独组成一个实体,即为知识库。知识库的处理是通过与知识库分开的控制策略进行的。更明确地说,一般应用程序把知识组织为两级:数据和程序;而大多数专家系统则将知识组织成三级:数据、知识库和控制。

专家系统的主要组成部分如下:

(1)知识库(Knowledge Base)

知识库用于存储某领域专家系统的专门知识,包括事实、可行操作与规则等。为了建立知识库,要解决知识获取和知识表示问题,而知识获取又涉及知识工程师如何用计算机能够理解的形式表达和存储知识的问题。

（2）综合数据库（Global DataBase）

综合数据库又称全局数据库或总数据库，它用于存储领域或问题的初始数据和推理过程中得到的中间数据（信息），即被处理对象的一些当前事实。

（3）推理机（Reasoning Machine）

推理机用于记忆所采用的规则和控制策略的程序，使整个专家系统能够以逻辑方式协调工作。推理机能够根据知识进行推理和导出结论，而不是简单地搜索现成的答案。

（4）解释器（Explanatory）

解释器能够向用户解释专家系统的行为，包括解释器推理结论的正确性以及系统输出其他候选解的原因。

（5）接口（Interface）

接口又称界面，它能够使系统与用户进行对话，使用户能够输入必要的数据、提出问题和了解推理过程及推理结果等。系统则通过接口要求用户回答提问，并对用户提出的问题进行回答和必要的解释。

3. 基本组成

不同的专家系统，其功能与结构都不尽相同。通常，一个以规则为基础、以问题求解为中心的专家系统如图 2-3 所示。

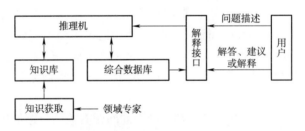

图 2-3 专家系统的基本组成

如图 2-3 可知，专家系统由知识库、推理机、综合数据库、解释接口（Explanation Interface）和知识获取（Knowledge Acquisition）等五部分组成。专家系统中知识的组织方式是，把问题领域的知识和系统的其他知识分离开来，后者是关于如何解决问题的一般知识或如何与用户打交道的知识。领域知识的集合称为知识库，而通用的问题求解知识称为推理机。按照这种方式组织知识的程序称为基于知识的系统。专家系统是基于知识的系统，知识库和推理机是专家系统中两个主要的组成要素。下面把专家系统的主要组成部分进行归纳。

（1）知识库

知识库是知识的存储器，用于存储领域专家的经验性知识、有关事实、一般常识等。知识库中的知识来源于知识获取机构，同时它又为推理机提供求解问题所需的知识。

（2）推理机

推理机是专家系统的"思维"机构，实际上是求解问题的计算机软件系统，其主要功能是协调、控制系统，决定如何选用知识库中的有关知识，对用户提供的证据进行推理，求得问题的解答或证明某个结论的正确性。推理机的运行可以有不同的控制策略，从原始数据和已知条件推断出结论的方法称为正向推理或数据驱动策略；先提出结论或假设，然后寻找支持这个结论或假设的条件或证据,若成功则结论成立,推理成功,这种方法称为反向推理或目标驱动策略;若运用正向推理帮助系统提出假设,然后运用反向推理寻找支持该假设的证据,这种方法称为双向推理。

(3)综合数据库(全局数据库)

综合数据库又称"黑板"或"数据库"。它是用于存放推理的初始证据、中间结果以及最终结果等的工作存储器(Working Memory)。综合数据库内容是在不断变化的,在推理过程中,它存放每一步推理所得结果。推理机根据数据库的内容从知识库中选择合适的知识进行推理,然后把推理结果存入数据库中,同时又可记录推理过程中的有关信息,为解释接口提供回答用户咨询依据。

(4)解释接口

解释接口又称人-机界面,它把用户输入的信息转换成系统内规范化的表示形式,然后交给相应模块去处理,把系统输出的信息转换成用户易于理解的外部表示形式显示给用户,回答用户提出的"为什么?""结论是如何得出的?"等问题。另外,能对自己的行为做出解释,可以帮助系统建造者发现知识库及推理机中的错误,有助于对系统的调试。这是专家系统区别于一般程序的重要特征之一。

(5)知识获取

知识获取是指通过人工方法或机器学习的方法,将某个领域内的事实性知识和领域专家所有的经验知识转化为计算机程序的过程。早期的专家系统完全依靠领域专家和知识工程师共同合作,把领域内的知识总结归纳出来,规范化后送入知识库。对知识库的修改和扩充也是在系统的调试和验证中进行的,是一件很困难的工作。因此,知识获取也被认为是专家系统中的一个"瓶颈"问题。

目前,一些专家系统已经具有了自动知识获取的功能。自动知识获取包括两个方面:一是外部知识的获取,通过向专家提问,以接受教导的方式接收专家的知识,然后把它转换成内部表示形式存入知识库;二是内部知识获取,即系统在运行中不断从错误和失败中归纳总结经验,并修改和扩充知识库。

4. 特征类型

(1)专家系统的基本特征

专家系统是基于知识工程的系统,具有如下基本特征:

①具有专家水平的专门知识。人类专家之所以能称为专家,是由于其掌握了某一领域的专门知识,使其在处理问题时比别人技高一筹。一个专家系统为了能像人类专家那样工作,必须能够表现专家的技能和高度的技巧,并具有足够的健壮性。系统的健壮性是指不管输入的数据是正确还是不正确的,它都能够正确地处理,或者得到正确的结论,或者指出错误。

②能够进行有效推理。专家系统具有启发性,能够运用人类专家的经验和知识进行启发式搜索、试探性推理、不精确推理或不完全推理。

③具有透明性和灵活性。透明性是指专家系统能够在求解问题时,不仅能得到正确的解答,还能够给出解答的对应依据。灵活性表现在绝大多数专家系统中都采用了知识库与推理机相分离的构造原则,彼此相互独立,使得知识的更新和扩充比较灵活方便,不会因一部分的变动而牵动全局。系统运行时,推理机可根据具体问题的不同特点选取不同的知识来构成求

解序列,具有较强的适应性。

（2）专家系统的类型

专家系统的类型很多,按照专家系统所求解问题的性质,可把它分为下列几种类型:

①诊断型专家系统:根据对症状的观察与分析,推出故障的原因及排除故障方案的一类系统,其应用领域包括医疗、电子、机械、农业、经济等,如诊断细菌感染并提供治疗方案的 MY-CIN 专家系统、计算机故障论断系统 DART/DASD。

②解释型专家系统:根据表层信息解释深层结构或内部可能情况的一类专家系统,如卫星云图分析、地质结构及化学结构分析等。

③预测型专家系统:根据过去和现在观测到的数据预测未来情况的系统,其应用领域有气象预报,人口预测,农业产量估计,水文、经济、军事形势的预测等,如台风路径预报专家系统 TYT。

④设计型专家系统:按给定的要求进行产品设计的一类专家系统,广泛应用于线路设计、机械产品设计及建筑设计等领域。

⑤决策型专家系统:对各种可能的决策方案进行综合评判和选优的一类专家系统,包括各种领域的智能决策及咨询。

⑥规划型专家系统:用于制订行动规划的一类专家系统,可用于自动程序设计、机器人规划、交通运输调度、军事计划制订及农作物施肥方案规划等。

⑦控制专家系统:自适应地管理一个受控对象的全部行为,使其满足预期要求的一类系统。控制专家系统的特点是:能够解释当前情况,预测未来发生的情况、可能发生的问题及其原因,不断修正计划并控制计划的执行。控制专家系统具有解释、预测、诊断、规划和执行等多种功能。例如,多段式温度控制专家系统通过对反应器温度和组分质量分数影响因素的分析,借助 SFC 和 CFC 模块搭建多段式温度专家控制系统。

⑧教学型专家系统:能够进行辅助教学的一类系统。其不仅能传授知识,而且能对学生进行教学辅导,具有调试和诊断功能,加上多媒体技术的支持,教学型专家系统具有良好的人-机界面。

⑨监视型专家系统:用于对某些行为进行监视并在必要时进行干预的专家系统。例如,当情况异常时发出警报,可用于核电站的安全监视、机场监视、森林监视、疾病监视、防空监视等。

2.2 专家系统的工作特点

2.2.1 专家系统的特点

专家系统需要大量的知识,这些知识属于规律性知识,可以用来解决千变万化的实际问题。专家系统的核心是强有力的知识体。知识是显示表示的且有组织的,从而简化了决策过程。专家系统具有如下特点。

1. 知识的结构化表示

知识是人们在社会实践中对事物的认识,通常采用规则来表达。例如,如果温度太高,则供电电压降低。除此之外,采集外界事物的状态,或由用户输入的数据作为知识的范畴,称为事实。在专家系统中知识包括规则和事实,知识一般采用结构化方式存储在计算机内,以便于知识推理。

2. 符号推理

当人类专家求解问题时,通常选择用符号表示问题的概念,并且采用各种不同的策略来处理这些概念。专家系统也用符号来表示知识,用一组符号来表示问题概念,通过对符号进行处理寻找问题的解。

3. 推理的过程不固定

专家系统中的推理过程是启发式的,所谓启发式是指根据当前问题所提供的信息来确定下一步搜索(或称知识处理)。因此,其推理过程是不固定的,即随着问题的不同,推理过程也不一样。

4. 能够获得未知事实

对于传统的数据库系统,检索数据库中的某条记录,若该记录不存在,则检索不到。而在专家系统中,可以根据已知事实和规则库,经过推理产生新的事实。

2.2.2　知识工程基础

1. 知识的概念

知识是人们日常生活及活动中常用的一个术语,如"知识就是力量"。它是人们在改造世界的实践中所获得的认识和经验的总和,即知识是人们在长期生活、社会实践、科学研究和实验中积累起来的对客观世界的认识和总结,然后将实践中获得的信息关联在一起也就构成了知识。或者说,把有关信息关联在一起所形成的信息结构称为知识,应用最多的关联形式是 IF-THEN 的形式,它反映了信息间的某种因果关系。人类的智能活动过程主要是获得并运用知识的过程,知识是智能的基础。为了让计算机能够具有智能,从而可以模拟人类的智能活动,就必须使其具有知识,但是知识只有用适当的模式表示出来,才能够存储到计算机中去。

在人工智能中,把关联起来的知识称为"规则",把与其他信息不关联的信息称为事实。信息需要用一定的形式表示出来才能被记载和传递,尤其用计算机来进行信息存储与处理时,必须用一组符号及其组合来表示信息。用一组符号及其组合表示的信息称为数据。数据泛指对客观事物的数量、属性、位置及其相互关系的抽象表示。数据可以是一个数,如整数、小数、正数或负数,也可以是由一组符号组成的字符串,如一个人的姓名、地址、性别、职业、特长等。显然,数据与信息是两个密切相关的概念,数据是信息的载体和表示,信息是数据在特定场合下的具体含义,或者说信息是数据的语义,只有把两者密切结合起来,才能实现对某一特定事物的具体描述。数据与信息又是两个不同的概念,即同一个数据在不同的场合可能代表不同的信息,或同一个信息在不同的场合也可以用不同的数据表示。

在一定的条件及环境下,知识一般说来是正确的、可信的,而在另一种条件下有可能是不确定的。任何知识都有真与假的区别。另外,由于客观与主观两方面的因素会引起知识的模糊性和不确定性,因此可以说,知识具有真理性、相对性、相容性、不完全性、模糊性、可表达性、可存储性、可传递性和可处理性等基本属性。世界上的知识有很多种,从不同的角度进行划分,可得到不同的分类方法。常见的分类方法如下。

（1）按知识的使用范围分类

按知识的使用范围不同，可分为共性知识和个性知识两大类，又称常识性知识和领域性知识。常识性知识是通用性知识，适用于所有领域。领域性知识是面向某个具体领域的知识，是专业性知识，只有相应的专业人员才能掌握并且用来求解有关的问题。

（2）按知识的功能分类

按知识的功能不同，可分为事实性知识、过程性知识和控制性知识。事实性知识用于描述领域内的有关概念、事实，实物的属性、状态等。过程性知识用于描述做某件事的过程，由问题领域内的规则、定理、定律及经验构成。控制性知识又称深层知识或者元知识，它是关于如何有效地使用和协调管理领域知识的知识，即"关于知识的知识"。在复杂问题的求解过程中，元知识起到集成、协调、控制和有效使用领域知识的作用。

（3）按知识的确定性分类

按知识的确定性不同，可分为确定性知识和不确定性知识两大类。确定性知识是指可明确指出其"真"或"假"的知识。不确定性知识是泛指不完全、不精确的知识，即模糊性的知识。

（4）按知识结构及表现形式分类

按知识结构及表现形式不同，可分为逻辑型知识和形象型知识两大类。逻辑型知识是反映人类逻辑思维过程的知识，如人类的经验性知识，这种知识一般具有因果关系即难以精确描述的特点。形象型知识是一种形象思维，是通过事物的形象建立起来的知识。

2. 知识的表示

"知识就是力量。"这句话常用来强调知识对专家系统的重要性。专家系统的性能直接与专家系统对给定问题所具备知识的质量相关，这一点已得到共识。人工智能问题的求解是以知识和知识表示为基础的。要使计算机具有智能，就必须使它具有知识，而要使计算机具有知识，首先必须解决知识的表示问题。智能活动过程主要是一个获得并应用知识的过程，而知识必须有适当的表示才便于在计算机中存储、检索、使用和修改。

为了使专家系统像人类专家那样解决和处理问题，必须从领域专家那里吸取足够的专门知识，并应用这些知识进行推理。专家系统是基于领域专家（在这里，领域专家不但指学者、工程师、技术人员，还包括经验丰富的技术工人、现场操作人员等）的专业知识和实践经验的总结和利用。再有，例如工业过程控制一般采取闭环控制，因而也可以从系统反馈信息中获取有用的知识，或者通过系统自学习进行知识获取。获取大量的知识后，必须用适当的形式把这些知识表示出来，才便于在计算机中存储、检索、使用和修改。目前使用较多的知识表示方法主要有一阶谓词逻辑表示法、产生式表示法、框架表示法、语义网络表示法、面向对象表示法等。

（1）一阶谓词逻辑表示方法

谓词逻辑是一种形式语言，也是目前能够表达人类思维活动的一种最精确的语言，它与人类的自然语言比较接近，又可以方便地存储到计算机中，并能够被计算机进行精确处理。虽然命题逻辑能够把客观世界的各种事实表示为逻辑命题，但是也具有较大的局限性，即命题逻辑不适合于表示比较复杂的问题。谓词逻辑是在命题逻辑的基础上发展起来的，谓词逻辑允许表达那些无法用命题逻辑表达的事情，对知识的形式化表示，特别是在定理的自动证明中发挥了重要作用，在人工智能发展史占有重要地位。

逻辑是最早也是最广泛用于知识表示的模式。逻辑表示法是利用命题演算、谓词演算等方法来描述一些事实,并根据现有事实推出新事实的方法。一个命题通常由主语和谓词两部分组成。主语一般是可以独立存在的具体的或抽象的实体,用以刻画实体的性质或关系的即为谓词,用谓词表达的命题必须包括实体和谓词两个部分。用大写字母表示谓词,用小写字母表示实体名称,谓词的一般形式为

$$P(x_1, x_2, \cdots, x_n) \tag{2-1}$$

其中 P 是有 n 个个体 $x_i(i=1,2,\cdots,n)$ 的谓词,称之为 n 元谓词。

例如,谓词 P 表示"是正常的",实体 x 表示"压力",则 $P(x)$ 表示"压力是正常的"。这里,称 $P(x)$ 为一元谓词,它表示" x 是 P "。一元谓词通常表达了实体的性质。如果表示两个实体关系的命题,如" a 大于 b ",可表达为 $Q(a,b)$,这里, Q 表示大于关系, $Q(a,b)$ 称为二元谓词。多元谓词表达了多个实体之间的关系,如 $P(x_1, x_2, \cdots, x_n)$ 称为多元谓词。个体可以是常量、变元或函数,称 P 为一阶谓词,若某个 x_i 本身又是一个一阶谓词,则称 P 为二阶谓词。因为谓词逻辑是命题逻辑的推广,命题逻辑中许多符号、概念、规则在谓词逻辑中仍可沿用。下面这些仍可沿用的符号称连接词。

$\neg$:否定词(非); $\wedge$:合取词(与); $\vee$:析取词(或); $\rightarrow$:蕴含词(条件); $\leftrightarrow$:双蕴含词(等价)。由连接词构成的谓词称为复合谓词公式,连接词的优先级别是 $\neg$ 、$\wedge$ 、$\rightarrow$ 、$\leftrightarrow$ 。谓词逻辑中特有的逻辑符号是量词,分全称量词和存在量词,是刻画谓词与个体关系的词。

$\forall$:全称量词,表示所有个体中的全体。例如,对于个体域中所有个体 x ,其谓词 $P(x)$ 均成立时,可使用全称量词 $\forall$ 表示为

$$\forall x(P(x)) \tag{2-2}$$

$\exists$:存在量词,表示存在某一些。例如,若存在某些个体 x ,使谓词 $P(x)$ 成立,可表示为

$$\exists x(P(x)) \tag{2-3}$$

位于量词后面的单个谓词或复合谓词称为量词的辖域,辖域内与量词同名的变元称为约束变元,不受约束的变元称为自由变元。例如,在 $\exists x[P(x,y)\rightarrow Q(x,y)] \vee R(x,y)$ 中,$[P(x,y)\rightarrow Q(x,y)]$ 是 $\exists x$ 的辖域,x 是约束变元,$R(x,y)$ 中的 x 是自由变元,公式中所有的 y 是自由变元。

例如,用一阶谓词逻辑方法描述下列语句:

自然数都是大于或等于零的整数。

所有整数不是偶数就是奇数。

偶数除以 2 是整数。

解 定义谓词

$$N(x)\text{——}x \text{ 是自然数;}$$
$$I(x)\text{——}x \text{ 是整数;}$$
$$E(x)\text{——}x \text{ 是偶数;}$$
$$O(x)\text{——}x \text{ 是奇数;}$$
$$ZG(x)\text{——}x \text{ 大于或等于零;}$$
$$S(x)\text{——}x \text{ 除以 2。}$$

则得

$$\forall x(N(x)\rightarrow ZG(x) \wedge I(x))$$

$$\forall x(I(x) \rightarrow E(x) \lor O(x))$$
$$\forall x(I(x) \rightarrow E(S(x)))$$

知识的逻辑表示模式具有公理系统和演绎结构,前者说明什么关系可以形式化,后者即是推理规则的集合,因此,保证逻辑表示演绎结果的正确性,可以较精确地表达知识。谓词逻辑是一种接近于自然语言的形式语言,知识表达方式非常自然。再有,谓词逻辑表达便于用计算机实现逻辑推理的机械化和自动化,程序可以从现有的陈述句中自动确定知识库中某一新语句的有效性。但是,形式逻辑系统本身表示范围的有限性限制了其表达知识的能力。此外,由于其表达内容和推理过程截然分开,导致处理过程长工作效率低。另外,对于一些高层次的知识,理论上可以用逻辑表示,但实现起来仍存在很多困难。

(2)时序逻辑表示法

专家系统的一个显著特点是它的实时性。实时系统以时间为基础,以系统对输入的实时响应——输出为基本特性。因此,可以用系统的输入/输出关系来描述动态系统的特征。如果将时间及其次序关系引入谓词表达式之中,利用谓词逻辑的概念和方法,便构成了时序逻辑知识模型。这种模型可以描述智能系统的动态行为及其结构性质等。如何以适当的方式表达随时间变化的动态系统的数据,是时序逻辑表示知识所要研究的重要问题。用时序逻辑表示知识的形式有形式时序表示法、状态空间表示法、数据库法等。

例如,设一个系统的输入变量为 U,输出变量为 Y,时序逻辑知识模型为

$$\text{Holds}(u_1,t_1) \land \text{Holds}(u_2,t_2) \land \text{After}(t_2,t_1) \land \text{After}(t_3,t_2) \rightarrow \text{Holds}(y,t_3) \quad (2\text{-}4)$$

式(2-4)表明,若在时间域 t_1 上,系统输入变量 U 的取值范围的描述函数为 u_1,在时间域 t_2 上,系统输入变量 U 的取值范围的描述函数为 u_2,且 t_2 在 t_1 之后,t_3 在 t_2 之后,则系统在时间域 t_3 上的输出变量 Y 的取值范围的描述函数为 y,$\text{Holds}(y,t)$ 表示描述 y 在谓词指定的值域 t 上有定义且成立,$\text{After}(t_i,t_j)$ 表示时间域 t_i 在 t_j 之后。

关于系统结构性质的一些概念,也可以用时序逻辑模型给出定义。例如,设变量 x_0,x_n,u 分别代表系统状态向量 X_0,X_n 和控制向量 U 的动态行为,则在 $\overline{T}$ 上关于状态 x_n 表达的概念可表示为

$$(\forall x_0)(\exists u)\text{Holds}(u,t) \land \text{Holds}(x_0,t_0) \rightarrow \text{Holds}(x_n,t_n) \quad (2\text{-}5)$$

(3)产生式表示法

在专家控制系统中,其规则比专家系统少得多,因而多数采用简单易行的产生式知识表示。"产生式"最早是由 Post 于 1943 年根据串替换规则提出的一种计算模型,其中每一条规则称为一个产生式。基于规则的产生式方法是目前专家系统和智能控制系统中最为普遍的一种知识表示方法,产生式知识表示适用于规则和策略。在专家控制系统中,将专家知识利用规则集合表示,每一条产生式就对应一个知识模块的一条规则,一般写成"如果……则……"的形式,用机器语言表示为 IF A THEN B 或者 $A \rightarrow B$。其中,A 称为前提,B 称为结论。当前提由若干个条件的逻辑表示时,产生式规则形式为:IF $A_1,A_2,\cdots,A_n$ THEN $B_1,B_2,\cdots,B_n$。这种产生式表示法与用一组模糊条件语句描述的规则形式是相同的。

例如,IF 动物会飞 AND 会下蛋 THEN 该动物是鸟。

知识的产生式表示法与人的思维接近,人们容易理解其内容,也便于人机交换信息。此外,由于产生式表示知识的每条规则都有相同的格式,所以规则的修改、扩充或删除都比较容

易,且对其余部分影响较小。知识的产生式表示方法在专家控制、模糊控制以及专家系统中都有广泛的应用,但这种表示方法的缺点是求解复杂问题时控制流不够明确,难以有效匹配而导致效率降低。

(4)语义网络知识表示法

语义网络是通过概念及其语义关系来表达知识的一种网络图,由节点和连接节点的弧构成,其基础是一种三元组结构(节点1,弧,节点2)。

节点:表示各种事物、概念、情况、属性、动作、状态、地点等。

弧:表示各种语义联系,指明所连接节点的某种关系。弧是带标注的有向弧,箭头的首端代表上层概念,箭尾节点代表下层概念或者一个具体的事物。

例如,对于"猎狗是一种狗"这一事实,其语义网络如图 2-4 所示。

图 2-4　一种语义网络

当多个三元组综合在一起表达时,就可得到一个语义网络,如图 2-5 所示。语义网络除了可表达事实外,还可表达规则,一条产生式规则R_f:IF A THEN B,可用图 2-6 所示的形式进行表示。

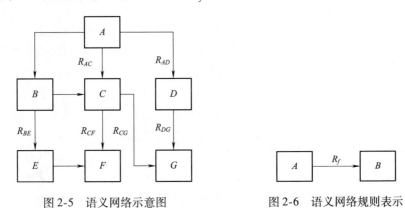

图 2-5　语义网络示意图　　　　　图 2-6　语义网络规则表示

对专家系统进行知识表示的方法,除以上介绍的四种方法外,还有框架表示法、过程表示法和神经网络产生规则表示法等。

3. 知识的获取

拥有知识、利用知识是专家系统区别于其他计算机软件系统的重要标志,而知识的质量和数据量又是决定专家系统性能的关键因素。知识获取就是要解决如何使专家系统获得高质量知识的问题。知识获取是一个与领域专家、知识工程师以及专家系统自身都密切相关的复杂过程,是建造专家系统的关键一步,也是较为困难的一步,被称为建造专家系统的"瓶颈"。知识获取的基本任务是为专家系统获取知识,建立起完善、有效的知识库,以满足求解领域问题的需要。

(1)知识获取的任务

知识获取需要做以下几项工作:

①抽取知识。抽取知识是指把蕴含于知识源（领域专家、书本、相关论文及系统的运行实践等）中的知识经过识别、理解、筛选、归纳等抽取出来，以用于建立知识库。

②知识转换。知识转换是指把知识由一种表示形式转换为另一种表示形式。人类专家或科技文献中的知识通常是由自然语言、图形、表格等形式表示，而知识库中的知识是用计算机能够识别、运用的形式表示的，两者之间有较大的差别。为了把抽取出来的知识送入知识库以供求解问题使用，就需要进行知识表示形式的转换。

③知识输入。知识输入是指把用适当的知识表示方法表示后的知识经过编辑、编译送入知识库的过程。目前，知识的输入一般通过两种途径实现：一种是利用计算机系统提供的编辑软件；另一种是专门编制的知识编辑系统，称之为知识编辑器。前一种的优点是简单，可直接使用，减少了编制专门知识编辑器的工作；后一种的优点是专门知识编辑器可根据实际需要实现相应的功能，使其具有更强的针对性和适应性，更加符合知识输入的需要。

④知识检测。知识库的建立是通过对知识进行抽取、转换、输入等环节来实现的，任何环节上的失误都可能会造成知识错误，从而直接影响到专家系统的性能。因此，必须对知识库中的知识进行检测，以便尽早发现并纠正错误。另外，经过抽取转换后的知识可能存在知识的不一致和不完整等问题，也需要通过知识检测环节来发现是否有知识的不一致和不完整，并采取相应的修正措施，使专家系统的知识具有一致性和完整性。

（2）知识获取方式

①非自动知识获取。在非自动知识获取方式中，知识获取一般分两步进行，首先由知识工程师从领域专家和有关技术文献获取知识，然后由知识工程师用某种知识编辑软件输入知识库中。非自动方式是目前使用较普遍的一种知识获取方式，专家系统 MYCIN 就是其中最具代表性的，它对非自动知识获取方法的研究和发展起到了重要作用。由于领域专家一般不熟悉知识处理，不能强求他们把自己的知识按专家系统的要求进行知识抽取和转换，而专家系统的设计和建造者虽然熟悉专家系统的建造技术，却不掌握专家知识。因此，需要在这两者之间有一个中介专家，他既懂得如何与领域专家打交道，能从领域专家及有关文献中抽取专家系统所需的知识，又熟悉知识处理，能把获得的知识用合适的知识表示模式或语言表示出来，这样的中介专家称为知识工程师。实际上，知识工程师的工作大多是由专家系统的设计与建造者担任。知识工程师的主要任务包括：

a. 与领域专家进行交谈，阅读有关文献，获取专家系统所需要的原始知识。这是一件费力费时的工作，知识工程师往往需要从头学习一门新的专业知识。

b. 对获得的原始知识进行分析、整理、归纳，形成用自然语言表述的知识条款，然后交给领域专家审查。知识工程师与领域专家可能需要进行多次交流，直至有关的知识条款能完全确定下来。

c. 把最后确定的知识条款用知识表示语言表示出来，通过知识编辑器进行编辑输入。

知识编辑器是一种用于知识输入的软件，通常是在建造专家系统时根据需要编制的。目前知识编辑器应具有以下主要功能：

a. 把用某种知识表示模式或语言所表示的知识转换成计算机可表示的内部形式，并输入知识库中。

b. 检测输入知识中的语法错误，并报告错误性质与位置，以便进行修正。

c. 检测知识的一致性,并报告非一致性的原因,以便知识工程师征询领域专家意见并进行修正。

②自动知识获取。自动知识获取是指系统自身具有获取知识的能力,它不仅可以直接与领域专家对话,从专家提供的原始信息中"学习"到专家系统所需要的知识,而且还能从系统自身的运行实践中总结归纳出新的知识,发现知识中可能存在的错误,不断自我完善,建立起性能优良、知识完善的知识库。为达到这一目的,自动知识获取至少需要具备以下能力:

a. 具备识别语音、文字、图像的能力。由于专家系统中的知识主要来源于领域专家以及有关的多媒体文献资料等,为了实现知识的自动获取,就必须使系统能与领域专家直接对话,能够阅读和理解相关的多媒体文献资料,这就要求系统应具有识别语音、文字与图像处理的能力。

b. 具有理解、分析、归纳的能力。领域专家提供的知识通常是处理具体问题的实例,不能直接用于知识库。为了把这些实例转变为知识库中的知识,必须对实例进行分析、归纳、综合,从中抽取出专家系统所需的知识送入知识库。

c. 具有从运行实践中学习的能力。在知识库初步建成投入使用后,随着应用的发展,知识库的不完备性就会逐渐暴露出来。知识的自动获取系统应能在运行实践中学习,产生新知识,纠正可能存在的错误,不断地对知识库进行更新和完善。

在自动知识获取系统中,原来需要知识工程师做的工作都由系统来完成,并且还应做更多的工作。自动知识获取是一种理想的知识获取方式,它的实现涉及人工智能的多个研究领域,如模式识别、自然语言理解、机器学习等,而且对硬件也有更高的要求。

4. 知识的处理

运用知识的过程是一个思维过程,即推理过程。所谓推理是指基于一定的规则从已有的事实中推出结论的过程,其中所依据的规则就是推理的核心,称为控制策略。在人类思维活动中包含了大量的推理过程,有各种各样的推理形式,如常识推理、统计推理、基于知识的推理等。专家系统是以知识为基础的系统,它根据已有的知识和事实去求解当前的问题,这种选择和应用处理知识的过程称为基于知识的推理。在专家系统中由程序实现的推理称为推理机。推理机作为专家系统的核心,其主要任务是在问题求解过程中适时地决定知识的选择和运用。推理机的控制策略确定知识的选择,推理机的推理方式确定具体知识的运用。

推理是根据一定的原则(公理或规则),从已知的事实(或判断)推出新的事实(或另外的判断)的思维过程,其中推理所依据的事实称为前提(或条件),由前提所推出的新事实称为结论。推理方式可以分为演绎推理和归纳推理。

(1)演绎推理

演绎推理时,先匹配规则的前提,然后得到结论。演绎推理的三要素为:

a. 一组初始条件(初始事实或初始目标)和终止条件。

b. 一组产生式规则(知识)。

c. 一种推理方法。

初始条件为初始事实或初始目标时,推理的起点是不一样的,因此推理方法也不同。下面介绍与演绎推理有关的推理方法。

①正向演绎推理。正向演绎推理是相对于推理网络而言的,即推理总是从叶节点(证据

节点)向根节点(目标节点)推理,因此又称为面向事实的推理。正向推理适用于初始条件为初始事实时的推理。

正向推理的三个条件为:

a. 一组初始事实和终止条件。

b. 一组正向规则。

c. 正向推理机。

终止条件有两种可能:

a. 给出一组目标。相当于求证目标,这些目标必然不是推理网络的目标节点,否则没有必要给出。

b. 不给出终止条件。当没有终止条件时,正向推理在两种情况下可能自动终止:当推理达到推理网络的目标节点时;当没有新的可供使用的规则时。第二种情况下终止可得出两种结论:把当前已推出的事实作为目标输出;认为没有解。在后面要介绍的推理机中将采用第二个结论。

正向规则就是可以按照从前提得到的结论来匹配、使用的是产生式规则。正向推理的基本步骤是:

a. 把给定的初始事实放入动态数据库。

b. 从 $i=1,2,\cdots,n$ 中;取出规则 i;利用动态数据库的事实匹配规则前提;若前提匹配,则把规则 i 的结论加入动态数据库,否则转向步骤 c。判断是否达到目标结果,若是则返回,并输出目标。

c. $i=i+1$,转向步骤 b。

正向推理中,若某条规则不可匹配则被抛弃,但推理到一定程度这条规则可能又可以匹配,由于该规则已被抛弃,不可能再用,导致推理终止。这种无解是由于取规则的顺序造成的,为了避免这种现象,必须每一次都在所有规则中搜索可以匹配的规则,把匹配过的规则抛弃,当规则库很大时这样做会非常费时。解决这个问题的另一个办法是,当某条规则不能匹配时暂时不抛弃,而是调用逆向推理来求证,若该规则还不能满足,则以后也不可能满足,这时可以抛弃。

②逆向演绎推理。从推理网络上看,逆向推理就是从根结点向叶结点推理,因此也称为面向目标的推理。逆向推理适合于初始条件为初始目标的推理。逆向推理的条件为:一组初始目标;一组逆向规则;逆向推理机。逆向推理相当于求证目标,不需要终止条件,当目标被求证时自动终止或者目标不能证明而终止。

逆向规则就是可以反向使用(即从结论到前提)的产生式规则,逆向推理的步骤为:

a. 给出当前要求证的目标。

b. 若动态数据库中存在该目标,则返回 TRUE。

c. 找出结论中包含目标的一条规则。

d. 把规则前提作为子目标,转向步骤 a 求证。

e. 若前提为真,则把结论部分加入动态数据库,把该规则抛弃。

f. 若还有其他目标则返回步骤 a 继续求证,否则返回 TRUE。

③双向混合推理。双向混合推理就是从推理网络的根结点和叶结点同时进行正向推理和

逆向推理,直达推理汇合,则目标得到证实。在实际使用时,要做到两个方向的子目标汇合往往是很困难的。双向混合推理常是在前述正向推理中结合逆向推理时使用,一般情况下并不使用。

（2）归纳推理

归纳推理就是从若干特殊事实出发,经过比较、总结、概括而得出带有某种规律性结论的推理方式。根据逻辑学的定义,归纳推理为"主观不充分置信推理,它能从一个具有一定置信度的前提推出一个比前提的置信度低的结论"。可见,在归纳推理中置信度是变化的。它只把前提所具有的置信度部分地转移到结论上,所以结论的置信度要小于前提的置信度。但归纳推理可由个别的事物或现象推导出该类事物或现象的普遍性规律。常用的归纳推理方法有简单枚举法和类比法等。简单枚举法是以从某类事物观察到的子类中发现的属性为基础,在没有发现相反事例时就可推得该类事物都具有这一属性的结论。写成蕴涵形式即为

$$[P(x_1),P(x_2),\cdots,P(x_n)]\rightarrow(\forall x)P(x) \tag{2-6}$$

简单枚举法只根据一个个事例的枚举来进行推理,缺乏深层次分析,故可靠性较差。类比推理法的基础是相似原理,在两个或两类事物许多属性都相同的条件下,可推出它们在其他属性上也相同的结论。若用 A 和 B 分别表示两类不同的事物,用 $a_1,a_2,\cdots,a_n,b$ 分别表示不同的属性,则类比归纳法可用下面的格式表示:

A 和 B 都具有属性 $a_1,a_2,\cdots,a_n$。若 A 有属性 b,则可推得,B 也有属性 b。

类比归纳法的可靠程度取决于两类事物的相同属性与所推导出的属性之间的相关程度,相关程度越高,类比归纳法的可靠性就越高。实践已经表明,许多科学发明和发现都是通过类比推理而实现的,由此可见,类比归纳推理法是一种在知识处理中很实用的方法。

2.3 专家控制系统

2.3.1 专家控制系统原理

到目前为止,专家控制系统并没有明确的公认定义。粗略地说,专家控制是指将专家系统的设计规范和运行机制与传统控制理论和技术结合而成的实时控制系统设计、实现方法。

1. 专家控制的功能目标

专家控制的功能目标是模拟、延伸、扩展"控制专家"的思想、策略和方法。所谓"控制专家",既指一般自动控制技术的专门研究者、设计师、工程师,也指具有熟练操作技能的控制系统操作人员,他们的控制思想、策略和方法包括成熟的理论方法、直觉经验和手动控制技能。专家控制并不是对传统控制理论和技术的排斥、替代,而是对它的包容和发展。专家控制不仅可以提高常规控制系统的控制品质,拓宽系统的作用范围,改善系统功能,而且可以对传统控制方法难以奏效的复杂过程实现闭环控制。

专家控制的理想目标是实现这样一个控制器或控制系统:

①能够满足任意动态过程的控制需要,包括时变的、非线性的、受到各种干扰的控制对象或生产过程。

②控制系统的运行可以利用对象或过程的一些先验知识,而且只需要最少量的先验知识。

③有关对象或过程的知识可以不断地增加、积累,据以改进控制性能。

④有关控制的潜在知识以透明的方式存放,能够容易地修改和扩充。

⑤用户可以对控制系统的性能进行定性的说明,如"速度尽可能快""超调要小"等。

⑥控制性能方面的问题能够得到诊断,控制闭环中的单元,包括传感器和执行机构等的故障可以得到检测。

⑦用户可以访问系统内部的信息,并进行交互,如对象或过程的动态特性、控制性能的统计分析、限制控制性能的因素以及对当前采用的控制作用的解释等。

专家控制的上述目标可以看作一种比较含糊的功能定义,它们覆盖了传统控制在一定程度上可以达到的功能,但又超过了传统控制技术。作一个形象的比喻,专家控制试图在控制闭环中"加入"一个富有经验的控制工程师,系统能为他提供一个"控制工具箱",即可对控制、辨识、测量、监视、诊断等方面的各种方法和算法,选择自便,运用自如,而且可以透明地面向系统外部的用户。按照专家控制的功能目标,并考虑其具体实现,可以注意到,专家控制虽然引用了专家系统的思想和技术,但它与一般的专家系统还是有着重要的区别。

①通常专家系统只完成专门领域问题的咨询功能,它的推理结果一般用于辅助用户的决策;而专家控制则要求能对控制动作进行独立和自动的决策,它的功能一定要具有连续的可靠性和较强的抗干扰性。

②专家系统一般采用离线的工作方式,而专家控制则要求在线地获取动态反馈信息联机完成控制,它的功能一定要具有使用的灵活性和符合要求的实时性。

2. 控制作用的实现

专家控制所实现的控制作用是控制规律的解析算法与各种启发式控制逻辑的有机结合。简单地说,传统控制理论和技术的成就和特长在于它可以针对精确描述的解析模型进行精确的数值求解,即它的着眼点主要限于设计和实现控制系统的各种核心算法。

例如,经典的 PID 控制就是一个精确的线性方程所表示的算法,即

$$u(t) = K_p e(t) + \frac{1}{T_l} \int e(t)\,\mathrm{d}t + T_D \frac{\mathrm{d}}{\mathrm{d}t} e(t) \tag{2-7}$$

式中,$u(t)$ 为控制作用信号;$e(t)$ 为误差信号;K_P 为比例系数;$K_l = \dfrac{1}{T_l}$ 为积分系数;$K_D = T_D$ 为微分系数。控制作用的大小取决于误差的比例项 K_P、积分项 K_l 和微分项 K_D,而 K_P、K_l、K_D 的选择取决于受控对象或过程的动态特性。适当地整定 PID 的三个系数,可以获得比较满意的控制效果,即使系统具有合适的稳定性、静态和动态特性,PID 的控制效果实际上是比例、积分、微分三种控制作用的折中。PID 控制算法具有设计简单、应用可靠等特点,一直是工业控制中应用最广泛的传统技术之一。

再考虑作为一种高级控制形态的参数自适应控制。相应的系统结构如图 2-7 所示,其包含两个回路,内环回路由受控对象或过程以及常规的反馈控制器组成;外环回路由参数估计和控制器设计两部分组成。参数估计部分对受控模型的动态参数进行递推估计,控制器设计部分根据受控对象参数的变化对控制器参数进行相应调节。当受控对象或过程的动力学特性由于内部不确定性或外部环境不确定性而发生变化时,自适应控制能自动地校正控制作用,从而使控制系统尽量保持满意的性能。参数估计和控制器设计主要由各种算法实现,统称为自校正算法。

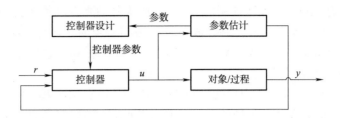

图 2-7　参数自适应控制系统

无论简单的 PID 控制还是复杂的自适应控制,要在很大的运行范围内取得完美的控制效果,都不能孤立地依靠执行算法,因为这些算法的四周还包围着许多启发式逻辑,而且要使实际系统在线运行,具有完整的功能,还需要并不能表示为数值算法的各种推理控制逻辑。

传统控制技术中存在的启发式控制逻辑可以列举如下。

（1）控制算法的参数整定和优化

例如,对于不精确模型的 PID 控制算法,参数整定常常运用 Ziegler-Nichols 规则,即根据开环 Nyquist 曲线与负实轴的交点所表示的临界增量(K_c)和临界周期(t_c)来确定K_P、K_I 和K_D的经验取值。这种经验规则本身就是启发式的,而且在通过试验来求取临界点的过程中,还需要许多启发式逻辑支持才能恰当地使用上述规则。至于控制器参数的校正和优化,更属于启发式。例如,被称为专家 PID 控制器的 EXACT（Bristol,1983;Kraus 和 Myron,1984;Carmon,1986）,就是通过对系统误差的模式识别,分别识别出过程响应曲线的超调量、阻尼比和衰减振荡周期,然后根据用户事先设定好的超调量、阻尼等约束条件,在线校正K_P、K_I 和K_D这三个参数,直至过程的响应曲线为某种指标下的最佳响应曲线。

（2）不同算法的选择决策和协调

例如,参数自适应控制系统有两种运行状态:控制状态和调节状态。当系统获得受控模型的一定参数条件时,可以使用不同的控制算法,如最小方差控制、极点配置控制、PID 控制等。如果模型不准确或参数发生变化,系统则需转为调节状态,引入适当的激励,并启动参数估计算法,如果激励不足,则需引入扰动信号。如果对象参数发生跳变,则需对估计参数重新初始化,如果由于参数估计不当造成系统不稳定,则需启动一种K_c-t_c估计器重新估计参数。最后,如果发现自校正控制已收敛到最小方差控制,则转入控制状态。另外,K_c-t_c估计器的K_c 和 t_c值同时也起到对备用 PID 控制参数的整定作用。由上可知,参数自适应控制中涉及众多的辨识和控制算法,不同算法之间的选择、切换和协调都是依靠启发式逻辑进行监控和决策的。

（3）未建模动态的处理

例如,在 PID 控制中并未考虑系统元件的非线性。当系统起停或设定值跳变时,由于元件的饱和等特性,在积分项的作用下系统输出将产生很大超调,形成弹簧式的大幅度振荡,为此需要进行逻辑判断才能防止,即若误差过大,则取消积分项。又如,当不希望执行部件过于频繁动作时,可利用逻辑实现带死区的 PID 控制等。

（4）系统在线运行的辅助操作

在核心的控制算法以外,系统的实际运行还需要许多重要的辅助操作,这些操作功能一般都是由启发式逻辑决定的。例如,为避免控制器的不合适初始状态在开机时对系统造成的冲击,一般采用从手动控制切入自动控制的方式,这种从手动到自动的无扰切换是由逻辑判断的。又如,当系统出现异常状态或控制幅值越限时,必须在某种逻辑控制下进行报警和现场处理。更进一步,系统能够与操作人员交互,系统可以得到对象一些先验知识,使操作人员可以了解并监护系统的运行状态等。

传统控制技术对于上述种种启发式控制逻辑,或者并没有作深入的揭示,或者采取了回避的态度,或者以专门的方式进行个别处理。专家控制的基本原理正是面对这些启发式逻辑,采用形式化的方法将这些启发式逻辑组织起来,从它们与核心算法的结合上使传统控制表现出较好的智能性。总之,与传统控制技术不同,专家控制的作用和特点在于依靠完整描述的受控过程知识,求取良好的控制性能。

3. 设计规范和运行机制

专家控制的设计规范是建立数学模型与知识模型相结合的广义知识模型,它的运行机制是包含数值算法在内的知识推理。专家控制的设计规范和运行机制是专家系统技术的基本原则在控制问题中的应用。

(1)控制的知识表示

专家控制把控制系统总的看作基于知识的系统,系统包含的知识信息内容如图 2-8 所示。

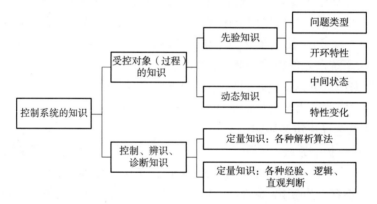

图 2-8　系统包含的知识信息内容

按专家系统知识库的构造,有关控制的知识可以分类组织,形成数据库和规则库。

①数据库。数据库包括以下内容:

a. 事实。已知的静态数据,如传感器测量误差、运行阈值、报警阈值、操作序列的约束条件以及受控对象或过程的单元组态等。

b. 证据。测量到的动态数据,如传感器的输出值、仪器仪表的测试结果等。证据的类型是各异的,常常带有噪声、延迟,也可能是不完整的,甚至相互之间有冲突。

c. 假设。由事实和证据推导得到的中间状态,作为当前事实集合的补充,如通过各种参数估计算法推得的状态估计等。

d. 目标。系统的性能目标,如对稳定性的要求、对静态工作点的寻优、对现有控制规律是否需要改进的判断等。目标既可以是预定的(静态目标),也可以根据外部命令或内部运行状况在线地建立(动态目标),各种目标实际上形成了一个大的阵列。

上述控制知识的数据通常用框架形式表示。

②规则库。规则库实际上是专家系统中判断性知识集合及其组织结构的代名词。对于控制问题中各种启发式控制逻辑,一般常用产生式规则表示

$$IF(控制局势)THEN(操作结论)$$

其中,控制局势即为事实、证据、假设和目标等各种数据项表示的前提条件;操作结论即为定性的推理结果。应该指出,在通常的专家系统中,产生式规则的前提条件是知识条目,推理结果或者是往数据库中增加一些新的知识条目,或者是修改数据库中其他某些原有的知识条目。而在专家控制中,产生式规则的推理结果可以是对原有控制局势知识条目的更新,还可以是对某种控制或估计算法的激活。

专家控制中的产生式规则可看作系统状态的函数,但由于数据库的概念比控制理论中的"状态"具有更广泛的内容,因而产生式规则也要比通常的传递函数含义更丰富。判断性知识往往需要几种不同的表示形式。例如,对于包含大量序列成分的子问题,知识用过程式表示就比规则自然得多。

专家控制中的规则库常常构造成"知识源"的组合。一个知识源中包含了同属于某个子问题的规则,这样可以使搜索规则的推理过程得到简化,而且这种模块化结构更便于知识的增删或更新。知识源实际上是基本问题求解单元的一种广义化知识模型,对于控制问题来说,它综合表达了形式化的控制操作经验和技巧,可供选用的一些解析算法,对于这些算法的运用时机和条件的判断逻辑,以及系统的监控和诊断的知识等。

(2)控制的推理模型

专家控制中的问题求解机制可以表示为如下推理模型:

$$U = f(E, K, I) \tag{2-8}$$

式中,$U = \{u_1, u_2, \cdots, u_n\}$ 为控制器的输出作用集;$E = \{e_1, e_2, \cdots, e_n\}$ 为控制器的输入集;$K = \{k_1, k_2, \cdots, k_n\}$ 为系统的数据项集;$I = \{i_1, i_2, \cdots, i_n\}$ 为具体推理机构的输出集。而 f 为一种智能算子,它可以一般地表示为

$$IF\ E\ AND\ K\ THEN(IF\ I\ THEN\ U)$$

即根据输入信息 E 和系统中的知识信息 K 进行推理,然后根据推理结果 I 确定相应的控制行为 U。这里智能算子的含义使用了产生式的形式,这是因为产生式结构的推理机制能够模拟任何一般的问题求解过程。实际上智能算子也可以基于其他知识表达形式(语义网络、谓词逻辑、过程等)来实现相应的推理方法。

专家控制推理机制的控制策略一般仅仅用到正向推理是不够的,当不能通过自动推导得到结论时,就需要使用反向推理的方式,去调用前链控制的产生式规则知识源或者过程式知识源验证这一结论。

2.3.2　专家控制系统结构

1. 总体结构及其特点

专家控制系统的典型结构如图 2-9 所示。

典型结构具有以下特点:

①两类知识及其处理过程分离构造。系统的控制器主要由数值算法和知识基系统两大部分组成,其中数值算法部分包含的是定量的解析知识,可按常规编程进行数值计算,它与受控

过程直接相连;另一部分是知识基系统,所包含的是定性的启发式知识,按专家系统的设计规范编码进行符号推理,它通过数值算法与受控过程间接相连。算法知识作为一种控制作用,它的具体内容没有必要硬性地转换成符号的逻辑关系存入知识库,而与知识基子系统中的定性知识混杂在一起。这种分离构造方式体现了知识按属性分别表示的原则,而且体现了智能控制系统的分层递阶原则。数值计算快速、精确,在下层直接作用于受控过程,而定性推理较慢、粗略,在上层对数值算法进行决策、协调和组织。

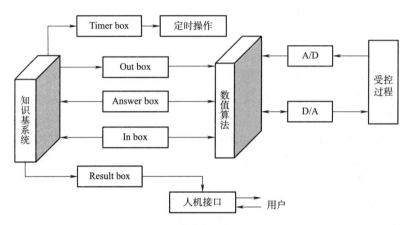

图 2-9　专家控制系统的典型结构

②三个子过程并发运行。数值算法、知识基系统、人机通信为三个独立子过程,在具体的计算机实现中是并发运行的,但数值算法拥有最高级的优先权。知识基系统与人机通信直接交互,而与数值算法间接联系。控制按采样周期进行,可中断人机会话的处理,这种并发运行的机制体现了专家控制功能的有机结合,也保证了系统的实时性。

2. 数值算法

数值算法部分实际上是一个算法库,由控制、辨识和监控三类算法组成。上述三类算法都具有一致的编程格式和合适的接口,以便增添新的候选算法,扩充算法库。控制算法根据控制配置命令(来自知识基系统)和测量信号计算控制信号,如 PID 算法、极点配置算法、离散滤波器算法和最小方差算法等。辨识算法和监控算法在某种意义上是从数值信号流中抽取特征信息,可以看作滤波器或特征抽取器,仅当系统运行状况发生某种变化时,才向知识基系统中发送信息,在稳态运行期间,知识基系统是闲置的,整个系统按传统控制方式运行。辨识算法、监控算法中可包括延时反馈算法、递推最小二乘算法及水平交叉检测器等。

3. 内部过程通信

系统的三个运行子过程之间的通信是通过下列五个"邮箱"进行的。

①Out box。将控制配置命令、控制算法的参数变更值以及信息发送请求从知识基系统送往数值算法部分。

②In box。将算法执行结果、检测预报信号、对于信息发送请求的答案、用户命令以及定时中断信号分别从数值算法、人机接口以及定时操作部分送往知识基系统,这些信息具有优先级说明,并形成先入先出的队列。在知识基系统内部另有一个邮箱,进入的信息按照优先级排序插入待处理信息,以便尽快处理最重要的问题。

③Answer box。传送数值算法对于知识基系统的信息发送请求给出的通信应答信号。

④Result box。传送知识基系统发出的人机通信结果,包括用户对知识库的编辑、查询、算法执行原因、推理根据、推理过程跟踪等系统运行情况的解释。

⑤Timer box。用于发送知识基系统内部推理过程需要的定时等待信号,供定时操作部分处理。

4. 知识基系统的内部组织和推理机制

知识基系统主要由一组知识源、黑板机构和调度器三部分组成,如图 2-10 所示。整个知识基系统是基于所谓的黑板模型进行问题求解的。

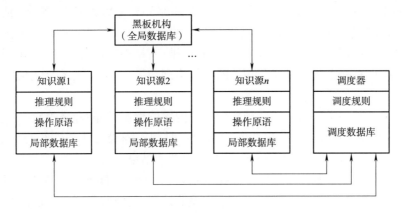

图 2-10　专家控制系统的典型结构

（1）黑板模型

黑板模型是一种高度结构化的问题求解模型,用于"适时"问题求解,即在最适当的时机运用知识进行推理。它的特点是能够决定什么时候使用知识、怎样使用知识。黑板模型除了将适时推理作为运用知识的策略外,还规定了领域知识的组织方法,其中包括知识源这种知识模型以及数据库的层次结构等。

黑板模型的基本思想和工作方式可以用一种"拼板游戏"来说明。一群游戏者站在一块大黑板前,每人手里都有一些不同尺寸、不同形状的拼板。开始时已有若干拼板粘附在黑板上,形成一个拼接图形。然后,每个游戏者根据自己手中的拼板以及黑板上的拼接图形,独立判断是否往黑板上粘附手中某块拼板,从而修改拼接图形,直至产生终结游戏的拼接图形。在游戏过程中,并没有事先规定的拼接次序,黑板上拼接图形的每次变更提供了其他拼板的拼接可能,拼接图形协调者游戏者的配合行为,游戏的秩序可以有一个监督者来维持,监督者根据一些策略来选择每次走向黑板黏附拼板的游戏者,如首先举手请求的游戏者先拼接,或孤立拼接图形相连的拼板拥有者先拼接等。

最早研究应用黑板模型的是著名的语音理解专家系统 HEARSARY-Ⅱ（L. D. Erman 等,1971—1976）,该系统可以在 1 000 个词汇范围内识别连续语音。对于讲话者通过话筒输入的要求查询科技文献的口语句子,系统能做出解释的完全正确率和语义正确率分别达到 74% 和 91%。HEARSARY-Ⅱ 系统的工作原理是利用符号推理来帮助信号处理,它由语音学、语义学、词汇、语法等各方面知识组成 10 多个知识源,对语音信息生成各种局部解释,在"黑板"上逐步评价和修改这些解释,最后将具有最大值评价函数的解释作为推理结果输出。黑板模型的思想和结构已广泛运用于专家系统和人工智能的其他领域。

(2)知识源

知识源是与控制问题子任务有关的一些知识模块。可以把它们看作不同子任务问题领域的小专家。一个控制问题的子任务划分是自然的,如控制器设计(不同的控制算法)、建模及模型验证、各种监控方法、信号历史情况的统计等。应该指出,知识源所表示的是各种数值算法所涉及的启发式逻辑,而不是算法本身的具体内容。每个知识源都具有比较完整的知识库结构:

①推理知识——"IF…THEN"产生式规则,条件部分是全局数据库(黑板)或是局部数据库(知识源内设)中的状态描述,动作、结论部分主要是对黑板信息或局部数据库内容的添加或修改,这些规则可按前向链或后向链方式控制的推理,推理知识也可以用过程式表示。

②局部数据库——存放与子任务相关的中间推理结果,用框架表示,其中各个槽的值即为这些中间结果。

③操作原语——一类是对全局或局部数据库内容的增添、删除和修改操作;另一类是对本知识源或其他知识源的控制操作,包括激活和固定时间间隔等待或条件等待(如停止知识源的工作,直到黑板上出现某项内容或某个其他知识源才结束运行)。

作为以参数自适应控制为背景的专家控制系统,有关的子任务可形成以下几个典型知识源:主要控制知识源包括最小方差控制、最小方差监控器、纹波监测器及阶数监控器;备份控制知识源包括 PID 控制、K_c-t_c 控制器;估计知识源包括参数估计、估计监控器、激励监控器、扰动信号产生器、跳变检测器;自校正知识源即自动调整调节;学习知识源即获取调节器参数、平滑并存储调节器参数、测试调度条件;主监控知识源包括稳定性监控器、均值和方差计算。

(3)黑板机构

黑板是一个全局数据库,即各个知识源都可以访问的公共关系数据库,它存放、记录了包括事实、证据、假设和目标所说明的静态、动态数据,这些数据分别被不同的知识源所关注。通过访问知识源,黑板起到在各个知识源之间传递信息的作用,通过知识源的推理,数据信息得到增删、修改、更新。

在 HEARSAY-Ⅱ(经典黑板系统)中,黑板被组织成一个层次结构,由下至上为参数、片段、音词汇、词汇序列和短语等信息层。每一层上的主要信息是表示语音理解问题的部分解,即一些在特定层次上解释语音信号的假设。知识源的推理活动是利用本层或其他层上的信息,在本层或层间进行信息转换,即在每一层上找出能够正确解释语音信号的假设。由于高层信息可以看作若干较低层上信息的抽象,因此,推理活动一旦在高层上找到了正确的假设,语音理解过程就结束了。

在本节介绍的专家控制系统中,黑板信息类似地被组织成若干数据平面,以下举例说明两种称之为"事件表"和"假设表"的数据平面。

①事件表是最重要的数据平面。

按照专家系统技术,可采用"事件驱动"这种处理时变环境的惯常方法。根据进入事件表的事件特征,在监控作用的引导下将提出合适的动作。事件可以是知识源对原有事件的操作结果,也可以从外部进入处理过程。事件的类型主要有受控过程的某些阈值、操作人员的指令、对于受控过程状况的新假设、对原有假设的修改、改变控制方式的请求、对于控制方式变化的"通告",以及操作人员的信息请求等。

不同的事件表为不同的知识源提供数据。面向主要控制知识源的事件表格式见表 2-1。其中,Time 为时间,u 和 y 分别为控制信号和输出信号的均值;σ_u 和 σ_y 分别为 u 和 y 的标准偏差;Stable 为稳定性监控器的结果;Regulator type 为调节器类型。若有需要,最大偏差和最小偏差也可列入该表。当控制方式(手动控制、备份控制、最小方差控制或自校正控制等)改变或设定值改变时,事件表中就生成一个具体条目。根据上述事件表,知识源就可以进行有关受控过程特性的推理,例如,均值 u 与 y 间的关系及其随时间的变化,标准偏差与 u 的关系,控制方式的切换形式,在设置点发生大的变化之后系统是否进入调节方式,大部分时间所用的是哪些控制方式,系统的性能是否随时间和控制方式的变化而出现大的变化。

表 2-1　主监控事件表

#	Time	OC	Perturb	h	d	n_r	n_s	Parameters

面向备份控制知识源的事件表见表 2-2。其中,K_c 为临界增益;t_c 为临界周期;P、I、D 为 PID 参数。当系统进入备份控制方式或处于备份控制方式进行 K_c-t_c 校正时,就形成事件表。表 2-2 中包括 K_c、t_c,又包括 PID 参数,目的是使系统可以修改 PID 控制的设计。在增益最小方差控制周期内生成的主要数据形成的事件表见表 2-3。其中,n_r 和 n_s 为最小方差控制的最优控制律中多项式 R 和 S 的阶数、h 为延迟拍数、d 为采样周期、Parameters 为调节器参数。

表 2-2　备份控制事件表

#	Time	K_c	t_c	P	I	D

表 2-3　最小方差控制事件表

#	Time	n_r	n_s	d	h	Parameters

结合表 2-1 和表 2-3 可以进行的推理有:所用的最小方差调节器的结构及其与运行状态的关系,所得到的性能中是否存在某种形式等。面向参数估计知识源的事件表见表 2-4,包括运行状态 OC 干扰 Perturb,以及表 2-3 中的参数。当参数估计周期性地执行或者按照需要(根据运行状态的变化)时,有关数据就进入表 2-4 中。利用表 2-4 可以为考虑参数的变化及其是否与运行状态有关的事件而进行推理。

表 2-4　参数估计事件表

#	Time	u	σ_u	y	σ_y	Stable	Regulator type

②假设表是另一种重要的数据平面。

假设是对于受控过程运行状态的理解和推测,将各类假设进行适当的组织就形成了假设表。这里采用了逐层抽象的层次结构组织方式。较低层次的假设主要涉及对于传感器数据的直接推导。例如,根据表2-1列出的当前控制均值和方差,就很容易导出"控制误差较小"之类的假设。较高层次的假设可以是对受控过程当前稳定性程度的估计,这类假设要利用数值计算或启发式经验规则。

对于抽象层次较高的假设,一般要求与控制工程师进行交互,以便将他的推断能力与机器的推断能力相融合。控制工程师应能利用系统赖以推理的理论根据,如表达推理知识的产生式规则,为此,在构造系统的数据库时,可以在事件表中附上有关的推理规则编号,数据库支持这种技术检索、审查的功能。黑板数据库的知识表示都采用框架式,复杂的框架系统能提供合适的层次结构。

(4)调度器

调度器的作用是根据黑板的变化激活适当的知识源,并生成有次序的调度队列。激活知识源可以采用串行或并行激活的方式,从而形成多种不同的调度策略。串行激活方式一般分三种。

①相继触发。一个激活的知识源的操作结果作为另一个知识源的触发条件,自然激活,此起彼伏。

②预定顺序。按控制过程的某种原理,预先编一个知识源序列,依次触发,例如,在检测到不同的报警状态时系统返回到稳态控制方式。

③动态生成顺序。对知识源的激活顺序进行在线规划。每个知识源都可以附上一个目标状态和一个初始状态,激活一个知识源即为系统状态的一次转移,通过逐步地比较系统的期望状态与知识源的目标状态,以及系统的当前状态与知识源的初始状态,就可以规划出状态转移的序列,即动态生成知识源的激活序列。

并行激活方式即为同时激活一个以上的知识源。例如,系统处于稳态控制方式时,一个知识源负责实际控制算法的执行,而另外一些知识源同时实现多方面的监控作用。调度器的结构类似于一个知识库,其中包括一个调度数据库,用框架形式记录着各个知识源的激活状态的信息,以及某些知识源等待激活的条件信息。调度器内部的规则库包括了体现各种调度策略的产生式规则,例如,"IF a KS is ready and no other KS is running THEN run this KS"。整个调度器的工作所需要的时间信息(知识源等待激活、彼此中断等)是由定时操作部分提供的。

2.3.3 设计原则

1. 模型描述的多样性

在设计过程中,对被控对象和控制器的模型应采用多样化的描述形式,而不应拘泥于单纯的解析模型,而传统控制理论对控制系统的设计都依赖于受控对象的数学解析模型。在专家式控制器的设计中,由于采用了专家系统技术,能够处理各种定性的与定量的、精确的与模糊的信息,因而允许对模型采用多种形式的描述。这些描述形式主要有:

①解析模型。主要表达方式有微分方程、差分方程、传递函数、状态空间表达式和脉冲传递函数等。

②离散事件模型。用于离散系统,并在复杂系统的设计和分析方面有广泛的应用。

③模糊模型。在不知道对象的准确数学模型而只掌握了受控过程的一些定性知识时,用模糊数学的方法建立系统的输入和输出模糊集以及它们之间的模糊关系较为方便。

④规则模型。产生式规则的基本形式为

IF(条件) THEN (操作或结论)

这种基于规则的符号化模型特别适于描述过程的因果关系和非解析的映射关系等,它具有较强的灵活性,可方便地对规则加以补充或修改。

⑤基于模型的模型。对于基于模型的专家系统,其知识库含有不同的模型,包括物理模型和心理模型(如神经网络模型和视觉知识模型等),而且通常是定性模型。这种方法能够通过离线预计算来减少在线计算,产生简化模型,使之与所执行的任务逐一匹配。

此外,还可根据不同情况采用其他类型的描述方式。例如,用谓词逻辑来建立系统的因果模型,用符号矩阵来建立系统的联想记忆模型等。总之,在专家式控制器的设计过程中,应根据不同情况选择一种或几种恰当的描述方式,以求更好地反映过程特性,增强系统的信息处理能力。

专家式控制器一般模型可表示为

$$U = f(E, K, I, G) \tag{2-9}$$

式中,f 为智能算子,其基本形式为

IF E AND K THEN(IF I THEN U)

其中,$E = \{e_1, e_2, \cdots, e_n\}$ 为控制器输入集;$K = \{k_1, k_2, \cdots, k_n\}$ 为知识库中的经验数据与事实集;$I = \{i_1, i_2, \cdots, i_p\}$ 为推理机的输出集;$U = \{u_1, u, \cdots, u_q\}$ 为控制器输出集。

智能算子的基本含义是:根据输入信息 E 和知识库中的经验数据 K 与规则进行推理,然后根据推理结果 I,输出相应的控制行为 U。智能算子的具体实现方式可采用前面介绍的各种方式(包括解析型和非解析型)。工业专家控制器简化结构如图 2-11 所示。

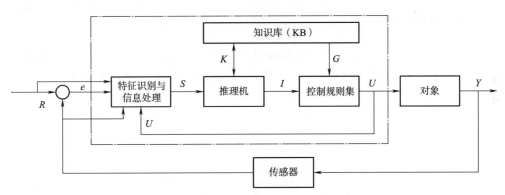

图 2-11 工业专家控制器简化结构图

2. 在线处理的灵巧性

智能控制系统的重要特征之一是能够以有用的方式来划分和构造信息,在设计专家式控制器时应十分注意对过程在线信息的处理与利用,灵活地处理与利用在线信息将提高系统的信息处理能力和决策水平。在信息存储方面,应对做出控制决策有意义的特征信息进行记忆,对于过时的信息则应加以遗忘;在信息处理方面,应把数值计算与符号运算结合起来;在信息利用方面,应对各种反映过程特性的特征信息加以抽取和利用,不要仅限于误差和误差的一阶导数。

3. 控制策略的灵活性

控制策略的灵活性是设计专家式控制器所应遵循的一条重要原则。工业对象本身的时变性与不确定性以及现场干扰的随机性,要求控制器采用不同形式的开环与闭环控制策略,并能通过在线获取的信息灵活地修改控制策略或控制参数,以保证获得优良的控制品质。此外,专家式控制器中还应设计异常情况处理的适应性策略,以增强系统的应变能力。

4. 决策机构的递阶性

人的神经系统是由大脑、小脑、脑干、脊髓组成的一个递阶决策系统。以仿智为核心的智能控制,其控制器的设计必然要体现递阶原则,即根据智能水平的不同层次构成分级递阶的决策机构。

5. 推理与决策的实时性

对于设计用于工业过程的专家式控制器,这一原则必不可少。这就要求知识库的规模不宜过大,推理机构应尽可能简单,以满足工业过程的实时性要求。

由于专家式控制器在模型的描述上采用多种形式,就必然导致其实现方法的多样性。虽然构造专家式控制器的具体方法各不相同,但归纳起来,其实现方法可分为两类:一类是保留控制专家系统的结构特征,但其知识库的规模小,推理机构简单;另一类是以某种控制算法(如 PID 算法)为基础,引入专家系统技术,以提高原控制器的决策水平。专家式控制器虽然功能不如专家控制系统完善,但结构较简单,研制周期短,实时性好,具有广阔的应用前景。

2.4 专家控制系统应用实例

2.4.1 专家 PID 控制

专家 PID 控制充分挖掘了 PID 控制策略的优势和专家系统的优点,按照确定性规则进行搜索。本节针对一个典型二阶对象设计专家 PID 控制器,典型二阶系统的单位阶跃响应如图 2-12 所示。

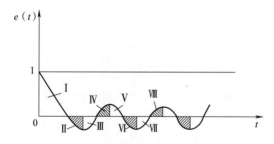

图 2-12 典型二阶系统的单位阶跃响应

设 $e_m(k)$ 是误差 e 的第 k 个极值;$u(k)$ 为控制器的第 k 次输出;$u(k-1)$ 为控制器的第 $k-1$ 次输出;k_1 是增益放大系数,取值范围为 $k_1>1$;k_2 是增益抑制系数,取值范围为 $0<k_2<1$;M_1 和 M_2 分别是设定的误差界限,$M_1>M_2$;k 表示控制周期的序号(自然数);ε 为任意小的正实数。

根据误差及误差变化,基于专家经验可设计专家 PID 控制器,具体如下:

① $|e(k)| > M_1$,表明误差的绝对值太大,无论误差变化趋势如何,都要使控制器按最大或最小输出,以迅速调整误差,使误差绝对值以最大速度减小,此时,实施开环控制。

② $e(k)\Delta e(k) > 0$,说明误差在朝绝对值增大方向变化,或误差为某一常数未发生变化。此时,如果 $|e(k)| \geqslant M_2$,则说明误差也较大,可实施较强的控制作用,以使误差朝绝对值减小方向变化,控制器输出为

$$u(k) = u(k-1) + k_1 \{ k_p [e(k) - e(k-1)] + k_1 e(k) + k_d [e(k) - 2e(k-1) + e(k-2)] \}$$
(2-10)

如果 $|e(k)| < M_2$,则说明尽管误差朝绝对值增大方向变化,但误差绝对值本身不大,可考虑实施一般的控制作用,控制器输出为

$$u(k) = u(k-1) + k_p [e(k) - e(k-1)] + k_1 e(k) + k_d [e(k) - 2e(k-1) + e(k-2)]$$
(2-11)

③ $e(k)\Delta e(k) < 0$ 且 $e(k)\Delta e(k-1) > 0$ 或者 $e(k) = 0$,说明误差的绝对值朝减小的方向变化,或者已经达到平衡状态。此时,控制器输出可保持不变。

④ $e(k)\Delta e(k) < 0$ 且 $e(k)\Delta e(k-1) < 0$,说明误差处于机制状态。如果此时误差的绝对值较大,即 $e(k) \geqslant M_2$,可考虑实施较强的控制作用

$$u(k) = u(k-1) + k_1 k_p e_m(k)$$
(2-12)

如果 $|e(k)| < M_2$ 可以考虑较弱的控制作用

$$u(k) = u(k-1) + k_2 k_p e_m(k)$$
(2-13)

⑤ $|e(k)| \leqslant \varepsilon$,说明误差的绝对值很小,此时可加入积分,减少稳态误差。

分别用 PID 和专家 PID 控制器求出下式所示的三阶传递函数的单位阶跃相应曲线:

$$G_p(s) = \frac{523\,500}{s^3 + 87.35s^2 + 10\,470s}$$
(2-14)

其中,对象的采样周期为 1 ms。根据专家 PID 控制策略,通过 MATLAB 编制 .m 程序文件,得到采用传统 PID 控制器和专家 PID 控制器的系统单位阶跃响应如图 2-13 所示,误差响应如图 2-14 所示。

采用传统 PID 控制器和专家 PID 控制器后系统的性能指标见表 2-5。其中,t_r 为上升时间;t_p 为峰值时间;t_s 为调节时间;$\delta\%$ 为超调量;ITAE 为时间乘以误差绝对值积分 (integration of time multiplied absolute error)。采用这些性能指标来定量衡量系统的设定值跟踪性能、扰动抑制性能、稳态性能和动态性能。

表 2-5 采用传统 PID 控制器和专家 PID 控制器后系统的性能指标比较

控制器	上升时间 t_r(s)	峰值时间 t_p(s)	调节时间 t_s(s)	超调量 δ(%)	ITAE
传统 PID	0.0698	0.500	0.136	0.1627	0.2681
专家 PID	0.0327	0.157	0.056	0.0995	0.3034

由表 2-5 可知,与采用传统 PID 控制器的控制系统相比,采用专家 PID 控制器后,虽然系统的 ITAE 有所增大,但上升时间 t_r 大大减少,峰值时间 t_p 明显减少,调节时间 t_s 显著缩短,且超调量 δ 也大大减少。

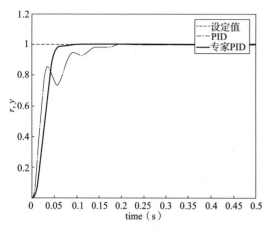

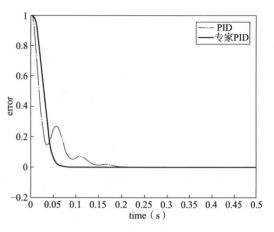

图 2-13　采用传统 PID 控制器和专家
PID 控制器的系统单位阶跃响应

图 2-14　采用传统 PID 控制器和专家
PID 控制器的系统误差响应

2.4.2　循环流化床锅炉床温控制系统

循环流化床锅炉（简称 CFB 锅炉）由于具有燃烧效率高、燃烧适应性广、低污染等独特优点，受到世界各国的广泛重视并得到迅速发展。但 CFB 锅炉在理论和实践两方面仍有许多不完善之处，尤其在燃烧控制系统方面，大多数 CFB 锅炉自动化水平不高，有的至今仍采用手动操作，其原因在于 CFB 锅炉是一个多参数、非线性、时变及变量紧密遇合的复杂系统。基于以上原因，CFB 锅炉很难建立精确的数学模型，如果采用固定参数的常规控制器，当工况发生较大变化时，很难保证控制系统的控制品质。

模糊控制具有超调小、健壮性强和适应性好等优点，适用于数学模型未知的控制对象，但是由于其模糊信息处理略显简单而使系统的控制精度较低，要提高精度就必须提高量化程度，这会增大系统的搜索范围。而专家系统是将人的感性经验和定理算法相结合的一种传统智能控制方法，能够根据对象的不确定性以及干扰的随机性，采用不同的控制策略，调整其他控制方法带来的不足。通过将模糊控制和专家系统结合构建一种新的系统——专家模糊控制系统，针对循环流化床锅炉的专家模糊控制系统结构框图结构如图 2-15 所示。

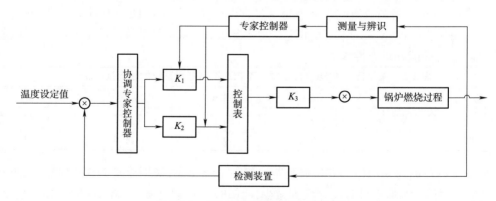

图 2-15　专家模糊控制系统结构框图

1. 确定 *e*、de 和 *u* 的论域

y 为实际床温，*r* 为温度给定值，*V* 为给煤量，*e* 和 de 为模糊控制器的输入语言变量，*U* 为输出语言变量，构成一个双输入单输出的模糊控制器。

设误差 *e* 的基本论域为[−50 ℃，+50 ℃]，误差变化率 de 的基本论域为[−6，+6]，控制量 *U* 的基本论域为[0，+4]。

2. *e*、de 和 *u* 语言变量的选取

e 量化后 *E* 的论域 $X = \{ -6, -5, -4, -3, -2, -1, 0, 1, 2, 3, 4, 5, 6 \}$，语言变量 *E* 选取 7 个语言值：PB，PM，PS，0，NS，NM，NB。

量化后 de 的论域 $Y = \{ -6, -5, -4, -3, -2, -1, 0, 1, 2, 3, 4, 5, 6 \}$，语言变量 Ec 选取 7 个语言值：PB，PM，PS，0，NS，NM，NB。

若选定 *U* 的论域 *Z* 为{0,1,2}，语言变量 *U* 选取 6 个语言值：VB(非常大)，PB，PM，PS，PVS，0。

（1）规则的制定

模糊控制规则见表 2-6。

表 2-6　模糊控制规则

U		NB	NM	NS	0	PS	PM	PB
					e			
de	PB	PB	PM	PS	0	0	0	×
	PM	PB	PM	PS	0	0	0	×
	PS	PVB	PB	PS	PVS	0	0	×
	0	PVB	PVB	PM	PVS	0	0	×
	NS	PVB	PVB	PM	PS	PVS	PVS	PVS
	NM	×	PVB	PB	PS	PS	PVS	PVS
	NB	×	PVB	PB	PM	PM	PS	PVS

注：×代表本控制系统中不考虑出现的情况。

（2）推理方法的确定

隐含采用 'mamdani' 方法：'max-min'。

推理方法：'min ' 方法。

去模糊方法：面积中心法。

选择隶属函数的形式：三角形。

（3）仿真模型及结果

①仿真模型。Simulink 仿真模型如图 2-16 所示。

②结果。温度控制运行曲线如图 2-17 所示。

3. 结果分析

由图 2-16 可知，在循环流化床锅炉燃烧系统这种复杂被控对象的控制中，模制器在对象参数变化时具有较强的抗干扰能力，能够对其进行较好的控制。通过模糊控制，可以实现火电厂循环流化床锅炉的床温与给煤量的控制。结果显示,基本没有产生超调,床温的上升时间也较快,在 300 s 时床温稳定。

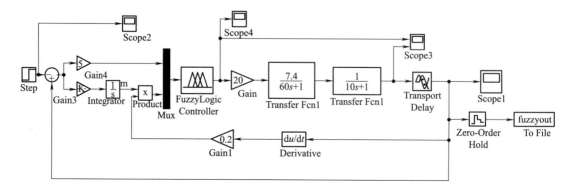

图 2-16　Simulink 仿真模型

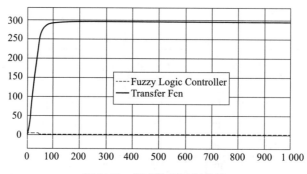

图 2-17　温度控制运行曲线

习　　题

2-1　怎样定义专家系统?你是如何理解专家系统的?

2-2　根据专家系统的一般结构,描述其大致的工作过程。

2-3　专家系统有哪些特点?

2-4　一阶谓词逻辑表示法适合于表示那种类型的知识?它有哪些主要特点?

2-5　试用一阶谓词逻辑描述下列自然语言:

(1)公民有受教育和劳动的权利。

(2)种瓜得瓜,种豆得豆。

(3)每个人都有父母。

(4)我将在适当的时候到贵校访问。

2-6　专家控制系统的控制要求和设计时应遵循的原则有哪些?

第3章 模糊控制的数学基础

3.1 概　述

Zadeh 于 1965 年创建模糊集理论,1974 年英国的 E. H. Mamdani 将模糊控制应用于锅炉和蒸汽机控制。模糊控制作为一种由专家构造语言信息并将其转化为控制策略的推理方法,能够解决许多复杂且无法建立精确数学模型的控制问题。从广义上讲,模糊控制基于模糊推理模仿人的思维方式,从而对难以确定精确数学模型的对象进行控制。

3.1.1 模糊概念与随机性

随着现代科学,特别是计算机科学的发展,社会科学与自然科学之间正在互相渗透,形成许多新的边缘交叉科学。信息科学是最有生命力的学科之一。1965 年,美国控制论专家 L. A. Zadeh 提出模糊集合理论,其后,又提出了信息分析的新框架——可能性理论,把信息科学推进到人工智能的新方向,为进一步发展信息科学奠定了基础。

1. 模糊概念

模糊集合是模糊概念的一种描述。模糊概念大量存在于人的观念之中。我们知道,一些概念在特定的场合有明确的外延,如国家、货币、法定年龄等,对于这些明确的概念,在现代数学里常常用经典集合来表示。但是还有相当一部分概念在一些场合没有明确的外延,如成年人、青年人、高个子、冷与热等。这样的概念,相对于明确的概念,称之为模糊概念。这种没有明确外延或边界的模糊概念在现实中随处可见,传统的集合论在模糊概念面前就显得软弱无力了,而模糊集合论正是处理模糊概念的有力工具。

模糊性往往伴随着复杂性出现,复杂性意味着因素的多样性和联系的多样性。例如,选购手机时,若分别就外观、内存、功能、价格等单因素评定,很容易做出清晰确定的结论。若把诸因素联系起来评定,就显得相当复杂而难于确定了。这就是说,单因素易于做出精确描述;多因素纵横交错地同时作用,便难于做出精确描述,事物的普遍联系造成了事物的复杂性和模糊性。模糊性也起源于事物的发展变化性,变化往往带有不确定性。处于过渡阶段的事物的基本特征就是性态的不确定性,类属的不清晰性,也就是模糊性,它是从属于到不属于的变化过程。

客观世界中的模糊性、不确定性、含糊性等有多种表现形式。在模糊集合论中主要处理没有精确定义的这一类模糊性,其主要有两种表现形式。一是许多概念没有一个清晰的外延,例如,对于"青年人"的概念,不能在年龄轴上划出一段确定区间,使得区间内为青年人,而区间外不是青年人。人的生命是一个连续的过程,一个人从少年走向青年是一日一日积累的一个渐变的过程,从差异的一方(如少年)到差异的另一方(如青年),这中间经历了一个由量变到质变的连续过渡过程,这种客观差异的中界过渡性造成了划分上的不确定性。另一个是概念本身的开放性(Open Texture),例如关于什么是聪明,永远不可能列举出满足聪明的全部条件。因此,由于不确定性存在,对于本身没有精确定义的对象,经典集合论无法刻画。经典集合论中,一个元素 x 要么属于某个集合 $A:x\in A$,此时其特征函数值为 1;要么 x 不属于某个集合 $A:x\notin A$,此时其特征函数值为 0。简言之经典集合刻画了元素和集合间非此即彼的关系。而模糊概念往往更加复杂。L. A. Zadeh 在模糊集合论中提出,将特征函数的取值由二值逻辑 $\{0,1\}$ 扩展到闭区间 $[0,1]$,用一个隶属函数 $\mu_a(x)$ 表示 $x\in A$ 的程度,$\mu_a(x)$ 的取值在 $0\sim1$ 之间。

2. 模糊性与随机性

如上所述,为了识别事物,人们总要依据一定的标准对它们进行分类。模糊集合研究的是不确定性,而在客观世界中,还有一种为大家所熟知的不确定性——随机性,这是两种完全不同的不确定性。随机性是事件发生与不发生的因果律被破坏而造成的一种不确定性,充分的条件产生确定的必然结果。但有时并没有给定充分的条件,只给出了部分的条件,因此不能确定事件一定发生。可见,随机性是在事件是否发生的不确定性中表现出来的不确定性,而事件本身的性态和类属是确定的。例如,投掷一枚硬币时,"出现正面"这一事件与多种因素有关,这些因素包括硬币的形状是否对称、桌面的特性(如弹性)如何、手的动作等。如果只规定了形状,如两面对称,对其他因素未加限制,"出现正面"这一事件就是不确定的。不充分的条件虽然得不出确定的结果,但是多种可能的结果呈现一定的规律性,被赋予了一定的概率,这仍然体现了一种因果现象。在研究随机性时,虽然不知道每次实验时该事件是否出现,但每一事件是什么样的(如"出现正面"),则是非常明确和清晰的。模糊性则是事物本身性态和类属的不确定性。例如,未来某天的降雨量是随机变量,对这次降雨量做实测后,究竟是算作大雨、中雨还是小雨,往往是界限模糊的。大体上说,随机性是一种外在的不确定性,模糊性是一种内在的不确定性。

在任何概率论方法中,给出事件出现的可信度即 $[0,1]$ 中的一个数值,是关于事件出现的知识的一个测量,但此事件的存在却是实实在在的。模糊性是由于对象无精确定义造成的,因此,要描述它,必须要有一个函数 $X\rightarrow[0,1]$,即隶属函数来刻画它。从信息观点看,随机性只涉及信息的量,模糊性关系到信息的意义、信息的定性问题。模糊性是一种比随机性更深刻的不确定性,模糊性的存在比随机性的存在更为广泛,两者之间既有区别又有联系,二者相互渗透,如模糊概率事件就是典型表现。

概率论处理随机事件,尽管事件的发生与否是不确定的,但事件本身有明确定义,发生与不发生的界限是明确的。满足这一假定条件的随机事件,它的概率是确定的数值。但人们在实际生活中遇到的各种随机事件,有些并不满足上述假定,用概率论的方法不能做出恰当的处理。基本的情况有两种:

①事件本身是模糊的,出现与不出现之间没有明确的分界线。例如,"明天天气很好""下一场球赛获得大胜""射击几次就击中目标"等,这些事件本身没有明确定义,事件是否出现没有精确的判别准则。这类事件既有随机性又有模糊性,称为模糊随机事件。

②事件本身有确切定义,发生与不发生的界限明确,但事件发生的概率难于用精确的数值表示。例如,"下午的球赛,甲队打赢的可能性多大?",事件本身指打赢或打输是明确的,但用精确的概率来度量这种可能性,并无多少客观依据,不如用"可能性很小"或"可能性较大"之

类的模糊说法来表述更恰当。用模糊词语表示事件出现的可能性程度,称为语言概率,是人脑思维中经常使用的方法。

3.1.2　模糊控制的发展

以往各种传统控制方法都是建立在被控对象精确数学模型基础之上的。随着系统复杂程度的提高以及一些难以建立精确数学模型的被控对象的出现,显然传统控制方法难以对此类复杂系统进行控制,人们期望探索出简便灵活的描述手段和处理方法。在实践中发现,一个依靠传统控制理论难以实现的控制系统,却可由一个操作人员凭着丰富的实践经验得到满意的控制结果。以骑自行车为例,任何一个经过训练的人都可以骑车自如地穿过人群,但是却难以使用精确的数学模型对这种极为复杂的动力学问题进行控制求解。这个例子给人们带来了启示,即吸收人脑的工作特点,模拟人的思维方法,把自然语言植入计算机内核,使计算机具有智能和活性,是计算智能的重要发展方向。模糊逻辑控制(Fuzzy Logic Control)就是使计算机具有智能和活性的一种新颖的智能控制方法。

1. 模糊控制简介

模糊控制是以模糊集合论为数学基础,它的诞生是以 L. A. Zadeh 于 1965 年提出的模糊集理论为标志。模糊控制经历了 50 多年的研究和发展,已经逐步完善,其应用领域广泛且成效显著。自 1974 年 E. H. Mamdani 率先利用模糊数学理论成功对蒸汽机和锅炉控制进行研究以后,模糊控制的研究和应用就一直十分活跃。例如,1977 年英国的 Pipps 等采用模糊控制对十字路口的交通管理进行实验,车辆的平均等待时间减少了 7%;1980 年 Tong 等将模糊控制用于污水处理过程控制,取得较好的效果;1983 年,日本学者 Shuta Murakami 研制了一种基于语言真值推理的模糊逻辑控制器,并成功地用于汽车速度的自动控制。

20 世纪 90 年代以来,模糊控制的领域变得更加广泛,除了以往的工业过程应用以外,各种商业民用场合也开始大量采用模糊控制技术,如模糊控制洗衣机、模糊控制微波炉、模糊控制空调、地铁运行的模糊控制、机器人控制等。事实证明,对于那些测量数据不确切、要处理的数据量过大以致无法判断兼容性,以及一些复杂可变的被控对象等场景,模糊控制方法可以有效地实现系统控制。与传统控制器依赖于系统行为参数的控制器设计方法不同,模糊控制器设计主要依赖于操作者的经验。在传统控制器中参数或控制输出的调整主要根据由微分方程描述的系统过程模型的状态分析和综合来决定,而模糊控制器参数或控制输出的调整依据从过程函数的逻辑模型产生的规则来决定。改善模糊控制性能的最有效方法是优化模糊控制规则,由于模糊控制规则是通过将人的操作经验转化为模糊语言的方式获取的,因此它带有一定的主观性。可以说,没有哪一种特定的方法是最优的,每一种规则控制方式都有其优缺点。

2. 模糊控制的定义

模糊控制定义为模糊控制器的输出是通过观察过程的状态和一些控制过程的规则所推理得到的。模糊控制的这一定义主要是基于以下三个概念:测量信息的模糊化、推理机制和输出模糊集的精确化。测量信息的模糊化是将实测物理量转化为在该语言变量相应论域内不同语言值的模糊子集。推理机制使用数据库和规则库,根据当前的系统状态信息来决定模糊控制的输出子集。模糊集的精确化计算是将推理机制得到的模糊控制量转化为一个清晰、确定的输出控制量的过程。一个典型的模糊控制系统结构如图 3-1 所示。

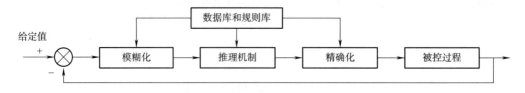

图 3-1　典型的模糊控制系统结构

3. 模糊控制的特点

模糊控制是建立在人工经验基础上的。对于一个熟练的操作人员,他并非需要了解被控对象精确的数学模型,而是凭借其丰富的实践经验,采取适当的对策来巧妙地控制一个复杂过程。如果把这些熟练操作员的经验加以总结和描述,并用语言表达出来,就生成了一种定性的、不精确的控制规则。如果通过模糊数学将其定量化并转化为模糊控制算法,那么就是模糊控制理论。经过几十年的发展,模糊控制器具有如下特点:

①无须知道被控对象的数学模型。控制系统的设计依据操作人员的控制经验和操作数据,而无须知道被控系统的数学模型。

②反映了人类智慧思维。模糊控制采用人类思维中的模糊量,如"高""中""低""大""小"等,控制量由模糊推理导出,这些模糊量和模糊推理是人类实际智能活动的体现。控制过程具有较强的健壮性,无论被控对象是线性的还是非线性的,都能有效地执行。

③易被人们所接受。模糊控制的核心是控制规则,模糊控制中的知识表示、模糊规则和模糊推理是基于专家知识或熟练操作者的成熟经验。这些规则是以人类语言表示的,应用的是语言变量,而不是数学变量,更容易被一般人所接受和理解,如"衣服较脏,则投入洗涤剂较多,洗涤时间较长"。

④推理过程采用"不精确推理"。推理过程模拟人脑的思维方式,可以处理复杂甚至"病态"的系统。

⑤构造容易。用单片机等来构造模糊控制器,其结构与一般的数字控制系统无异,模糊控制算法用软件实现,也可以用离线查表法得到,控制实时性明显提升。

模糊控制从诞生到现在已在很多领域取得了很好的研究成果,展示了其强大的生命力。但是模糊控制领域还有许多理论和设计问题亟待解决,包括:①要揭示模糊控制器的实质和工作机理,解决稳定性和健壮性理论分析的问题,从理论分析和数学推导的角度揭示和证明模糊控制系统的健壮性优于传统控制策略;②信息简单的模糊处理将导致系统的控制精度降低和动态品质变差;③模糊控制的设计尚缺乏系统性,无法定义控制目标。

模糊控制技术的迅速发展离不开相关技术的发展。这些相关技术包括:

①模糊控制器的核心处理单元。目前模糊控制器的核心处理单元主要有三种:一是单片机或微型机;二是模糊单片处理芯片;三是可编程门阵列芯片。

②模糊信息与精确信息的转换技术。模糊信息与精确信息转换技术目前主要采用 A-D、D-A 转换技术。

③模糊控制的软技术。软技术主要包括系统的仿真软件,如 Neuralogix 公司的产品等。

这些模糊控制技术随着大规模集成电路技术、计算机技术、工艺技术的发展不断成熟。虽然模糊控制技术的应用已取得惊人的成就,但与常规控制技术相比仍然显得很不成熟,至今尚未建立有效的方法来分析和设计模糊控制系统,尤其在模糊控制系统的稳定性、能控性和学习能力方面,还存在许多问题有待解决。

综上分析,模糊控制是一种更人性化的方法,用模糊逻辑处理和分析现实世界的问题,其结果往往更符合人的要求,而且用模糊控制更能容忍噪声干扰和元器件的变化,使系统适应性更好。正是由于模糊控制具有这些优点,其应用领域将会更加广泛,应用前景也会更加开阔。

3.2 模糊集合论

3.2.1 模糊集合

模糊集合是对经典集合的扩展,在介绍模糊集合的概念之前,首先回顾一下经典集合的概念。

1. 经典集合

经典集合,一般是指具有某种属性的、确定的、彼此间可以区别的事物的全体。组成集合的事物称为集合的元素或元。集合通常是不能加以精确定义的,只能给出一种描述。

(1)集合的概念

现将常用的一些概念术语说明如下:

①论域。被考虑对象的所有元素的全体称为论域,又称全集,常用英文大写字母 $U, V, \cdots$, X, Y, Z 来表示。论域中的每个对象称为元素,以相应的小写字母 $u, v, \cdots, x, y, z$ 来表示。给定论域 X 和给定某一性质 P,那么 X 中具有性质 P 的元素所组成的总体称为集合,常常以大写字母 $A, B, \cdots$ 来表示。

从论域 X 中任意指定一个元素 x 及任意一个集合 A,在 x 和 A 之间的关系是属于或不属于的关系。若 x 属于 A,则记为 $x \in A$;反之,若 x 不属于 A,则记为 $x \notin A$,二者必居其一且仅居其一。如果一个集合所包含的元素为有限个,则称为有限集,否则称为无限集。

在数学上,某一集合 A 可以表示为

$$A = \{x \mid P(x)\} \tag{3-1}$$

其中,$P(x)$ 是"x 具有性质 P"的缩写。

例如:$A = \{x \mid x \text{ 是正整数}\}$,表示 A 是由全体正整数所组成的集合;

$A = \{x \mid x = a\} = \{a\}$,这是一个单点集,即仅有 1 个元素 a 所构成的集。

②空集。不含论域 X 中任何元素的集合称为空集,记为 $\varnothing$,即

$$\varnothing = \{x \mid x \neq x\}$$

③全集。论域的全体称为全集,记为 Ω。

④包含。设 A, B 是 X 上的两个集合,如果对任意 $x \in X$,都有

$$x \in A \Rightarrow x \in B (\text{若 } x \in A, \text{则 } x \in B)$$

则称 B 包含 A,记为 $B \supseteq A$,或称 A 含于 B,记为 $A \subseteq B$。

⑤相等。如果 $A \subseteq B$ 且 $B \subseteq A$,则称集合 A 和集合 B 相等,记做 $A = B$。

⑥子集。若 $B \subseteq A$,则称 B 是 A 的子集,显然有

$$\varnothing \subseteq A \subseteq \Omega \qquad (3\text{-}2)$$

即空集是任何集合的子集。

⑦幂集。集合 A 的全体子集组成 A 的一个子集簇,称为集合 A 的幂集,记为 $P(A)$,即

$$P(A) = \{B \mid B \text{ 是 } A \text{ 的子集}\}$$

例如,设二元集 $A = \{a, b\}$,则

$$P(A) = \{\varnothing, \{a\}, \{b\}, \{a, b\}\}$$

于是 X 的子集 A 有两种记法:$A \subseteq X$ 或 $A \in \{X\}$。

⑧并集。设 $A, B \in P(X)$,则

$$A \cup B = \{x \mid x \in A \lor x \in B\} \qquad (3\text{-}3)$$

称为 A 与 B 的并集,算符 $\lor$ 表示析取。

⑨交集。设 $A, B \in P(X)$,则

$$A \cap B = \{x \mid x \in A \land x \in B\} \qquad (3\text{-}4)$$

称为 A 与 B 的交集,算符 $\land$ 表示合取。

⑩补集。设 $A, B \in P(X)$,则

$$A^{C} = \{x \mid x \notin A\} \qquad (3\text{-}5)$$

称为 A 的补集,A^{C} 又记为 $\overline{A}$ 或 $\neg A$,表示非 A。当有 n 个集合 $A_1, A_2, \cdots, A_n$ 进行并、交运算时,分别记作

$$A_1 \cup A_2 \cdots \cup A_n = \bigcup_{i=1}^{n} A_i \qquad (3\text{-}6)$$

$$A_1 \cap A_2 \cdots \cap A_n = \bigcap_{i=1}^{n} A_i \qquad (3\text{-}7)$$

⑪差集。设 $A, B \in P(X)$,则

$$A - B = \{x \mid x \in A \land x \notin B\} \qquad (3\text{-}8)$$

称为 B 对 A 的差集,简称 $A - B$,或记为 $A \backslash B$。

以上集合的运算可以用文氏图(Veitch 图)来表示,如图 3-2 所示。

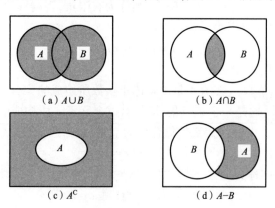

图 3-2　集合运算示意图

(2)集合的表示方法

①列举法。列举法就是将集合中的所有元素都列在大括号中表示出来,该方法只能用于

有限集的表示。例如,$10 \sim 20$ 之间的偶数组成集合 A,则 A 可表示为

$$A = \{10,12,14,16,18,20\}$$

②表征法。表征法将集合中所有元素的共同特征列在大括号中表征出来。上例中的集合 A 也可用表征法表示为

$$A = \{a \mid a \text{ 为偶数},10 \leqslant a \leqslant 20\}$$

③归纳法。归纳法可以由递推公式表示集合,如

$$A = \{u_{i+1} = u_i + 1, i = 1,2,\cdots,9, u_1 = 1\}$$

(3)集合的运算性质

设 $A,B,C \in P(X)$,其交、并等运算具有以下性质(注意到它们是成对出现的):

①幂等律

$$A \cup A = A, A \cap A = A$$

②交换律

$$A \cup B = B \cup A, A \cap B = B \cap A$$

③结合律

$$(A \cap B) \cup B = B$$

④分配律

$$A \cap (B \cup C) = (A \cap B) \cup (A \cap C)$$
$$A \cup (B \cap C) = (A \cup B) \cap (A \cup C)$$

⑤同一律

$$A \cup \Omega = \Omega, A \cap \Omega = A$$
$$A \cup C = A, A \cap D = \varnothing$$

⑥复原律

$$(A^{\mathrm{c}})^{\mathrm{c}} = A \text{ 或} (A = A)$$

⑦互补律

$$A \cup A^{\mathrm{c}} = \Omega, A \cap A = \varnothing$$

⑧对偶律(也称 De-Morgan 律)

$$(A \cup B)^{\mathrm{c}} = A^{\mathrm{c}} \cap B^{\mathrm{c}}$$
$$(A \cap B)^{\mathrm{c}} = A^{\mathrm{c}} \cup B^{\mathrm{c}}$$

定义 1　设 A 是论域 X 上的集合,记

$$\mu_A(x) = \begin{cases} 1, & x \in A \\ 0, & x \notin A \end{cases} \tag{3-9}$$

为集合 A 的特征函数,如图 3-3 所示。

图 3-3　特征函数

式(3-9)表明,对于任给 $x \in X$,都有唯一确定的特征函数 $\mu_A(x) \in \{0,1\}$ 与之对应,这样的对应关系称为映射。可以将 A 表示为

$$\mu_A(x) : X \rightarrow \{0,1\}$$

上式表示 $\mu_A(x)$ 是从 X 到 $\{0,1\}$ 的一个映射,它唯一确定了集合 A,即

$$A = \{x \mid \mu_A(x) = 1\}$$

特征函数 $\mu_A(x)$ 表征了元素 x 对集合 A 的隶属程度。当 $\mu_A(x) = 1$ 时,表示 x 完全属于 A;当 $\mu_A(x) = 0$ 时,表示 x 完全不属于 A。

用特征函数来描述经典集合,充分体现了经典集合"非此即彼"的特征。经典集合论在处理确定性问题时,可以做到高度的严密性和精确性;但对于不确定性或模糊性问题,却不能很好地描述,也就是说由于事物的模糊性,人们无法用特征函数来确定其归属问题,于是 Zadeh 教授把特征函数的取值范围由 $\{0,1\}$ 扩大到 $[0,1]$,这样,这样就可以用 $0 \sim 1$ 之间无穷多个数来表示事物的归属了,由此,Zadeh 教授提出了模糊集合的概念。

2. 模糊集合

> **定义 2** 设 X 是论域,X 上的一个实值函数用 μ_A 来表示,即
>
> $$\mu_A(x): X \rightarrow [0,1]$$
>
> 对于 $x \in X, \mu_A(x)$ 称为 x 对模糊集合 A 的隶属度,而 μ_A 称为隶属函数。

对人们来说,模糊集合 A 是一个抽象的概念,而函数 μ_A 则是具体的,因此只能通过 μ_A 来认识和掌握 A。X 上的模糊集合的全体记为 $F(X)$。这样,对于论域 X 的一个元素 x 和 X 上的一个模糊子集 A,人们不再是简单地问 x 绝对属于还是不属于 A,而是问 x 在多大程度上属于 A,即隶属度 $A(x)$ 正是 x 属于 A 的程度的数量指标。

若 $A(x) = 1$,则认为 x 完全属于 A;

若 $A(x) = 0$,则认为 x 完全不属于 A;

若 $0 < A(x) < 1$,则认为 x 在 $A(x)$ 的程度上属于 A。

这时,在完全属于 A 和不完全属于 A 的元素之间,呈现出中间过渡状态,或称连续变化状态。这就是人们所说的 A 的外延表现出不分明的变化层次,表现出模糊性。

例 3-1 以年龄为论域,取 $X = [0, 200]$。有"年轻"的模糊集 Y,其隶属函数是

$$Y(x) = \begin{cases} 1, & 0 < x \leqslant 25 \\ \left[1 + \left(\dfrac{x-25}{5}\right)^2\right]^{-1}, & 25 < x \leqslant 100 \end{cases} \tag{3-10}$$

Y 的图像用隶属函数 μ_Y 表示,如图 3-4 所示。

从图 3-4 中可以看出,年龄对"年轻"的隶属度呈现出连续的变化,Y 的外延是不分明的、模糊的,这样刻画更符合人的意识。

模糊集合的表达方式有以下几种:

(1)向量表示法

当论域 X 为有限集,即 $X = \{x_1, x_2, \cdots, x_n\}$ 时,X 上的模糊集可以用向量 A 来表示,即

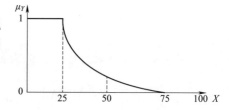

图 3-4 "年轻"的隶属函数曲线

$$A = \{\mu_1, \mu_2, \cdots, \mu_n\} \tag{3-11}$$

这里 $\mu_i = A(x_i), i = 1, 2, \cdots, n$。一般地,若一个向量的每个坐标都在 $[0,1]$ 之中,则称其为模糊向量。在向量表示法中,隶属度为零的项不能省略。

（2）Zadeh 表示法

给定有限论域 $X = \{x_1, x_2, \cdots, x_n\}$，$A$ 为 X 上的模糊集合，则

$$A = \frac{\mu_1}{x_1} + \frac{\mu_2}{x_2} + \cdots + \frac{\mu_n}{x_n} \tag{3-12}$$

其中，$\dfrac{\mu_i}{x_i}$ 并不表示"分数"，而是论域中的元素 x 与其隶属度 $A(x_i)$ 之间的对应关系。符号" + "也不表示求和，而是表示将各项汇总，表示集合概念。若 $\mu_i = 0$，则式（3-12）中可以略去该项。

（3）序偶表示法

将论域中的元素 x_i 与其隶属度 $A(x_i)$ 构成序偶来表示 A，则

$$A = \{(x_1, A(x_1)), (x_2, A(x_2)), \cdots, (x_n, A(x_n))\} \tag{3-13}$$

此种方法隶属度为零的项可不列入。

例 3-2 设 $X = \{1, 2, 3, 4, 5, 6, 7, 8, 9, 10\}$，以 A 表示"小的数"，分别写出上述三种模糊集合的表达方式。

解 根据经验，对于"小的数"这一模糊概念，可以定量地给出其隶属函数。

Zadeh 表示法：

$$A = \frac{1}{1} + \frac{0.9}{2} + \frac{0.7}{3} + \frac{0.5}{4} + \frac{0.3}{5} + \frac{0.1}{6} + \frac{0}{7} + \frac{0}{8} + \frac{0}{9} + \frac{0}{10}$$

为了简略起见，常常把 $A(x_i) = 0$ 的部分省去，即

$$A = \frac{1}{1} + \frac{0.9}{2} + \frac{0.7}{3} + \frac{0.5}{4} + \frac{0.3}{5} + \frac{0.1}{6}$$

向量表示法：$A = \{1, 0.9, 0.7, 0.5, 0.3, 0.1, 0, 0, 0, 0\}$

序偶表示法：$A = \{(1, 1), (2, 0.9), (3, 0.7), (4, 0.5), (5, 0.3), (6, 0.1)\}$

定义 3 设 A 和 B 均为 X 上的模糊集，如果对所有 x，即 $\forall x \in X$，均有

$$\mu_A(x) = \mu_B(x)$$

则称 A 和 B 相等，记作 $A = B$。

定义 4 设 A 和 B 均为 X 上的模糊集，如果 $\forall x \in X$，均有

$$\mu_A(x) \leqslant \mu_B(x)$$

则称 B 包含 A，或称 A 是 B 的子集，记作 $A \subseteq B$。

定义 5 设 A 为 X 中的模糊集，如果对 $\forall x \in X$，均有

$$\mu_A(x) = 0$$

则称 A 为空集，记作 $\varnothing$。

定义 6 设 A 为 X 中的模糊集，如果对 $\forall x \in X$，均有

$$\mu_A(x) = 1$$

则称 A 为全集，记作 Ω，显然有 $\varnothing \leqslant A \leqslant \Omega$。

3. 隶属函数

隶属函数是对模糊概念的定量描述。确定合适的隶属函数，是运用模糊集合理论解决实

际问题的基础。实际中模糊概念不胜枚举,然而却无法找到统一的模式去刻画可以反映模糊概念的模糊集合的隶属函数。隶属函数的确定过程本质上应该是客观的,但每个人对于同一个模糊概念的认知往往存在差异,因此,隶属函数的确定又带有主观性。隶属函数一般是根据经验或统计进行确定,也可由专家、权威直接给出。例如,跳水比赛评分,尽管裁判员评分带有一定的主观性,但却是反映裁判员大量丰富实际经验的综合结果。

对于同一个模糊概念,不同的人会建立不完全相同的隶属函数,尽管形式不完全相同,但只要能反映同一模糊概念,则在解决和处理具有实际模糊信息的问题中仍然殊途同归。事实上,它是依赖于主观来描述客观事物的概念外延的模糊性。可以设想,如果有对每个人都适用的确定隶属函数的方法,那么所谓的"模糊性"也就根本不存在了。这里仅介绍几种常用的隶属函数确立方法,不同的方法结果会不同,根据所确立的隶属函数是否符合实际,检验其效果。

(1)模糊统计法

在有些情况下,隶属函数可以通过模糊统计试验的方法来确定。这里以张南纶等进行的模糊统计工作为例,简单地介绍这种方法。张南纶等在 A 大学选择 129 人作抽样试验,让他们独立认真思考了"青年人"的含义后,报出了他们认为最适宜的"青年人"的年龄界限。由于每个被试者对于"青年人"这一模糊概念在理解上存在差异,因此区间不完全相同,其结果如下:

18 ~ 25	17 ~ 30	17 ~ 28	18 ~ 25	16 ~ 35
15 ~ 30	18 ~ 35	17 ~ 30	18 ~ 25	18 ~ 25
18 ~ 30	18 ~ 30	15 ~ 25	18 ~ 30	15 ~ 28
18 ~ 25	18 ~ 25	16 ~ 28	18 ~ 30	16 ~ 30
15 ~ 28	16 ~ 30	19 ~ 28	15 ~ 30	15 ~ 26
16 ~ 35	15 ~ 25	15 ~ 25	18 ~ 28	16 ~ 30
15 ~ 28	18 ~ 30	15 ~ 25	15 ~ 25	18 ~ 30
16 ~ 25	18 ~ 28	16 ~ 28	18 ~ 30	18 ~ 35
16 ~ 30	18 ~ 35	17 ~ 25	15 ~ 30	18 ~ 25
18 ~ 28	18 ~ 30	18 ~ 25	16 ~ 36	17 ~ 29
15 ~ 30	15 ~ 35	15 ~ 30	20 ~ 30	20 ~ 30
18 ~ 28	18 ~ 35	16 ~ 30	15 ~ 30	18 ~ 35
15 ~ 25	18 ~ 35	15 ~ 30	15 ~ 25	15 ~ 30
14 ~ 25	18 ~ 30	18 ~ 35	18 ~ 35	16 ~ 25
18 ~ 35	20 ~ 30	18 ~ 30	16 ~ 30	20 ~ 35
16 ~ 28	18 ~ 30	18 ~ 30	16 ~ 30	18 ~ 35
16 ~ 28	18 ~ 35	18 ~ 30	17 ~ 27	16 ~ 28
17 ~ 25	15 ~ 36	18 ~ 30	17 ~ 30	18 ~ 35
15 ~ 28	18 ~ 35	18 ~ 30	17 ~ 28	18 ~ 35
16 ~ 24	15 ~ 25	16 ~ 32	15 ~ 27	18 ~ 35
18 ~ 30	18 ~ 30	17 ~ 30	18 ~ 30	18 ~ 35
17 ~ 30	14 ~ 25	18 ~ 26	18 ~ 29	18 ~ 35

18 ~ 25	17 ~ 30	16 ~ 28	18 ~ 30	16 ~ 28
16 ~ 25	17 ~ 30	15 ~ 30	18 ~ 30	16 ~ 30
18 ~ 35	18 ~ 30	17 ~ 30	16 ~ 35	17 ~ 30
18 ~ 30	17 ~ 25	18 ~ 29	18 ~ 28	

现选取 $\mu_0 = 27$ 岁,对"青年人"的隶属频率为

$$\mu = \frac{\text{包含 27 岁的区间数(隶属次数)}}{\text{调查人数}(n)} \qquad (3\text{-}14)$$

用 μ 作为 27 岁对"青年人"的隶属度的近似值,计算结果见表 3-1。

表 3-1　"青年人"的隶属度的近似值

n	10	20	30	40	50	60	70	80	90	100	110	120	129
隶属次数	6	14	23	31	39	47	53	62	68	76	85	95	101
隶属频率	0.60	0.70	0.77	0.78	0.78	0.78	0.76	0.78	0.76	0.76	0.75	0.79	0.78

从表 3-1 可见,27 岁对于青年年限的隶属频率大致稳定在 0.78 附近,于是可取

$$\mu_{\text{青年人}}(27) = 0.78$$

按这种方法计算出 15 ~ 36 岁对"青年人"的隶属频率,从中确定隶属度。表 3-2 给出的即为将 U 分组,每组以中值为代表计算隶属频率。令隶属度为纵坐标,年岁为横坐标,连续描出的曲线便为隶属函数曲线。采用同样办法,分别在 B 大学(抽样 106 人)、C 大学(抽样 93 人)进行模糊统计试验,得到"青年人"的隶属函数曲线如图 3-5 所示。

表 3-2　分组计算相对频率

序号	分组	频数	相对频数	序号	分组	频数	相对频数
1	13.5 ~ 14.5	2	0.015 5	13	25.5 ~ 26.5	103	0.798 4
2	14.5 ~ 15.5	27	0.209 3	14	26.5 ~ 27.5	101	0.782 9
3	15.5 ~ 16.5	51	0.395 3	15	27.5 ~ 28.5	99	0.767 4
4	16.5 ~ 17.5	67	0.519 4	16	28.5 ~ 29.5	80	0.620 2
5	17.5 ~ 18.5	124	0.961 2	17	29.5 ~ 30.5	77	0.596 9
6	18.5 ~ 19.5	125	0.989 0	18	30.5 ~ 31.5	27	0.209 3
7	19.5 ~ 20.5	129	1	19	31.5 ~ 32.5	27	0.209 3
8	20.5 ~ 21.5	129	1	20	32.5 ~ 33.5	26	0.201 6
9	21.5 ~ 22.5	129	1	21	33.5 ~ 34.5	26	0.201 6
10	22.5 ~ 23.5	129	1	22	34.5 ~ 35.5	26	0.201 6
11	23.5 ~ 24.5	129	1	23	35.5 ~ 36.5	1	0.007 8
12	24.5 ~ 25.5	128	0.992 2	Σ			13.658 9

观察图 3-5 三组在不同地区得到的同一模糊概念的隶属函数曲线,可以发现,它们的形状大致相同,曲线下所围成的面积也大致相同。如果调查的人数足够多,也会出现像概率统计一样的稳定性,但需要指出的是,模糊统计试验与随机统计试验不能等同。上述的模糊统计试验说明了隶属程度的客观意义,同时也表明了模糊统计试验法求取隶属函数是切实可行的,这种方法的不足之处是工作量较大。

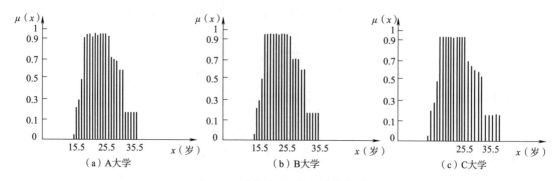

图 3-5 "青年人"的隶属函数曲线

（2）例证法

例证法是 Zadeh 在 1972 年提出的,主要思想是从已知有限个 μ_A 的值,来估计论域 U 上的模糊子集 A 的隶属函数。例如,论域 U 是全体人类,A 是"高个子的人",显然 A 是模糊子集。为了确定 μ_A,可先给出一个高度 h 值,然后选定几个语言真值(即一句话真的程度)中的一个,来回答某人高度是否算"高"。如语言真值分为"真的""大致真的""似真又似假""大致假的""假的"。然后把这些语言真值分别用数字表示,分别为 $1,0.75,0.5,0.25,0$。对几个不同高度$h_1,h_2,\cdots,h_n$ 都作为样本进行询问,就可以得到 A 的隶属函数 μ_A 的离散表示法。

（3）专家经验法

根据专家的实际经验确定隶属函数的方法称为专家经验法。例如,郭荣江等利用模糊数学总结著名中医关幼波大夫的医疗经验,设计的《关幼波治疗肝病的计算机诊断程序》这一专家系统,就是采用此种方法确定隶属函数,并获得很好的效果。设全体待诊病人为论域 U,令患有脾虚性迁延性肝炎的病人全体为模糊子集 A,A 的隶属函数为 μ_A。从 16 种症状中判断病人 u 是否患此种疾病。这 16 种症状分别用 $a_1,a_2,\cdots,a_{16}$ 来表示(其中,a_1 表示 GPT 异常;a_2 表示 3T 高;$\cdots$;a_{16} 表示暖气)。

把每一症状视为普通子集,则特征函数为

$$\chi_{a_i}(u) = \begin{cases} 1, & \text{有症状 } a_i \\ 0, & \text{无症状 } a_i \end{cases}$$

由医学知识和专家临床经验,对每一症状在患有"脾虚性迁延性肝炎"中所起的作用各赋予一定的权系数 $a_1,a_2,\cdots,a_{16}$,规定 A 的隶属函数为

$$\mu_A(u) = \frac{a_1 \chi_{a_1}(u) + a_2 \chi_{a_2}(u) + \cdots + a_{16} \chi_{a_{16}}(u)}{a_1 + a_2 + \cdots + a_{16}} \tag{3-15}$$

如病人 u_0,对 A 的隶属度为 $\mu_A(u_0)$,如果取阈值为 λ,$\mu_A(u_0)) \geqslant \lambda$ 时就断言此人患"脾虚性迁延性肝炎",否则不患此种病。

上述确定隶属函数的方法,主要是根据专家的实际经验,结合必要的数学处理而得到的。在许多情况下,经常是初步确定粗略的隶属函数,然后通过"学习"和实践检验逐步修改和完善,而实际效果正是检验和调整隶属函数的依据。

（4）二元对比排序法

二元对比排序法是一种较实用的隶属函数确定方法。它通过对多个事物之间的两两对比

来确定某种特征下的顺序,并由此来决定这些事物对该特征的隶属度函数的大体形状。二元对比排序法根据对比测度不同,可分为相对比较法、对比平均法、优先关系定序法和相似优先对比法等,本书仅介绍其中一种较实用又方便的方法——相对比较法。

相对比较法是设论域 V 中元素 $v_1,v_2,\cdots,v_n$,要对这些元素按某种特征进行排序,首先要在二元对比中建立比较等级,然后用一定的方法进行总体排序,以获得诸元素对于该特性的隶属函数。具体步骤如下:

设 (v_1,v_2) 为论域 V 中的一对元素,其具有某特征的等级分别为 $g_{v_1}(v_1)$ 和 $g_{v_2}(v_2)$,即在 v_1 和 v_2 的二元对比中,如果 v_1 具有某特征的程度用 $g_{v_2}(v_1)$ 来表示,则 v_2 具有某特征的程度用 $g_{v_1}(v_2)$ 来表示,并且该二元对比级的数对 $(g_{v_2}(v_1),g_{v_1}(v_2))$ 必须满足 $0\leqslant g_{v_2}(v_1)\leqslant 1,0\leqslant g_{v_1}(v_2)\leqslant 1$。令

$$g(v_1/v_2)=\frac{g_{v_2}(v_1)}{\max\{g_{v_2}(v_1),g_{v_1}(v_2)\}} \tag{3-16}$$

这里 v_1 和 $v_2\in V$。若以 $g(v_i/v_j)(i,j=1,2)$ 为元素,且定义 $g(v_i/v_j)=1$,当 $i=j$ 时,则可构造出相及矩阵 $\boldsymbol{G}$

$$\boldsymbol{G}=\begin{bmatrix} 1 & g(v_1/v_2)\\ g(v_2/v_1) & 1 \end{bmatrix} \tag{3-17}$$

对于 n 个元素 $(v_1,v_2,\cdots,v_n)$,容易推广到 n 元的情况,同理可得相及矩阵 $\boldsymbol{G}$

$$\boldsymbol{G}=\begin{bmatrix} 1 & g(v_1/v_2) & g(v_1/v_3) & \cdots & g(v_1/v_n)\\ g(v_2/v_1) & 1 & g(v_2/v_3) & \cdots & g(v_2/v_n)\\ g(v_3/v_1) & g(v_3/v_2) & 1 & \cdots & g(v_3/v_n)\\ \vdots & \vdots & \vdots & & \vdots\\ g(v_n/v_1) & g(v_n/v_2) & g(v_n/v_3) & \cdots & 1 \end{bmatrix} \tag{3-18}$$

若对矩阵 $\boldsymbol{G}$ 的每一行取最小值,如对第 i 行取 $g_i=\min\{g(v_i/v_1),g(v_i/v_2),\cdots,g(v_i/v_n)\}$,并按其值的大小排序,即可得到元素 $(v_1,v_2,\cdots,v_n)$ 对某特征的隶属度函数。

例 3-3　设论域 $U=\{v_1,v_2,v_3,v_0\}$,其中 v_1 表示长子,v_2 表示次子,v_3 表示三子,v_0 表示父亲。如果考虑长子和次子与父亲的相似问题,则可描述为,长子相似于父亲的程度为 0.8,次子相似于父亲的程度为 0.5;如果仅考虑次子和三子,则次子相似于父亲的程度为 0.4,三子相似于父亲的程度为 0.7;如果仅考虑长子和三子,则长子相似于父亲的程度为 0.5,三子相似于父亲的程度为 0.3。求:$\{v_1,v_2,v_3\}$ 与 v_0 相似程度的隶属度函数。

解　根据已知条件,可建立如下关系:

$$f(v_1,v_1)=1.0 \quad f(v_1,v_2)=0.8 \quad f(v_1,v_3)=0.5$$
$$f(v_2,v_1)=0.5 \quad f(v_2,v_2)=1.0 \quad f(v_2,v_3)=0.4$$
$$f(v_3,v_1)=0.3 \quad f(v_3,v_2)=0.7 \quad f(v_3,v_3)=1.0$$

按照"谁像父亲"这一原则排序,可得

$$\{g_{v_2}(v_1),g_{v_1}(v_2)\}=(0.8,0.5)$$
$$\{g_{v_3}(v_2),g_{v_2}(v_3)\}=(0.4,0.7)$$
$$\{g_{v_1}(v_3),g_{v_3}(v_1)\}=(0.5,0.3)$$

下面计算相及矩阵 G,因为

$$g(v_i/v_j) = \frac{g_{v_j}(v_i)}{\max\{(g_{v_j}(v_i), g_{v_i}(v_j))\}}$$

所以,相及矩阵为

$$
\begin{array}{c}
 \quad v_1 \quad v_2 \quad v_3 \\
\begin{array}{c} v_1 \\ v_2 \\ v_3 \end{array}
\begin{bmatrix}
1 & 1 & 1 \\
\dfrac{5}{8} & 1 & \dfrac{4}{7} \\
\dfrac{3}{5} & 1 & 1
\end{bmatrix} = G
\end{array}
$$

在相及矩阵中取每一行的最小值,按所得值的大小排列得

$$1 > 3/5 > 4/7$$

结论是,长子最像父亲(1),三子次之(0.6),次子最不像父亲(0.57)。由此可以确定出隶属度函数的大致形状。

定义 7 设 A 为以实数 $\mathbf{R}$ 为论域的模糊子集,其隶属函数为 $\mu_A(x)$,如果对任意实数 $a < x < b$,都有

$$\mu_A(x) \geqslant \min\{\mu_A(a), (b)\} \tag{3-19}$$

则称 A 为凸模糊集。

凸模糊集的截集必是区间(此区间可以是无限的);截集均为区间的模糊集必为凸模糊集,此性质可作为凸模糊集的等价定义,若 A、B 是凸模糊集,则 $A \cap B$ 也是凸模糊集。

除凸模糊集外,还有非凸模糊集,如图 3-6 中(a)与(b)分别表示凸模糊集和非凸模糊集。

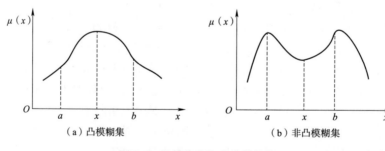

图 3-6 凸模糊集与非凸模糊集

由凸模糊集定义及其性质不难看出,凸模糊集实质上就是隶属函数具有单峰特性,后面所用的模糊子集一般均指凸模糊集。

以实数域 $\mathbf{R}$ 为论域时,称隶属函数为模糊分布。常见的模糊分布有以下四种。

(1)正态型

这是最主要也是最常见的一种分布,表示为

$$\mu(x) = \mathrm{e}^{-\left(\frac{x-a}{b}\right)^2}, b > 0$$

其分布曲线如图 3-7 所示。

（2）Γ 型

$$\mu(x) = \begin{cases} 0, & x < 0 \\ \left(\dfrac{x}{\lambda v}\right)^{v} \cdot \mathrm{e}^{v - \frac{x}{\lambda}}, & x \geqslant 0 \end{cases}$$

其中，$\lambda > 0$，$v > 0$。当 $v - \dfrac{x}{\lambda} = 0$，即 $x = \lambda v$ 时，隶属度为 1，其分布曲线如图 3-8 所示。

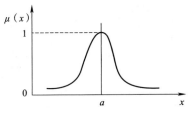

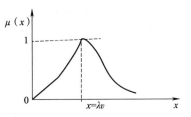

图 3-7　正态型分布曲线　　　　图 3-8　Γ 型分布曲线

（3）戒上型

$$\mu(x) = \begin{cases} \dfrac{1}{1 + \left[a(x - c) \right]^{b}}, & x > c \\ 1, & x \leqslant c \end{cases}$$

其中，$a > 0$，$b > 0$，其分布曲线如图 3-9 所示。

（4）戒下型

$$\mu(x) = \begin{cases} 0, & x < c \\ \dfrac{1}{1 + \left[a(x - c) \right]^{b}}, & x \geqslant c \end{cases}$$

其中，$a > 0$，$b < 0$，其分布曲线如图 3-10 所示。

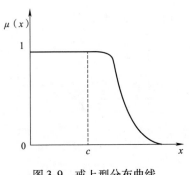

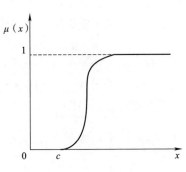

图 3-9　戒上型分布曲线　　　　图 3-10　戒下型分布曲线

在实际控制问题中，根据"能满足一般要求又可简化计算"的原则，普遍选用的隶属函数有三角形、半三角形、梯形、半梯形、钟形（正态型）、矩形、Z 形、S 形和单点形（δ 函数）等多种，如图 3-11 所示。

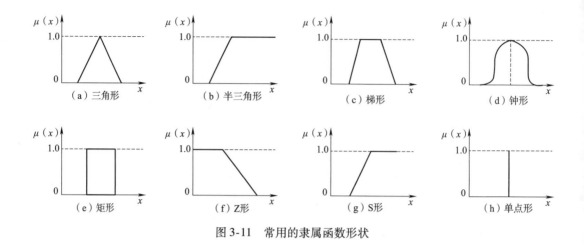

图 3-11　常用的隶属函数形状

3.2.2　模糊集合运算

1. 模糊集合运算

对于模糊集合,元素与集合之间不存在属于或不属于的明确关系,但是集合与集合之间还是存在相等、包含以及与经典集合论一样的一些集合运算,如并、交、补等。由于模糊集是用隶属函数来表示的,因此两个子集之间的运算实际上就是逐点对隶属度进行相应的运算。下面分别引入这些定义。

定义 8　论域 U 中模糊子集的全体称为 U 中的模糊幂集,记作 $F(U)$,即

$$F(U) = \{A \mid \mu_A : U \rightarrow [0,1]\}$$

对于任一 $u \in U$,若 $\mu_A = 0$,则称 A 为空集 $\varnothing$;若 $\mu_A = 1$,则称 $A = U$,称为全集。

定义 9　设 A, B 是论域 U 的模糊集,即 $A, B \in F(U)$,若对于任一 $u \in U$,都有 $\mu_A(u) \leqslant \mu_B(u)$,则称模糊集合 A 包含于模糊集合 B,或称 A 是 B 的子集,记作 $A \subseteq B$。若对任一 $u \in U$,均有 $\mu_A(u) = \mu_B(u)$,则称模糊集合 A 与模糊集合 B 相等,记作 $A = B$。

定义 10　若有三个模糊集合 A, B, C。对于所有 $u \in U$,均有

$$\mu_C(u) = \mu_A \vee \mu_B = \max\{\mu_A(u), \mu_B(u)\}$$

则称 C 为 A 与 B 的并集,记作 $C = A \cup B$。

定义 11　若有三个模糊集合 A, B, C。对于所有 $u \in U$,均有

$$\mu_C(u) = \mu_A \wedge \mu_B = \min\{\mu_A(u), \mu_B(u)\}$$

则称 C 为 A 与 B 的交集,记作 $C = A \cap B$。

定义 12　若有两个模糊集合 A 和 B,对于所有 $u \in U$,均有

$$\mu_B(u) = 1 - \mu_A(u)$$

则称 B 为 A 的补集,记作 $B = \overline{A}$。

例 3-4　设论域 $U=\{\mu_1,\mu_2,\mu_3,\mu_4,\mu_5\}$ 中的两个模糊子集为

$$A=\frac{0.6}{\mu_1}+\frac{0.5}{\mu_2}+\frac{1}{\mu_3}+\frac{0.4}{\mu_4}+\frac{0.3}{\mu_5}$$

$$B=\frac{0.5}{\mu_1}+\frac{0.6}{\mu_2}+\frac{0.3}{\mu_3}+\frac{0.4}{\mu_4}+\frac{0.7}{\mu_5}$$

求 $A\cup B,A\cap B$。

解

$$A\cup B=\frac{0.6\vee0.5}{\mu_1}+\frac{0.5\vee0.6}{\mu_2}+\frac{1\vee0.3}{\mu_3}+\frac{0.4\vee0.4}{\mu_4}+\frac{0.3\vee0.7}{\mu_5}$$

$$=\frac{0.6}{\mu_1}+\frac{0.6}{\mu_2}+\frac{1}{\mu_3}+\frac{0.4}{\mu_4}+\frac{0.7}{\mu_5}$$

$$A\cap B=\frac{0.6\wedge0.5}{\mu_1}+\frac{0.5\wedge0.6}{\mu_2}+\frac{1\wedge0.3}{\mu_3}+\frac{0.4\wedge0.4}{\mu_4}+\frac{0.3\wedge0.7}{\mu_5}$$

$$=\frac{0.5}{\mu_1}+\frac{0.5}{\mu_2}+\frac{0.3}{\mu_3}+\frac{0.4}{\mu_4}+\frac{0.3}{\mu_5}$$

模糊集合中除了"交""并""补"等基本运算之外,还有如下一些代数运算法则。

设论域 U 上有三个模糊集合 A,B,C,对于所有的 $u\in U$,存在以下关系。

①代数积　　　　　　　$A\cdot B\leftrightarrow\mu_{A\cdot B}(u)=\mu_A(u)\mu_B(u)$

②代数和　　　　　　　$A\dot{+}B\leftrightarrow\mu_{A\dot{+}B}(u)=\mu_A(u)+\mu_B(u)-\mu_A(u)\mu_B(u)$

③有界和　　　　　　　$A\oplus B\leftrightarrow\mu_{A\oplus B}(u)=[\mu_A(u)+\mu_B(u)]\wedge1$

④有界差　　　　　　　$A\ominus B\leftrightarrow\mu_{A\ominus B}(u)=[\mu_A(u)-\mu_B(u)]\vee0$

⑤有界积　　　　　　　$A\odot B\leftrightarrow\mu_{A\odot B}(u)=[\mu_A(u)+\mu_B(u)-1]\vee0$

2. 模糊集合运算的基本性质

设 U 为论域,A,B,C 为 U 中的任意模糊子集,则下列等式成立:

①幂等律　　　　　　　　$A\cap A=A,A\cup A=A$ 　　　　　　　　　　(3-20)

②结合律　　$A\cap(B\cap C)=(A\cap B)\cap C,A\cup(B\cup C)=(A\cup B)\cup C$ 　(3-21)

③交换律　　　　　　　　$A\cap B=B\cap A,A\cup B=B\cup A$ 　　　　　　(3-22)

④分配律　　　$\begin{cases}A\cap(B\cup C)=(A\cap B)\cup(A\cap C)\\A\cup(B\cap C)=(A\cup B)\cap(A\cup C)\end{cases}$ 　　　(3-23)

⑤同一律　　　　　　　　$A\cap U=A,A\cup\varnothing=A$ 　　　　　　　(3-24)

⑥零一律　　　　　　　　$A\cap\varnothing=\varnothing,A\cup U=U$ 　　　　　　(3-25)

⑦吸收律　　　　　　$A\cap(A\cup B)=A,A\cup(A\cap B)=A$ 　　　　(3-26)

⑧德·摩根律　　　　　$\overline{(A\cap B)}=\overline{A}\cup\overline{B}(\overline{A\cup B})=\overline{A}\cap\overline{B}$ 　　　(3-27)

⑨双重否认律　　　　　　　　$\overline{\overline{A}}=A$ 　　　　　　　　　(3-28)

模糊集合与经典集合基本运算性质完全相同,只是模糊集合运算不满足互补律

$$A\cap\overline{A}\neq\varnothing\quad A\cup\overline{A}\neq U\qquad(3-29)$$

模糊集合的代数运算仍然满足结合律、交换律、德·摩根律、同一律和零一律,但不满足幂等律、分配律和吸收律,当然,也不满足互补律。模糊集合的有界运算也满足结合律、交换律、德·摩根律、同一律和零一律,而且满足互补律,但不满足幂等律、分配律和吸收律。

例3-5 试证普通集合中的互补律在模糊集合中不成立,即 $\mu_A(u) \vee \mu_{\bar{A}}(u) \neq 1$, $\mu_A(u) \wedge \mu_{\bar{A}}(u) \neq 0$。

证 设 $\mu_A(u) = 0.4$,则 $\quad \mu_{\bar{A}}(u) = 1 - 0.4 = 0.6$

$$\mu_A(u) \vee \mu_{\bar{A}}(u) = 0.4 \vee 0.6 = 0.6 \neq 1$$

$$\mu_A(u) \wedge \mu_{\bar{A}}(u) = 0.4 \wedge 0.6 = 0.4 \neq 0$$

3.3　模糊关系

3.3.1　模糊关系简介

事物都是普遍联系的,集合论中的"关系"抽象地刻画了事物的"精确性"的联系,而模糊关系则从更深刻的意义上表现了事物间更广泛的联系。从某种意义上讲,模糊关系的抽象更接近于人的思维,模糊关系理论是许多应用原理和方法的基础。

1. 关系的基本知识

定义13 集合的笛卡尔积。给定集合 X 和 Y,由全体 (x,y) $(x \in X, y \in Y)$ 组成的集合,称为 X 与 Y 的笛卡尔积(或称直积),记作 $X \times Y$,即

$$X \times Y = \{(x,y) \mid x \in X, y \in Y\} \tag{3-30}$$

一般地, $X \times Y \neq Y \times X$。

例3-6 设 $X = \{0,1\}, Y = \{a,b,c\}$,则

$$X \times Y = \{(0,a),(0,b),(0,c),(1,a),(1,b),(1,c)\}$$

$$Y \times X = \{(a,0),(a,1),(b,0),(b,1),(c,0),(c,1)\}$$

定义14 存在集合 X 和 Y,它们的笛卡尔积 $X \times Y$ 的一个子集 R 称为 X 到 Y 的二元关系,简称关系,记作

$$R \subseteq X \times Y$$

序偶 (x,y) 是笛卡尔积 $X \times Y$ 的元素,它是无约束的组对,若给组对以约束,便体现了一种特定的关系。受到约束的序偶则形成了 $X \times Y$ 的一个子集。

若 $X = Y$,则称 R 是 X 中的关系。

如果 $(x,y) \in R$,则称 X 和 Y 有关系 R,记作 xRy;

如果 $(x,y) \notin R$,则 X 和 Y 没有关系 R,记作 $x\bar{R}y$,也可用特征函数表示为

$$\mu_R(x,y) = \begin{cases} 1, & (x,y) \in R \\ 0, & (x,y) \notin R \end{cases}$$

当 X 和 Y 都是有限集合时,关系可以用矩阵来表示,称为关系矩阵。设 $X = \{x_1, x_2, \cdots, x_m\}$, $Y = \{y_1, y_2, \cdots, y_n\}$,则 $\boldsymbol{R}$ 可以表示为

$$\boldsymbol{R} = [r_{ij}], r_{ij} = \mu_R(x_i, y_i)$$

例3-7 设 $X = Y = \{1,2,3,4,5,6\}$, $X \times Y$ 中的 $X > Y$ 的关系可用关系矩阵 $\boldsymbol{R}$ 表示,即

$$R = \begin{bmatrix} 0 & 0 & 0 & 0 & 0 & 0 \\ 1 & 0 & 0 & 0 & 0 & 0 \\ 1 & 1 & 0 & 0 & 0 & 0 \\ 1 & 1 & 1 & 0 & 0 & 0 \\ 1 & 1 & 1 & 1 & 0 & 0 \\ 1 & 1 & 1 & 1 & 1 & 0 \end{bmatrix}$$

由例 3-7 可见,矩阵中的元素或等于 1 或等于 0,将这种矩阵称为布尔矩阵。

例 3-8 举行一次足球对抗赛,分两个小组 $A = \{A_1, A_2, A_3\}$,$B = \{B_1, B_2, B_3\}$。抽签决定的对阵形势为:A_1—B_1,A_2—B_3,A_3—B_2。用 R 表示两组的对阵关系,则 R 可用序偶的形式表示为

$$R = \{(A_1, B_1), (A_2, B_3), (A_3, B_2)\}$$

可见关系 R 是 A 和 B 的直积 $A \times B$ 的子集。也可将 R 表示为矩阵形式,假设 R 中的元素 $r(i,j)$ 表示 A 组第 i 个球队与 B 组第 j 个球队的对应关系,如有对阵关系,则 $r(i,j)$ 为 1,否则为 0,则 R 可表示为

$$\begin{array}{c} \text{关系} \quad B_1 \quad B_2 \quad B_3 \\ \begin{array}{c} A_1 \\ R = A_2 \\ A_3 \end{array} \begin{bmatrix} 1 & 0 & 0 \\ 0 & 0 & 1 \\ 0 & 1 & 0 \end{bmatrix} \end{array}$$

定义 15 设有集合 X、Y,如果有一对应关系存在,对于任意 $x \in X$,有唯一的一个 $y \in Y$ 与之对应,就说其对应关系是一个由 X 到 Y 的映射 f,记作

$$f: X \to Y \tag{3-31}$$

对任意 $x \in X$ 经映射后变成 $y \in Y$,则记作 $Y = f(x)$,此时 X 称为 f 的定义域,而集合 $f(x) = \{f(x) \mid x \in X\}$ 称为 f 的值域,显然 $f(x) \subseteq Y$。

定义 16 设 $f: X \to Y$,如果对每一 $x_1, x_2 \in X, x_1 \neq x_2$,有 $f(x_1) \neq f(x_2)$,则称 f 为单射(或称一一映射);如果 f 的值域是整个 Y,则称 f 为满射;如果 f 既是单射的,又是满射的,则称 f 为一一对应的映射。

2. 模糊关系的基础知识

由普通关系的定义可以看出:在定义某种关系之后,两个集合的元素对于这种关系要么有关联,即 $r(i,j) = 1$,要么没有关联,即 $r(i,j) = 0$,这种关系是很明确的。但是,在现实生活中,有很多关系并不是很明确。例如,人和人之间关系的"亲密"与否、儿子和父亲之间长相的"相像"与否、家庭是否"和睦"等关系就无法简单地用"是"或"否"来描述,而只能描述为"在多大程度上是"或"在多大程度上否",这些关系就是模糊关系。可以将普通关系的概念进行扩展,从而得出模糊关系的定义。

定义 17 假设 x 是论域 U 中的元素,y 是论域 V 中的元素,则 U 到 V 的一个模糊关系是指定义在 $U \times V$ 上的一个模糊子集 R,其隶属度 $\mu_R(x, y) \in [0,1]$ 代表 x 和 y 对于该模糊关系的关联程度。由于模糊关系是一种模糊集合,所以模糊集合的相等、包含等概念对模糊关系同样具有意义。

例 3-9 用模糊关系 R 来描述子女与父母长相的"相像"的关系。假设儿子与父亲的相像程度为 0.8，与母亲的相像程度为 0.3；女儿与父亲的相像程度为 0.3，与母亲的相像程度为 0.6。则 R 可描述为

$$R = \frac{0.8}{(子,父)} + \frac{0.3}{(子,母)} + \frac{0.3}{(女,父)} + \frac{0.6}{(女,母)}$$

模糊关系常常用矩阵的形式来描述。假设 $x \in U, y \in V$，则 U 到 V 的模糊关系 R 可以用矩阵描述为

$$R = \begin{bmatrix} \mu_R(x_1,y_1) & \mu_R(x_1,y_2) & \cdots & \mu_R(x_1,y_n) \\ \mu_R(x_2,y_1) & \mu_R(x_2,y_2) & \cdots & \mu_R(x_2,y_n) \\ \vdots & \vdots & & \vdots \\ \mu_R(x_m,y_1) & \mu_R(x_m,y_2) & \cdots & \mu_R(x_m,y_n) \end{bmatrix} \quad (3\text{-}32)$$

则例 3-9 中的模糊关系 R 又可以用矩阵描述为

$$\begin{matrix} 关系 & 子 & 女 \\ R = \begin{matrix} 父 \\ 母 \end{matrix} & \begin{bmatrix} 0.8 & 0.3 \\ 0.3 & 0.6 \end{bmatrix} \end{matrix}$$

设 R 和 S 是论域 $U \times V$ 上的两个模糊关系，分别描述为

$$R = \begin{bmatrix} r_{11} & r_{12} & \cdots & r_{1n} \\ r_{21} & r_{22} & \cdots & r_{2n} \\ \vdots & \vdots & & \vdots \\ r_{m1} & r_{m2} & \cdots & r_{mn} \end{bmatrix}, \qquad S = \begin{bmatrix} s_{11} & s_{12} & \cdots & s_{1n} \\ s_{21} & s_{22} & \cdots & s_{2n} \\ \vdots & \vdots & & \vdots \\ s_{m1} & s_{m2} & \cdots & s_{mn} \end{bmatrix}$$

那么，模糊关系的运算规则可描述如下：

（1）模糊关系的相等

$$R = S \Leftrightarrow r_{ij} = s_{ij}$$

（2）模糊关系的包含

$$R \supseteq S \Leftrightarrow r_{ij} \geqslant s_{ij}$$

（3）模糊关系的并

$$R \cup S = \begin{bmatrix} r_{11} \vee s_{11} & \cdots & r_{1n} \vee s_{1n} \\ \vdots & & \vdots \\ r_{m1} \vee s_{m1} & \cdots & r_{mn} \vee s_{mn} \end{bmatrix}$$

（4）模糊关系的交

$$R \cap S = \begin{bmatrix} r_{11} \wedge s_{11} & \cdots & r_{1n} \wedge s_{1n} \\ \vdots & & \vdots \\ r_{m1} \wedge s_{m1} & \cdots & r_{mn} \wedge s_{mn} \end{bmatrix}$$

（5）模糊关系的补

$$\overline{R} = \begin{bmatrix} 1 - r_{11} & \cdots & 1 - r_{1n} \\ \vdots & & \vdots \\ 1 - r_{m1} & \cdots & 1 - r_{mn} \end{bmatrix}$$

（6）模糊关系的截阵

$$R_\lambda = (\lambda r_{ij})_{m \times n}, \lambda \in [0,1]$$
$$R_\lambda = \{(x,y) \mid \mu_R(x,y) \geq \lambda\}$$

例 3-10　如果 R 和 S 是论域 $U \times V$ 上的两个模糊关系，且

$$R = \begin{bmatrix} 0.1 & 0.3 \\ 0.2 & 0.4 \end{bmatrix}, \quad S = \begin{bmatrix} 0.4 & 0.2 \\ 0.5 & 0.1 \end{bmatrix}$$

求 $R \cap S, R \cup S, \bar{R}$。

解　根据模糊关系的运算规则可得

$$R \cap S = \begin{bmatrix} 0.1 \wedge 0.4 & 0.3 \wedge 0.2 \\ 0.2 \wedge 0.5 & 0.4 \wedge 0.1 \end{bmatrix} = \begin{bmatrix} 0.1 & 0.2 \\ 0.2 & 0.1 \end{bmatrix}$$

$$R \cup S = \begin{bmatrix} 0.1 \vee 0.4 & 0.3 \vee 0.2 \\ 0.2 \vee 0.5 & 0.4 \vee 0.1 \end{bmatrix} = \begin{bmatrix} 0.4 & 0.3 \\ 0.5 & 0.4 \end{bmatrix}$$

$$\bar{R} = \begin{bmatrix} 1-0.1 & 1-0.3 \\ 1-0.2 & 1-0.4 \end{bmatrix} = \begin{bmatrix} 0.9 & 0.7 \\ 0.8 & 0.6 \end{bmatrix}$$

例 3-11　设 $X = \{x_1, x_2, x_3\}$，$Y = \{y_1, y_2, y_3, y_4\}$，$X \times Y$ 中的 R 为

$$R = \begin{bmatrix} 0.3 & 0.8 & 1 & 0 \\ 0.5 & 1 & 0.3 & 0.9 \\ 1 & 0.2 & 0.6 & 0.7 \end{bmatrix}$$

求 $R_{0.8}$。

解　根据模糊关系的运算规则可得

$$R_{0.8} = \{(x,y) \mid \mu_R(x,y) \geq 0.8\}$$
$$= \{(x_1,y_2),(x_1,y_3),(x_2,y_2),(x_2,y_4),(x_3,y_1)\}$$

或用截矩阵表示为

$$R_{0.8} = \begin{bmatrix} 0 & 1 & 1 & 0 \\ 0 & 1 & 0 & 1 \\ 1 & 0 & 0 & 0 \end{bmatrix}$$

3.3.2　模糊关系合成

1. 模糊关系合成简介

模糊关系合成是指由第一个集合和第二个集合之间的模糊关系及第二个集合和第三个集合之间的模糊关系得到第一个集合和第三个集合之间的模糊关系的一种运算。模糊关系的合成因使用的运算不同而有各种定义。下面给出常用的 max-min 合成法。

设 R 是论域 $U \times V$ 上的模糊关系，S 是论域 $V \times W$ 上的模糊关系。R 和 S 分别描述为

$$R = \begin{bmatrix} \mu_R(x_1,y_1) & \mu_R(x_1,y_2) & \cdots & \mu_R(x_1,y_n) \\ \mu_R(x_2,y_1) & \mu_R(x_2,y_2) & \cdots & \mu_R(x_2,y_n) \\ \vdots & \vdots & & \vdots \\ \mu_R(x_m,y_1) & \mu_R(x_m,y_2) & \cdots & \mu_R(x_m,y_n) \end{bmatrix}$$

$$S = \begin{bmatrix} \mu_S(y_1,z_1) & \mu_S(y_1,z_2) & \cdots & \mu_S(y_1,z_l) \\ \mu_S(y_2,z_1) & \mu_S(y_2,z_2) & \cdots & \mu_S(y_2,z_l) \\ \vdots & \vdots & & \vdots \\ \mu_S(y_n,z_1) & \mu_S(y_n,z_2) & \cdots & \mu_S(y_n,z_l) \end{bmatrix}$$

则 R 和 S 可以合成为论域 $U \times W$ 上的一个新的模糊关系 C，记作

$$C = R \circ S \tag{3-33}$$

式中，"$\circ$"表示 R 和 S 的合成，其运算法则为

$$\mu_C(x_i,z_j) = \bigvee_k [\mu_R(x_i,y_k) \wedge \mu_S(y_k,z_j)] \tag{3-34}$$

记 $R^2 = R \circ R, R^n = R^{n-1} \circ R$。

例3-12 假设模糊关系 R 描述了子女和父亲、叔叔长相的"相像"的关系。模糊关系 S 描述了父亲、叔叔和祖父、祖母长相的"相像"的关系，R 和 S 可分别用矩阵描述为

$$R = \begin{matrix} 关系 & 父 & 叔 \\ 子 \\ 女 \end{matrix} \begin{bmatrix} 0.8 & 0.2 \\ 0.3 & 0.5 \end{bmatrix}, \quad S = \begin{matrix} 关系 & 祖父 & 祖母 \\ 父 \\ 叔 \end{matrix} \begin{bmatrix} 0.2 & 0.7 \\ 0.9 & 0.1 \end{bmatrix}$$

求子女与祖父、祖母长相的"相像"关系 C。

解 由合成运算法则得

$$\mu_C(x_1,z_1) = [\mu_R(x_1,y_1) \wedge \mu_S(y_1,z_1)] \vee [\mu_R(x_1,y_2) \wedge \mu_S(y_2,z_1)]$$
$$= [0.8 \wedge 0.2] \vee [0.2 \wedge 0.9] = 0.2 \vee 0.2 = 0.2$$
$$\mu_C(x_1,z_2) = [\mu_R(x_1,y_1) \wedge \mu_S(y_1,z_2)] \vee [\mu_R(x_1,y_2) \wedge \mu_S(y_2,z_2)]$$
$$= [0.8 \wedge 0.7] \vee [0.2 \wedge 0.1] = 0.7 \vee 0.1 = 0.7$$
$$\mu_C(x_2,z_1) = [\mu_R(x_2,y_1) \wedge \mu_S(y_1,z_1)] \vee [\mu_R(x_2,y_2) \wedge \mu_S(y_2,z_1)]$$
$$= [0.3 \wedge 0.2] \vee [0.5 \wedge 0.9] = 0.2 \vee 0.5 = 0.5$$
$$\mu_C(x_2,z_2) = [\mu_R(x_2,y_1) \wedge \mu_S(y_1,z_2)] \vee [\mu_R(x_2,y_2) \wedge \mu_S(y_2,z_2)]$$
$$= [0.3 \wedge 0.7] \vee [0.5 \wedge 0.1] = 0.3 \vee 0.1 = 0.3$$

所以

$$C = \begin{matrix} 关系 & 祖父 & 祖母 \\ 子 \\ 女 \end{matrix} \begin{bmatrix} 0.2 & 0.7 \\ 0.5 & 0.3 \end{bmatrix}$$

就合成关系而言，当前一个模糊关系的关系后域与后一模糊关系的前域为同一论域时，两个关系的合成才能得出有意义的结果。如例3-12所示，$R \circ S$ 有意义，而 $S \circ R$ 没有意义。

模糊关系合成的基本性质：设 R、S(以及 T)、U 分别为 $X \times Y, Y \times Z, Z \times W$ 中的模糊关系，则有

（1）结合律

$$(R \circ S) \circ U = R \circ (S \circ U)$$

（2）并运算上的分配律

$$R \circ (S \cup T) = (R \circ S) \cup (S \circ T)$$

（3）交运算上的弱分配律

$$R \circ (S \cap T) \subseteq (R \circ S) \cap (S \circ T)$$

（4）单调性

$$S \subseteq T \rightarrow R \circ S \subseteq R \circ T$$
$$S \subseteq T \rightarrow S \circ R \subseteq T \circ R$$
$$S \subseteq T \rightarrow S \subseteq T$$

2. 模糊关系的性质

（1）自反性

设 R 是 X 中的模糊关系，若对 $\forall x \in X$，都有 $\mu_R(x,x) = 1$，则称 R 为具有自反性的模糊关系。对应于自反关系的模糊矩阵的对角元素皆为 1。

（2）对称性

考虑教师对于课程的教授关系，我们说 a 教授 b，也可以反过来说 b 被 a 教授，为刻画这种倒置，给出对称性这一概念。

定义 18　设 $\pmb{R} \in F(X \times Y)$，$\pmb{R}^{\mathrm{T}}$ 为 $\pmb{R}$ 的转置，这里 $\pmb{R}^{\mathrm{T}} \in F(X \times Y)$，且满足

$$\mu_R^{\mathrm{T}}(y,x) = \mu_R(x,y), \quad (x,y) \in Y \times X \tag{3-35}$$

关系的转置有以下性质：

① $(\pmb{R}^{\mathrm{T}})^{\mathrm{T}} = \pmb{R}$；

② $(\pmb{R} \cup \pmb{Q})^{\mathrm{T}} = \pmb{R}^{\mathrm{T}} \cup \pmb{Q}^{\mathrm{T}}$，$(\pmb{R} \cap \pmb{Q})^{\mathrm{T}} = \pmb{R}^{\mathrm{T}} \cap \pmb{Q}^{\mathrm{T}}$；

③ $(\pmb{R} \circ \pmb{R})^{\mathrm{T}} = \pmb{Q}^{\mathrm{T}} \cdot \pmb{R}^{\mathrm{T}}$，$(\pmb{R}^n)^{\mathrm{T}} = (\pmb{R}^{\mathrm{T}})^n$；

④ $(\pmb{R}^{\mathrm{T}})_\lambda = (\pmb{R}_\lambda)^{\mathrm{T}}$。

定义 19　设 $\pmb{R} \in F(X \times Y)$，若 $\pmb{R}^{\mathrm{T}} = \pmb{R}$，则称为对称模糊关系。在有限论域时，称为对称模糊矩阵。

例 3-13　设

$$\pmb{R} = \begin{bmatrix} 1 & 0.2 & 0.4 \\ 0.2 & 1 & 0.7 \\ 0.4 & 0.7 & 1 \end{bmatrix}, \quad \pmb{Q} = \begin{bmatrix} 0.1 & 0.2 & 0.4 \\ 0.3 & 1 & 0.7 \\ 0.6 & 0.7 & 1 \end{bmatrix}$$

$\pmb{R}$ 是自反的对称模糊矩阵，而 $\pmb{Q}$ 具有对称性但不具有自反性。

（3）传递性

设 $R \in F(X \times Y)$，即 R 是 X 中的模糊关系。若 R 满足

$$R \circ R \subseteq R$$

则称 R 为传递的模糊关系。

可见传递的模糊关系包含着它与它自己的关系合成。对于传递性关系可以等价表示为

$$\mu_R(x,z) \geqslant \vee (\mu_R(x,y) \wedge \mu_R(y,z)), \forall x,y,z \in X$$

例 3-14　设

$$\pmb{R} = \begin{bmatrix} 0.1 & 0.2 & 0.3 \\ 0 & 0.1 & 0.2 \\ 0 & 0 & 0.1 \end{bmatrix}$$

$$\boldsymbol{R}^2 = \begin{bmatrix} 0.1 & 0.2 & 0.3 \\ 0 & 0.1 & 0.2 \\ 0 & 0 & 0.1 \end{bmatrix} \circ \begin{bmatrix} 0.1 & 0.2 & 0.3 \\ 0 & 0.1 & 0.2 \\ 0 & 0 & 0.1 \end{bmatrix} = \begin{bmatrix} 0.1 & 0.1 & 0.2 \\ 0 & 0.1 & 0.1 \\ 0 & 0 & 0.1 \end{bmatrix} \subseteq \boldsymbol{R}$$

可见 $\boldsymbol{R}$ 是传递的。

定义 20 设 R 是 X 中的模糊关系,若 R 具有自反性和对称性,则 R 称为模糊相似关系。若 R 同时具有自反性、对称性和传递性,则称 R 是模糊等价关系。利用模糊等价关系对事物进行分类,称为模糊聚类分析,这是一种新的数量分类方法,是对人脑模糊聚类的一种数学描写。

3.3.3 模糊变换

1. 模糊变换

设有两个有限集 $X = \{x_1, x_2, \cdots, x_m\}$ 和 $Y = \{y_1, y_2, \cdots, y_n\}$,$\boldsymbol{R}$ 是 $X \times Y$ 上的模糊关系

$$\boldsymbol{R} = \begin{bmatrix} r_{11} & r_{12} & \cdots & r_{1n} \\ r_{21} & r_{22} & \cdots & r_{2n} \\ \vdots & \vdots & & \vdots \\ r_{m1} & r_{m2} & \cdots & r_{mn} \end{bmatrix}$$

设 A 和 B 分别为 X 和 Y 上的模糊集

$$A = \{\mu_A(x_1), \mu_A(x_2), \cdots, \mu_A(x_m)\}, \quad B = \{\mu_B(y_1), \mu_B(y_2), \cdots, \mu_B(y_n)\}$$

且满足

$$B = A \circ \boldsymbol{R} \tag{3-36}$$

则称 B 是 A 的像,A 是 B 的原像,$\boldsymbol{R}$ 是 X 到 Y 上的一个模糊变换。

式(3-36) 的隶属度运算规则为

$$\mu_B(y_j) = \bigvee_{i=1}^{m} \{\mu_A(x_i) \wedge \{\mu_R(y_j)\}], \quad j = 1, \cdots, n \tag{3-37}$$

例 3-15 已知论域 $X = \{x_1, x_2, x_3\}$,$Y = \{y_1, y_2\}$,A 是论域 X 上的模糊集 $A = \{0.1, 0.3, 0.5\}$,$\boldsymbol{R}$ 是 X 到 Y 上的一个模糊变换

$$\boldsymbol{R} = \begin{bmatrix} 0.5 & 0.2 \\ 0.3 & 0.1 \\ 0.4 & 0.6 \end{bmatrix}$$

试通过模糊变换 $\boldsymbol{R}$ 求 A 的像 B。

解 $B = A \circ \boldsymbol{R}$

$$= (0.1, 0.3, 0.5) \circ \begin{bmatrix} 0.5 & 0.2 \\ 0.3 & 0.1 \\ 0.4 & 0.6 \end{bmatrix}$$

$$= (0.1, 0.3, 0.5) \vee (0.3 \wedge 0.3) \vee (0.5 \wedge 0.4) \vee (0.1 \wedge 0.2) \vee (0.3 \wedge 0.1) \vee (0.5 \wedge 0.6)$$

$$= (0.4, 0.5)$$

2. 模糊决策

众所周知,对任何事物的决策均是在对事物评价的基础上进行的,这里将对模糊综合评判

方法进行介绍。设 $X=\{x_1,x_2,\cdots,x_m\}$ 为所研究事物的因素集,在 X 上选 A 作为加权模糊集, $Y=\{y_1,y_2,\cdots,y_n\}$ 是评语集,B 是 Y 上的决策集。R 是 X 到 Y 上的模糊关系,用 R 做模糊变换,可得到决策集为

$$B=A\circ R=(b_1,b_2,\cdots,b_n)$$

若要做出最后的决策,可按最大值原理,选最大的 b_i 对应的 y_i 作为最终的评判结果。

例 3-16　用户厂家对某控制系统的性能进行评价。

因素集为 $X=\{$超调量,调节时间,稳态精度$\}$,评语集为 $Y=\{$很好,较好,一般,差$\}$。若对于"超调量"一项的评价是,用户厂家有 30% 的认为很好,30% 的认为较好,20% 的认为一般,20% 的认为差,则可用模糊关系表示为

$$R_1=(0.3,0.3,0.2,0.2)$$

同样可以写出对"调节时间"的评价的模糊关系为

$$R_2=(0.1,0.2,0.5,0.2)$$

对"稳态精度"的评价的模糊关系为

$$R_3=(0.4,0.4,0.1,0.1)$$

于是,可以写出这次性能评价的模糊关系矩阵为

$$R=\begin{bmatrix}0.3&0.3&0.2&0.2\\0.1&0.2&0.5&0.2\\0.4&0.4&0.1&0.1\end{bmatrix}$$

如果厂家甲要求调节过程快,对其他性能要求不高,则其对于性能指标的要求可用加权模糊集表示为

$$A_1=(0.25,0.5,0.25)$$

试求厂家甲对于该控制系统的评价。

解　通过模糊变换 R,计算厂家甲的决策集为

$$B_1=A_1\circ R=(0.25,0.5,0.25)\circ\begin{bmatrix}0.3&0.3&0.2&0.2\\0.1&0.2&0.5&0.2\\0.4&0.4&0.1&0.1\end{bmatrix}=(0.25,0.25,0.5,0.2)$$

按照最大值原理,选择最大隶属度对应的评语,B_1 中第三个元素(0.5)最大,所以厂家甲对于该控制系统的评价是"一般"。

3.4　模糊推理

3.4.1　模糊逻辑

模糊控制的核心是模糊控制规则库,而这些规则库实质上是一些不确定性推理规则的集合。要实现模糊控制的目的,就必须研究不确定性推理的规律,模糊逻辑推理就是不确定性推理的主要方法之一。大家知道,传统的逻辑学是研究概念、判断和推理形式的一门科学。从 17 世纪起就有不少数学家和哲学家开始把数学的方法用于哲学的研究,出现了一门逻辑和数学相互渗透的新学科——数理逻辑。由于数理逻辑是采用一套符号代替人们的自然语言进行

表述,因而又称其为符号逻辑。数理逻辑是建立在经典集合论的基础上的,在逻辑上只取真假二值,二值逻辑是非此即彼的逻辑。然而,虽然在客观世界中有不少事物之间的界限是分明的,但也有很多事物彼此之间的界限是不分明的,如青年人、中年人、老年人之间就没有一个明确的界限。因此,一个事物只用真假两个值来划分并不能描述某些客观事物的状态以及它们之间的关系。

模糊逻辑就是在这种条件下形成和发展的。经典逻辑对于自然界普遍存在的非真非假现象无法进行处理。例如,陈述句"他很年轻"并不像"今天下雨"这样的陈述句一样,能进行确定性判断,其原因是"年轻"这个概念是一个模糊概念,无法直接用"真""假"两字作简单的描述。因此,对于含有模糊概念的对象,只能采用基于模糊集合的模糊逻辑系统来描述。模糊逻辑是研究含有模糊概念或带有模糊性陈述句的逻辑,这些模糊概念通常用诸如很、略、比较、非常、大约等模糊语言来表示。Zadeh 教授在 1972—1974 年期间系统地研究和建立了模糊逻辑理论,提出了模糊限定词、语言变量、语言真值和近似推理等关键概念,制定了模糊推理的规则,为模糊逻辑奠定了基础。

由于人类的思维除了一些单纯、易断的问题能迅速做出确定性判断与决策以外,多数情况下的认识是极其粗略的综合,与之相应的语言表达也是模糊的,其逻辑判断往往也是定性的,因此模糊概念更适合于人们的观察、思维、理解和决策。此外,由于现代控制系统的高度复杂化使得被控对象的精确数学模型往往难以确定,或者系统从被控对象获得的状态信息极其模糊等,都会导致传统的控制方式无法满足系统动、静特性的要求,因此模糊逻辑控制就成为了研究复杂大系统的有力工具。

1. 二值逻辑

在研究模糊逻辑之前,先简要回顾二值逻辑。在经典二值逻辑中,简单命题 P 是指论域 U 中判断真假的语言陈述或语句,即对论域 U 中的集合而言可以判断为全真或全假。因此,命题 P 是指所有元素的真值或者全为真或者全为假的集合。命题 P 中的元素可以赋予一个二元真值 $T(P)$。在二元逻辑中,$T(P)$ 或者为 1(真)或者为 0(假)。设 U 是所有命题构成的论域,则 T 就是从这些命题(集合)中的元素 u 到二元值 $(0,1)$ 的一个映射,即

$$T:u \in U \rightarrow (0,1)$$

在论域 U 中,所有关于命题 P 为真的元素 u 构成的集合称为 P 的真集,记为 $T(P)$,而所有关于命题 P 为假的元素构成的集合称为 P 的假集。例如,"浙江大学位于浙江省杭州市"是一个有明确意义的句子,因此它可以称为一个命题,且答案是真的。

把两个或是两个以上的简单命题用命题联结词联结起来就称为复合命题。常用的命题联结词有析取 $\vee$、合取 $\wedge$、否认 $-$、蕴涵 $\rightarrow$、等价 $\leftrightarrow$。它们的含义如下。

(1)析取

析取 $\vee$ 是"或"的意思,如果用 P、Q 分别表示两个命题,则由析取联结词构成的复合命题表示为 $P \vee Q$。它是两者取其一,而不包括两者。复合命题 $P \vee Q$ 的真值是由两个简单命题的真值来决定的,仅当 P 和 Q 都是假时,$P \vee Q$ 才是假。

例如,P:他喜欢打篮球;Q:他喜欢跳舞。则 $P \vee Q$:他喜欢打篮球或喜欢跳舞。

(2)合取

合取 $\wedge$ 是"与"的意思,如果用 P、Q 分别表示两个命题,则由合取联结词构成的复合命题

表示为 $P \land Q$。复合命题 $P \land Q$ 的真值是由两个简单命题的真值来决定的,仅当 P 和 Q 都是真时,$P \land Q$ 才是真。

例如,P:他喜欢打篮球;Q:他喜欢跳舞。则 $P \land Q$:他喜欢打篮球并且喜欢跳舞。

(3)否定

否定 – 是对原命题的否定。如果用 P 是真的,则 $\bar{P}$ 是假的。

例如,P:他喜欢打篮球。则 $\bar{P}$:他不喜欢打篮球。

(4)蕴涵

蕴涵 → 表示"如果……那么……"。由于命题 P 的成立,即可推出 Q 也成立,以 $P \to Q$ 来表示。

例如,P:甲是乙的父亲;Q:乙是甲的儿女。则 $P \to Q$:若甲是乙的父亲,那么乙必定是甲的儿女。

(5)等价

等价 ↔ 表示两个命题的真假相同,是"当且仅当"的意思。

例如,P:A 是等边三角形;Q:A 是等角三角形。则 $P \leftrightarrow Q$:A 是等边三角形当且仅当 A 是等角三角形。

2. 模糊逻辑及其基本运算

二值逻辑的特点是,一个命题不是真命题便是假命题。但在很多实际问题中要作出这种非真即假的判断是困难的。例如,"他是一个高个子",显然,这句话的含义是明确的,是一个命题,但是很难判断这个命题是真是假,而说他个子高的程度为多少就更合适一些了。也就是说,如果命题的真值不是简单地取 1 或 0,而是可以在区间 $[0, 1]$ 内连续取值,那么对此类命题的描述就会更切合实际。这就是模糊命题,模糊命题是普通命题的推广。概括起来,模糊逻辑是研究模糊命题的逻辑,而模糊命题是指含有模糊概念或者是带有模糊含义的陈述句。模糊命题的真值不是绝对的"真"或"假",而是反映其以多大程度隶属于"真"。因此,它不是只有一个值,而是有多个值,甚至是连续量。普通命题的真值相当于普通集合中元素的特征函数,而模糊命题的真值就是隶属函数,所以其真值的运算也就是隶属函数的运算。

记 P, Q, R 为三个模糊单命题,那么:

①模糊逻辑补:用来表示对某个命题的否定,$\bar{P} = 1 - P$;

②模糊逻辑合取:$P \land Q = \min\{P, Q\}$;

③模糊逻辑析取:$P \lor Q = \max\{P, Q\}$;

④模糊逻辑蕴含:如 P 是真的,则 Q 也是真的,$P \to Q = (1 - P + Q) \land 1$;

⑤模糊逻辑等价:$P \leftrightarrow Q = (P \to Q) \land (Q \to P)$;

⑥模糊逻辑限界积:各元素分别相加,大于 1 的部分作为限界积,$P \odot Q = (P + Q - 1) \lor 0 = \max\{P + Q - 1, 0\}$;

⑦模糊逻辑限界和:各元素分别相加,比 1 小的部分作为限界和,$P \oplus Q = (P + Q) \land 1 = \min\{P + Q, 1\}$;

⑧模糊逻辑限界差:各元素分别相减部分作为限界差,$P \ominus Q = (P - Q) \lor 0$。

例 3-17　设有模糊命题如下:

P:他是个和善的人。它的真值 $P = 0.7$;

Q：他是个热情的人。它的真值 $Q = 0.8$。

求：$P \wedge Q, P \vee Q, P \rightarrow Q$。

解 $P \wedge Q$：他既是和善的人又是热情的人的真值 $P \wedge Q = \min\{P, Q\} = 0.7$；

$P \vee Q$：他是个和善的人或是个热情的人的真值 $P \vee Q = \max\{P, Q\} = 0.8$；

$P \rightarrow Q$：如果他是个和善的人，则他是个热情的人的真值 $P \rightarrow Q = (1 - P + Q) \wedge 1 = 1$。

根据以上模糊逻辑的基本运算定义，可以得出以下模糊逻辑运算的基本定律：

（1）幂等律

$$P \vee P = P, \quad P \wedge P = P$$

（2）交换律

$$P \vee Q = Q \vee P, \quad P \wedge Q = Q \wedge P$$

（3）结合律

$$P \vee (Q \vee R) = (P \vee Q) \vee R, \quad P \wedge (Q \wedge R) = (P \wedge Q) \wedge R$$

（4）吸收率

$$P \vee (P \wedge Q) = P, \quad P \wedge (P \vee Q) = P$$

（5）分配律

$$P \vee (Q \wedge R) = (P \vee Q) \wedge (P \vee R), \quad P \wedge (Q \vee R) = (P \wedge Q) \vee (P \wedge R)$$

（6）双否律

$$P = \overline{\overline{P}}$$

（7）德·摩根律

$$\overline{P \vee Q} = \overline{P} \wedge \overline{Q}, \quad \overline{P \wedge Q} = \overline{P} \vee \overline{Q}$$

（8）常数运算法则

$$1 \vee P = 1, \quad 0 \vee P = P, \quad 0 \wedge P = 0, \quad 1 \wedge P = P$$

注意：与二值逻辑不同之处是，二值逻辑中的互补律 $P \vee \overline{P} = 1$、$P \wedge \overline{P} = 0$ 在模糊逻辑中不成立，在模糊逻辑中，$P \vee \overline{P} = \max\{P, 1 - P\}$，$P \wedge \overline{P} = \min\{P, 1 - P\}$。应用这些基本定律可化简模糊逻辑函数，并可根据化简得到的结果进一步组成最简的模糊逻辑电路。

3.4.2 模糊语言逻辑

1. 模糊语言变量

在人类的自然语言描述中，蕴涵着一定的模糊关系。例如，"天气很冷，快要下雪了"这句话中就蕴涵了气温与下雪的概率之间的关系。在生产实践中，人们也往往用类似的语言规则来指导生产设备的操作和控制。例如，锅炉工人在控制炉温的过程中，就是用"如果温度高了，就减少送煤量；如果温度低了，就增加送煤量"这样简单的语言规则来进行操作的。在这两句语言规则中，蕴涵了炉温和送煤量之间的模糊关系。下面将介绍如何从人类的自然语言规则中提取其蕴涵的模糊关系。首先介绍"语言变量"。

人类的语言可分为两种：自然语言和形式语言。自然语言的语意丰富、灵活，有时具有模糊性。例如，"一朵美丽的花"这句话就具有模糊性，这朵花究竟有多美丽，也许各人有各人的看法。这种带有模糊性的自然语言称为模糊语言，如长、短，大、小，年轻、年老等词语。形式语言则有严格的语法规则和语意，不存在任何的模糊性和二意性，如常用的计算机语言就是形式语言。

(1)语言变量的定义

语言变量是自然语言中的词或句,它的取值不是通常的数,而是用模糊语言表示的模糊集合。例如,"年龄"就可以是一个模糊语言变量,其取值为"年幼""年轻""年老"等模糊集合。

(2)如何定义一个语言变量

定义一个语言变量需要定义以下四个要素:

①定义变量名称。

②定义变量的论域。

③定义变量的语言值(每个语言值是定义在变量论域上的一个模糊集合)。

④定义每个模糊集合的隶属函数。

例 3-18 试根据定义语言变量的四要素来定义语言变量"速度"。

解 首先,定义变量名称为"速度",记为 x;

其次,定义变量"速度"的论域为 $[0,200]$(km/h);

再次,在论域 $[0,200]$ 上定义变量的语言值为 $\{$慢,中,快$\}$;

最后,在论域上分别定义各语言值的隶属函数为

$$\mu_{慢}(x) = \begin{cases} 1, & 0 \leq x \leq 50 \\ 2 - \dfrac{x}{50}, & 50 < x \leq 100 \\ 0, & 100 < x \leq 200 \end{cases}$$

$$\mu_{中}(x) = \begin{cases} 0, & 0 \leq x \leq 50 \\ \dfrac{x}{50} - 1, & 50 < x \leq 100 \\ 3 - \dfrac{x}{50}, & 100 < x \leq 150 \\ 0, & 150 < x \leq 200 \end{cases}$$

$$\mu_{快}(x) = \begin{cases} 0, & 0 \leq x \leq 100 \\ \dfrac{x}{50} - 2, & 100 < x \leq 150 \\ 1, & 150 < x \leq 200 \end{cases}$$

"速度"的隶属度函数分布如图 3-12 所示。

显然,语言变量与数值变量不同,数值变量的结果是精确的,而用自然语言来描述的量是模糊的。如上所述,为了对模糊的自然语言形式化和定量化,进一步区分和刻画模糊值的程度,常常借用自然语言中的修饰词,诸如"较""很""非常""稍微""大约""有点"等来描述模糊值,为此引入语言算子的概念。语言算子通常又分为三类:语气算子、模糊化算子和判定化算子。

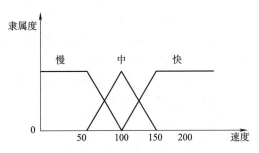

图 3-12 "速度"的隶属函数分布

(1)语气算子

语气算子用来表达语言中对某一个单词或词组的确定性程度。这有相反的两种情况。一

种是有强化作用的语气算子,如"很""非常"等,这种算子使得模糊值的隶属函数的分布向中央集中,称为集中化算子或强化算子,其作用如图 3-13 所示,强化算子在图形上有使模糊值尖锐化的倾向。另一种是有淡化作用的语气算子,如"较""稍微"等,这种算子可以使得模糊值的隶属度函数的分布由中央向两边弥散,称为松散化算子或淡化算子,其作用如图 3-14 所示,淡化算子在图形上有使模糊值平坦化的倾向。

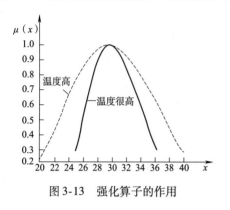

图 3-13   强化算子的作用

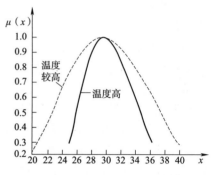

图 3-14   淡化算子的作用

记 H_λ 为语气算子运算符,则它的集合可以定义如下:

对于原语言值 A 经语气算子 H_λ 的作用下形成一个新的语言值 $H_\lambda(A)$,且它的隶属函数满足

$$H_\lambda(A) = A\lambda$$

常用的语气算子定义如下(第一到第四个语气算子为强化算子,第五到第八个语气算子为淡化算子):

"极",$\lambda = 4$。其意义是对描述的语言值求 4 次方,反映到隶属函数的计算上就是对此语言值的隶属函数求 4 次方。

"非常",$\lambda = 3$。其意义是对描述的语言值求 3 次方,反映到隶属函数的计算上就是对此语言值的隶属函数求 3 次方。

"很",$\lambda = 2$。其意义是对描述的语言值求 2 次方,反映到隶属函数的计算上就是对此语言值的隶属函数求 2 次方。

"相当",$\lambda = 1.5$。其意义是对描述的语言值求 1.5 次方,反映到隶属函数的计算上就是对此语言值的隶属函数求 1.5 次方。

"比较",$\lambda = 0.8$。其意义是对描述的语言值求 0.8 次方,反映到隶属函数的计算上就是对此语言值的隶属函数求 0.8 次方。

"略",$\lambda = 0.6$。其意义是对描述的语言值求 0.6 次方,反映到隶属函数的计算上就是对此语言值的隶属函数求 0.6 次方。

"稍",$\lambda = 0.4$。其意义是对描述的语言值求 0.4 次方,反映到隶属函数的计算上就是对此语言值的隶属函数求 0.4 次方。

"有点",$\lambda = 0.2$。其意义是对描述的语言值求 0.2 次方,反映到隶属函数的计算上就是对此语言值的隶属函数求 0.2 次方。

当然,语气的强弱程度会因人而异,对于某一特定的语气词,其 λ 的取值并不会完全一样,但 λ 的取值的大小与语气的强弱程度应该是一致的。

例 3-19 以"年老"这个词为例,说明语气算子的作用。

$$"年老"(x) = \mu_{年老}(x) = \begin{cases} 0, & 0 \leqslant x < 50 \\ \dfrac{1}{1 + \left[\dfrac{1}{5}(x - 50) \right]^{-2}}, & x \geqslant 50 \end{cases}$$

求:非常老、很老、比较老、有点老的隶属度函数。

解

$$"非常老"(x) = \mu_{非常老}(x) = \begin{cases} 0, & 0 \leqslant x < 50 \\ \left\{ \dfrac{1}{1 + \left[\dfrac{1}{5}(x - 50) \right]^{-2}} \right\}^{3}, & x \geqslant 50 \end{cases}$$

$$"很老"(x) = \mu_{很老}(x) = \begin{cases} 0, & 0 \leqslant x < 50 \\ \left\{ \dfrac{1}{1 + \left[\dfrac{1}{5}(x - 50) \right]^{-2}} \right\}^{2}, & x \geqslant 50 \end{cases}$$

$$"比较老"(x) = \mu_{比较老}(x) = \begin{cases} 0, & 0 \leqslant x < 50 \\ \left\{ \dfrac{1}{1 + \left[\dfrac{1}{5}(x - 50) \right]^{-2}} \right\}^{0.8}, & x \geqslant 50 \end{cases}$$

$$"有点老"(x) = \mu_{有点老}(x) = \begin{cases} 0, & 0 \leqslant x < 50 \\ \left\{ \dfrac{1}{1 + \left[\dfrac{1}{5}(x - 50) \right]^{-2}} \right\}^{0.2}, & x \geqslant 50 \end{cases}$$

现以强化算子"很"和淡化算子"有点"为例,比较"年老""很老""有点老"几个语言值的隶属度函数如图 3-15 所示。

(2)模糊化算子

模糊化算子用来使语言中某些具有清晰概念的单词或词组的词义模糊化,或者是将原来已经模糊概念的词义更加模糊化,如"大概""近似于""大约"等。如果模糊化算子对数字进行作用,就意味着把精确数转化为模糊数。例如,数字 5 是一个精确数,而如果将模糊化算子 F 作用于 5,则这个精确数就变成 $F(5)$ 这一模糊数,若模糊化算子 F 是"大约",则 $F(5)$ 就是"大约"这样一个模糊数。在模糊控制中,实际系统的输入采样值一般总是精确量,要利用模糊逻辑推理方法,就必须首先把精确量进行模糊化,而模糊化过程实质上是使用模糊化算子来实现的。所以,引入模糊化算子是非常重要的,可以使用数学语言按照如下方式对模糊化算子的集合进行表示。

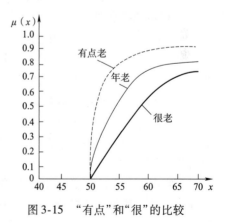

图 3-15 "有点"和"很"的比较

设模糊化之前的集合为 A,模糊化算子为 F,则模糊化变换可表示为 $F(A)$,并且它们的隶属函数关系满足

$$\mu_{F(A)}(x) = \bigvee_{c \in x}(\mu_R(x, c) \wedge \mu_A(x))$$

如果 A 是清晰集,则 $\mu_A(x)$ 就是特征函数。$\mu_R(x,c)$ 是表示模糊程度的一个相似变换函数,通常可取正态分布曲线,即

$$\mu_R(x,c) = \begin{cases} e^{-(x-c)^2}, & |x-c| < \delta \\ 0, & |x-c| \geqslant \delta \end{cases}$$

其中,参数 δ 的取值大小取决于模糊化算子的强弱程度。

例 3-20 设论域 X 上的清晰集 $A(x)$ 为

$$\mu_A(x) = \begin{cases} 1, & x = 5 \\ 0, & x \neq 5 \end{cases}$$

求当 $x=5$ 时,"大约是 5"的隶属函数。

解

$$\mu_{F(A)}(x) = \begin{cases} e^{-(x-5)^2}, & |x-5| < \delta \\ 0, & |x-5| \geqslant \delta \end{cases}$$

隶属函数如图 3-16 所示。

(3)判定化算子

判定化算子作用与模糊化算子相反,就是将模糊的概念清晰化。清晰化过程用判定化算子实现,假设判定化算子运算符为 P,原语言值为 A,则新语言值为 $P(A)$。

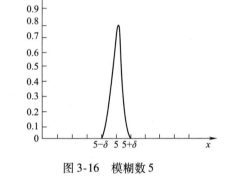

图 3-16 模糊数 5

$$\mu_{P_\alpha(A)}(x) = \begin{cases} 0, & \mu_A(x) \leqslant \alpha \\ \dfrac{1}{2}, & \alpha < \mu_A(x) \leqslant 1-\alpha \\ 1, & \mu_A(x) > 1-\alpha \end{cases}$$

其中,$\alpha = 1/2$ 时,$P_{1/2}$ 表示"倾向于"。

2. 模糊蕴含关系

人类在生产实践和生活中的操作经验和控制规则往往可以用自然语言来描述。例如,在控制汽车驾驶速度的过程中,控制规则可以描述为:"如果速度快了,那么减小油门;如果速度慢了,那么加大油门。"下面就来介绍如何利用模糊数学从语言规则中提取其蕴涵的模糊关系。

(1)单条件语句的蕴涵关系

"如果……那么……"或"如果……那么……,否则……"这两种条件语句是语言控制规则中最简单的句型,也是构成复杂语言规则的基础。下面先来提取这两种条件语句中蕴涵的模糊关系。

①假设 u、v 是已定义在论域 U 和 V 的两个语言变量,人类的语言控制规则为"如果 u 是 A,则 v 是 B",其蕴涵的模糊关系 R 为

$$R = (A \times B) \cup (\bar{A} \times V) \tag{3-38}$$

式中,$A \times B$ 称为 A 和 B 的笛卡尔乘积,其隶属度运算法则为

$$\mu_{A \times B}(u,v) = \mu_A(u) \wedge \mu_B(v) \tag{3-39}$$

所以,式(3-38)中 R 的隶属度的运算法则为

$$\begin{aligned} \mu_R(u,v) &= [\mu_A(u) \wedge \mu_B(v)] \vee \{[1-\mu_A(u)] \wedge 1\} \\ &= [\mu_A(u) \wedge \mu_B(v)] \vee [1-\mu_A(u)] \end{aligned} \tag{3-40}$$

②假设 u、v 是已定义的两个语言变量,人类的语言控制规则为"如果 u 是 A,则 v 是 B;否则,v 是 C",则该规则蕴涵的模糊关系 **R** 为

$$R = (A \times B) \cup (\bar{A} \times C) \tag{3-41}$$

其隶属度为

$$\mu_R(u,v) = \{\mu_A(u) \wedge \mu_B(v)\} \vee \{[1 - \mu_A(u)] \wedge \mu_C(v)\} \tag{3-42}$$

例 3-21　定义两语言变量"误差 u"和"控制量 v";两者的论域 $U = V = \{1,2,3,4,5\}$;定义在论域上的语言值为 $\{小,大,很大,不很大\} = \{A,B,G,C\}$;定义各语言值的隶属函数为

$$\mu_A = (1.0 \quad 0.8 \quad 0.3 \quad 0.1 \quad 0.0)$$
$$\mu_B = (0.0 \quad 0.1 \quad 0.3 \quad 0.8 \quad 1.0)$$
$$\mu_G = (0.0 \quad 0.01 \quad 0.09 \quad 0.64 \quad 1.0)$$
$$\mu_C = (1.0 \quad 0.99 \quad 0.91 \quad 0.36 \quad 0.0)$$

分别求出控制规则"如果 u 是小,那么 v 是大"蕴涵的模糊关系 $\boldsymbol{R}_1$,和规则"如果 u 是小,那么 v 是大;否则,v 是不很大"蕴涵的模糊关系 $\boldsymbol{R}_2$。

解　求解 $\boldsymbol{R}_1$,根据式(3-40)可得

$$\mu_{R_1}(u,v) = [1 - \mu_A(u)] \vee [\mu_A(u) \wedge \mu_B(v)]$$

解得

$$\boldsymbol{R}_1 = \begin{bmatrix} 0.0 & 0.1 & 0.3 & 0.8 & 1.0 \\ 0.2 & 0.2 & 0.3 & 0.8 & 0.8 \\ 0.7 & 0.7 & 0.7 & 0.7 & 0.7 \\ 0.9 & 0.9 & 0.9 & 0.9 & 0.9 \\ 1.0 & 1.0 & 1.0 & 1.0 & 1.0 \end{bmatrix}$$

求解 $\boldsymbol{R}_2$,根据式(3-41)和式(3-42)可得

$$\boldsymbol{R}_2 = (A \times B) \cup (\bar{A} \times C)$$
$$\mu_{R_2}(u,v) = \{\mu_A(u) \wedge \mu_B(v)\} \vee \{[1 - \mu_A(u)] \wedge \mu_C(v)\}$$

解得

$$\boldsymbol{R}_2 = \begin{bmatrix} 0.0 & 0.1 & 0.3 & 0.8 & 1.0 \\ 0.2 & 0.2 & 0.3 & 0.8 & 0.8 \\ 0.7 & 0.7 & 0.7 & 0.36 & 0.3 \\ 0.9 & 0.9 & 0.9 & 0.36 & 0.1 \\ 1.0 & 0.99 & 0.91 & 0.36 & 0.0 \end{bmatrix}$$

(2)多重条件语句的蕴涵关系

由多个简单条件语句并列构成的语句称为多重条件语句,其句型为:

如果 u 是 A_1,则 v 是 B_1;

否则,如果 u 是 A_2,则 v 是 B_2;

……

否则,如果 u 是 A_n,则 v 是 B_n。

该语句蕴涵的模糊关系为

$$\boldsymbol{R} = (A_1 \times B_1) \cup (A_2 \times B_2) \cup \cdots \cup (A_n \times B_n) = \bigcup_{i=1}^{n} (A_i \times B_i) \tag{3-43}$$

其隶属函数为

$$\mu_R(u,v) = \bigvee_{i=1}^{n} \left[\mu_{A_i}(u) \wedge \mu_{B_i}(v)\right] \tag{3-44}$$

（3）多维条件语句的蕴涵关系

在简单条件语句中，语言规则的输入量只有一个。实际上，人们为了做出准确的判断，往往会用很多条件。例如，在控制汽车的速度时，驾驶员不仅只根据当前汽车的速度快慢来决定是否加减速，还要根据与前面车辆的距离、路面情况等条件进行综合判断。具有多输入量的简单条件语句称为多维条件语句，其句型为

如果 u_1 是 A_1，且 u_2 是 A_2，$\cdots$，且 u_m 是 A_m，则 v 是 B。

该语句蕴涵的模糊关系为

$$\boldsymbol{R} = A_1 \times A_2 \times \cdots \times A_m \times B \tag{3-45}$$

其隶属函数的运算法则为

$$\mu_R(u_1, u_2, \cdots, u_m, v) = \mu_{A_1}(u_1) \wedge \mu_{A_2}(u_2) \wedge \cdots \wedge \mu_{A_m}(u_m) \wedge \mu_B(v) \tag{3-46}$$

在模糊控制中，最常用到的是二维模糊语句，下面举例说明二维模糊语句中蕴涵模糊关系的计算方法。

例 3-22 已知语言规则为"如果 e 是 A，并且 ec 是 B，那么 u 是 C。"，其中

$$A = \frac{1}{e_1} + \frac{0.5}{e_2}, \quad B = \frac{0.1}{ec_1} + \frac{0.6}{ec_2} + \frac{1}{ec_3}, \quad C = \frac{0.3}{u_1} + \frac{0.7}{u_2} + \frac{1}{u_3}$$

试求该语句所蕴涵的模糊关系 R。

解 根据式（3-45），可知 $\boldsymbol{R} = A \times B \times C$。

第一步，先求 $\boldsymbol{R}_1 = A \times B$，则根据式（3-39），得

$$\boldsymbol{R}_1 = \begin{bmatrix} 1 \wedge 0.1 & 1 \wedge 0.6 & 1 \wedge 1 \\ 0.5 \wedge 0.1 & 0.5 \wedge 0.6 & 0.5 \wedge 1 \end{bmatrix} = \begin{bmatrix} 0.1 & 0.6 & 1 \\ 0.1 & 0.5 & 0.5 \end{bmatrix}$$

第二步，将二元关系矩阵 $\boldsymbol{R}_1$，排成列向量形式 $\boldsymbol{R}_1^{\mathrm{T}}$，先将 $\boldsymbol{R}_1$ 中的第一行元素写成列向量形式，再将 $\boldsymbol{R}_1$ 中的第二行元素也写成列向量并放在前者的下面，如果 $\boldsymbol{R}_1$ 是多行的，依次写下去，于是 $\boldsymbol{R}_1^{\mathrm{T}}$ 可表示为

$$\boldsymbol{R}_1^{\mathrm{T}} = \begin{bmatrix} 0.1 \\ 0.6 \\ 1 \\ 0.1 \\ 0.5 \\ 0.5 \end{bmatrix}$$

注意：$\boldsymbol{R}_1^{\mathrm{T}}$ 并不是 $\boldsymbol{R}_1$ 的转置矩阵。

第三步，$\boldsymbol{R}$ 可计算如下：

$$\boldsymbol{R} = \boldsymbol{R}_1^{\mathrm{T}} \times C = \begin{bmatrix} 0.1 \\ 0.6 \\ 1 \\ 0.1 \\ 0.5 \\ 0.5 \end{bmatrix} \times (0.3 \quad 0.7 \quad 1) = \begin{bmatrix} 0.1 \wedge 0.3 & 0.1 \wedge 0.7 & 0.1 \wedge 1 \\ 0.6 \wedge 0.3 & 0.6 \wedge 0.7 & 0.6 \wedge 1 \\ 1 \wedge 0.3 & 1 \wedge 0.7 & 1 \wedge 1 \\ 0.1 \wedge 0.3 & 0.1 \wedge 0.7 & 0.1 \wedge 1 \\ 0.5 \wedge 0.3 & 0.5 \wedge 0.7 & 0.5 \wedge 1 \\ 0.5 \wedge 0.3 & 0.5 \wedge 0.7 & 0.5 \wedge 1 \end{bmatrix}$$

$$
= \begin{bmatrix}
0.1 & 0.1 & 0.1 \\
0.3 & 0.6 & 0.6 \\
0.3 & 0.7 & 1 \\
0.1 & 0.1 & 0.1 \\
0.3 & 0.5 & 0.5 \\
0.3 & 0.5 & 0.5
\end{bmatrix}
$$

(4)多重多维条件语句的蕴涵关系

具有多输入量的多重条件语句称为多重多维条件语句,其句型为

如果 u_1 是 A_{11},且 u_2 是 A_{12},$\cdots$,且 u_m 是 A_{1m},则 v 是 B_1;

否则,如果 u_1 是 A_{21},且 u_2 是 A_{22},$\cdots$,且 u_m 是 A_{2m},则 v 是 B_2;

……

否则,u_1 是 A_{n1},且 u_2 是 A_{n2},$\cdots$,且 u_m 是 A_{nm},则 v 是 B_n。

则该语句蕴涵的模糊关系为

$$
\boldsymbol{R} = \bigcup_{i=1}^{n} (A_{i1} \times A_{i2} \times \cdots \times A_{im} \times B_i) \tag{3-47}
$$

其隶属函数表示为

$$
\mu_R(u_1, u_2, \cdots, u_m, v) = \bigvee_{i=1}^{n} [\mu_{A_{i1}}(u_1) \wedge \mu_{A_{i2}}(u_2) \wedge \cdots \wedge \mu_{A_{im}}(u_m) \wedge \mu_{B_i}(v)] \tag{3-48}
$$

3.4.3 模糊推理

常规的逻辑推理方法如演绎推理、归纳推理都是严格的。用传统二值逻辑进行推理时,只要推理规则是正确的,小前提是肯定的,那么就一定会得到确定的结论。例如,前提:如果 A,则 B;如果 B,则 C。结论:如果 A,则 C。然而,在现实生活中人们获得的信息常常是不精确的、不完全的,或者事实本身就是模糊而不能完全确定的,但又需要人们利用这些信息进行判断和决策。例如,若 A 大,则 B 小;已知 A 较大,则 B 应该多少? 显然,这样一类问题利用传统的二值逻辑是无法得到结果的,而人在大部分情况下却能够对其进行推理和判断。那么,这种不确定性推理规则是什么呢? 目前有关这方面的理论和方法还不成熟,尚在发展之中。

1. 模糊逻辑推理

目前已知的主要不确定性推理方法可归结为四类:MYCIN 法、主观贝叶斯方法、证据理论法和模糊逻辑推理法。本书只介绍模糊逻辑推理法。模糊逻辑推理法是不确定性推理方法的一种,其基础是模糊逻辑,它是在二值逻辑三段论的基础上发展起来的。虽然它的数学基础没有形式逻辑那么严密,但用这种推理方法得到的结论与人类的思维推理结论是一致或相近的,并在实际使用中得到了验证。模糊逻辑推理法是以模糊判断为前提,运用模糊语言规则,推出一个新的模糊判断结论的方法。例如:

大前提:腿长则跑步快;

小前提:小王腿很长;

结论:小王跑步很快。

即属于近似于二值逻辑的三段论推理模式。在这里,"腿长"和"跑步快"都是模糊概念,而且小前提的模糊判断和大前提的前件不是严格相同的。因此,这一推理的结论也不是从前提中

严格地推出来的,而是近似逻辑地推出的,通称为假言推理或是似然推理。判断是否属于模糊逻辑推理的标准是看推理过程是否具有模糊性,具体表现在推理规则是不是模糊的。模糊逻辑的推理方法目前还在发展之中,比较典型的有扎德(Zadeh)方法、玛达尼(Mamdani)方法、鲍德温(Baldwin)方法、耶格(Yager)方法、楚卡莫托(Tsukamoto)方法。其中最常用的是玛达尼极大极小推理法。

(1)近似推理

在控制系统中经常存在此类现象,"如果温度低,则控制电压就大",在这样一个前提下,要问"如果温度很低,则控制电压将该是多少",很自然用人们的常识可以推知,"如果温度很低,则控制电压就很大"。这种推理方式就称为模糊近似推理。模糊近似推理有两种方式:

①广义肯定式推理。

前提1:如果 x 是 A,则 y 是 B;

前提2:如果 x 是 A';

结论:y 是 $B' = A' \circ (A \rightarrow B)$。

即结论 B' 可用 A' 与由 A 到 B 的推理关系进行合成而得到,由于 A 到 B 的模糊关系矩阵 $\boldsymbol{R}$ 为

$$\boldsymbol{R} = A \rightarrow B \tag{3-49}$$

有了模糊关系矩阵 $\boldsymbol{R}$,就可以得到近似推理的隶属度函数

$$\mu_{B'}(y) = \bigvee_x \{\mu_{A'}(x) \wedge \mu_{A \rightarrow B}(x,y)\} \tag{3-50}$$

模糊关系矩阵元素 $\mu_{A \rightarrow B}(x,y)$ 的计算方法采用玛达尼推理法

$$(A \rightarrow B) = A \wedge B \tag{3-51}$$

那么,其隶属函数为

$$\mu_A \rightarrow B(x,y) = [\mu_A(x) \wedge \mu_B(y)] = \mu_{R_{min}}(x,y)$$

模糊蕴含(模糊关系矩阵)通常有两种计算方法:

模糊蕴含最小运算法

$$R_{min} \leftrightarrow \mu_{A \rightarrow B}(x,y) = \mu_A(x) \wedge \mu_B(y)$$

模糊蕴含积运算法

$$R_{AP} \leftrightarrow \mu_{A \rightarrow B}(x,y) = \mu_A(x)\mu_B(y)$$

②广义否定式推理。

前提1:如果 x 是 A,则 y 是 B;

前提2:如果 y 是 B';

结论:x 是 $A' = (A \rightarrow B) \circ B'$。

即结论 A' 可用 B' 与由 A 到 B 的推理关系进行合成而得到,由于 A 到 B 的模糊关系矩阵 $\boldsymbol{R}$ 为

$$\boldsymbol{R} = A \rightarrow B = (A \wedge B) \vee (1 - A) \tag{3-52}$$

利用 $\boldsymbol{R}$ 可以得到近似推理的隶属函数为

$$\mu_{A'}(x) = \bigvee_y \{\mu_{B'}(y) \wedge \mu_{A \rightarrow B}(x,y)\} \tag{3-53}$$

模糊关系矩阵元素 $\mu_{A \rightarrow B}(x,y)$ 的计算方法采用扎德推理法

$$(A \rightarrow B) = 1 \wedge (1 - A + B)$$

或

$$(A \rightarrow B) = (A \wedge B) \vee (1 - A)$$

那么,其隶属度函数为

$$\mu_A \rightarrow B(x,y) = [\mu_A(x) \wedge \mu_B(y)] \vee [1 - \mu_A(x)] \tag{3-54}$$

例 3-23　考虑如下逻辑条件语句:

如果"转角误差远远大于 15°",那么"快速减少方向角"其隶属度函数定义为

$$A = 转角误差远远大于 15° = 0/15 + 0.2/17.5 + 0.5/20 + 0.8/22.5 + 1/25$$

$$B = 快速减少方向角 = 1/-20 + 0.8/-15 + 0.4/-10 + 0.1/-5 + 0/0$$

求:当 A' = 转角误差大约在 20°时,方向角应该怎样变化。

解　定义

$$A' = 转角误差大约在 20°的隶属度函数$$

$$= 0.1/15 + 0.6/17.5 + 1/20 + 0.6/22.5 + 0.1/25$$

已知　$\mu_A(x) = [0, 0.2, 0.5, 0.8, 1]$,　$\mu_B(y) = [1, 0.8, 0.4, 0.1, 0]$

当 $\mu_A(x) = [0.1, 0.6, 1, 0.6, 0.1]$ 时,求解 B'。

由玛达尼推理法计算出关系矩阵 $\boldsymbol{R}_{AP}$(积算子)、$\boldsymbol{R}_{min}$(最小算子)

$$\boldsymbol{R}_{AP} = \begin{bmatrix} 0 & 0 & 0 & 0 & 0 \\ 0.2 & 0.16 & 0.08 & 0.02 & 0 \\ 0.5 & 0.4 & 0.2 & 0.05 & 0 \\ 0.8 & 0.64 & 0.32 & 0.08 & 0 \\ 1 & 0.8 & 0.4 & 0.1 & 0 \end{bmatrix}, \quad \boldsymbol{R}_{min} = \begin{bmatrix} 0 & 0 & 0 & 0 & 0 \\ 0.2 & 0.2 & 0.2 & 0.1 & 0 \\ 0.5 & 0.5 & 0.4 & 0.1 & 0 \\ 0.8 & 0.8 & 0.4 & 0.1 & 0 \\ 1.0 & 0.8 & 0.4 & 0.1 & 0 \end{bmatrix}$$

选择关系矩阵由代数积算子计算而得

$$\inf[\mu_A(x), \mu_{R_{AP}}(x,y)]$$

$$= \inf \begin{bmatrix} (0,0.1) & (0,0.1) & (0,0.1) & (0,0.1) & (0,0.1) \\ (0.2,0.6) & (0.16,0.6) & (0.08,0.6) & (0.02,0.6) & (0,0.6) \\ (0.5,1) & (0.4,1) & (0.2,1) & (0.05,1) & (0,1) \\ (0.8,0.6) & (0.64,0.6) & (0.32,0.6) & (0.08,0.6) & (0,0.6) \\ (1,0.1) & (0.8,1) & (0.4,0.1) & (0.1,0.1) & (0,0.1) \end{bmatrix}$$

$$= \begin{bmatrix} 0 & 0 & 0 & 0 & 0 \\ 0.2 & 0.16 & 0.08 & 0.02 & 0 \\ 0.5 & 0.4 & 0.2 & 0.05 & 0 \\ 0.6 & 0.6 & 0.32 & 0.08 & 0 \\ 0.1 & 0.8 & 0.1 & 0.1 & 0 \end{bmatrix}$$

因此

$$\mu_{B'}(y) = \sup\{\inf[\mu_{A'}(x), \mu_{R_{AP}}(x,y)]\}$$

$$= 0.6/-20 + 0.6/-15 + 0.32/-10 + 0.1/-5 + 0/0$$

同理,选择关系矩阵由直积算子计算可得

$$\mu_{B'}(y) = \max\{\min[\mu_{A'}(x), \mu_R(x,y)]\}$$

$$= 0.6/-20 + 0.6/-15 + 0.4/-10 + 0.1/-5 + 0/0$$

从上述计算可以看出,利用代数积算子计算关系矩阵会得到更平滑的关系矩阵,但两种算子运算结果的差异并不太大。

（2）模糊条件推理

语言规则为：如果 x 是 A，则 y 是 B，否则 y 是 C。

其逻辑表达式为

$$(A \rightarrow B) \vee (\bar{A} \rightarrow C)$$

要实现模糊推理的关键是找出模糊关系矩阵，根据逻辑表达式，其模糊关系矩阵 $\boldsymbol{R}$ 是 $X \times Y$ 的子集，可以表示为

$$\boldsymbol{R} = (A \times B) \cup (\bar{A} \times C) \tag{3-55}$$

$$\mu_R(x,y) = \mu_{A \rightarrow B} \cup \mu_{\bar{A} \rightarrow C} = [\mu_A(x) \wedge \mu_B(y)] \vee [(1 - \mu_A(x)) \wedge \mu_C(y)]$$

有了这个模糊关系矩阵，就可根据模糊推理合成规则，将输入 A' 与该模糊关系 $\boldsymbol{R}$ 进行合成得到模糊推理结论 B'，即

$$B' = A' \circ \boldsymbol{R} = A' \circ [(A \times B) \cup (\bar{A} \times C)] \tag{3-56}$$

例 3-24　对于一个系统，当输入 A 时，输出为 B，否则为 C，且有

$$A = 1/u_1 + 0.4/u_2 + 0.1/u_3$$

$$B = 0.8/v_1 + 0.5/v_2 + 0.2/v_3$$

$$C = 0.5/v_1 + 0.6/v_2 + 0.7/v_3$$

已知当前输入

$$A' = 0.2/u_1 + 1/u_2 + 0.4/u_3$$

求：输出 D。

解　先求关系矩阵 $\boldsymbol{R}$

$$\boldsymbol{R} = (A \times B) \cup (\bar{A} \times C)$$

由玛达尼推理法得

$$A \times B = \begin{bmatrix} 0.8 & 0.5 & 0.2 \\ 0.4 & 0.4 & 0.2 \\ 0.1 & 0.1 & 0.1 \end{bmatrix}, \quad \bar{A} \times C = \begin{bmatrix} 0 & 0 & 0 \\ 0.5 & 0.5 & 0.6 \\ 0.5 & 0.6 & 0.7 \end{bmatrix}$$

则

$$\boldsymbol{R} = (A \times B) \cup (\bar{A} \times C) = \begin{bmatrix} 0.8 & 0.5 & 0.2 \\ 0.5 & 0.6 & 0.6 \\ 0.5 & 0.6 & 0.7 \end{bmatrix}$$

输出

$$D = A' \circ \boldsymbol{R} = (0.2 \quad 1 \quad 0.4) \circ \begin{bmatrix} 0.8 & 0.5 & 0.2 \\ 0.5 & 0.6 & 0.6 \\ 0.5 & 0.6 & 0.7 \end{bmatrix} = (0.5 \quad 0.6 \quad 0.6)$$

（3）多输入模糊推理

多输入模糊推理在多输入 – 单输出系统的设计中经常遇到，如在速度设定值控制系统中，"速度误差较大且速度误差的变化量也较大，那么加大输入控制电压"。这样一类规则就需要用多输入模糊推理方式来解决，这种规则的一般形式如下：

前提 1：如果 A 且 B，那么 C；

前提 2：现在是 A' 且 B'；

结论：$C' = (A' \text{ AND } B') \circ ((A \text{ AND } B) \rightarrow C)$。

因为 μ_A，如果 A 且 B，那么 C 的数学表达式是 $\mu_A(x) \wedge \mu_B(y) \rightarrow \mu_C(z)$，其模糊关系 $\boldsymbol{R} = AB \times C$。

若用玛达尼推理,则模糊关系矩阵的计算就变成

$$[\mu_A(x) \wedge \mu_B(y)] \wedge \mu_C(z) \qquad (3\text{-}57)$$

由此,推理结果为 $C' = (A' \ \text{AND} \ B') \circ ((A \ \text{AND} \ B) \rightarrow C)$,其隶属度函数为

$$\begin{aligned}
\mu_{C'}(z) &= \vee_x \{\mu_{A'}(x) \wedge [\mu_A(x) \wedge \mu_C(z)]\} \cap \vee_y \{\mu_{B'}(y) \wedge [\mu_B(y) \wedge \mu_C(z)]\} \\
&= \vee_x \{\mu_{A'}(x) \wedge \mu_A(x)\} \wedge \mu_C(z) \cap \vee_y \{\mu_{B'}(y) \wedge [\mu_B(y)]\} \wedge \mu_C(z) \\
&= (\alpha_A \wedge \mu_C(z)) \cap (\alpha_B \wedge \mu_C(z)) = (\alpha_A \wedge \alpha_B) \wedge \mu_C(z)
\end{aligned} \qquad (3\text{-}58)$$

$$\alpha_A = \vee_x (\mu_{A'}(x) \wedge \mu_A(x))$$
$$\alpha_B = \vee_y (\mu_{B'}(y) \wedge \mu_B(y))$$

式中,α 是指模糊集合 A 与 A' 交集的高度。

这在玛达尼推理削顶法中的几何意义是分别求出 A' 对 A、B' 对 B 的隶属度 α_A、α_B,并且取这两个中小的一个作为总的模糊推理前件的隶属度,再以此为基准去切割推理后件的隶属度函数,便得到结论 C'。二输入玛达尼推理法过程如图 3-17 所示。

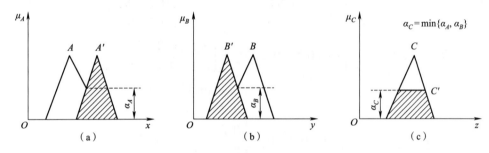

图 3-17 二输入玛达尼推理法过程

当各个语言变量的论域是有限集,即模糊子集的隶属度函数是离散时,模糊逻辑推理过程可以通过模糊关系矩阵计算来完成。下面以一类模糊控制器为例,说明离散模糊子集下的多输入模糊逻辑推理。

已知当 A 和 B 时,输出为 C,即

IF A and B,THEN C

求:当 A' 和 B' 时,控制输出 C' 应该多少?

在离散隶属度函数条件下,模糊推理可以借用矩阵运算提高模糊推理计算的有效性。以下模糊推理计算利用极大-极小推理法。

①先求 $D = A \times B$,令 $d_{xy} = \mu_A(x) \wedge \mu_B(y)$,得矩阵 D 为

$$D = \begin{bmatrix} d_{11} & d_{12} & \cdots & d_{1n} \\ d_{21} & d_{22} & \cdots & d_{2n} \\ \vdots & \vdots & & \vdots \\ d_{m1} & d_{m2} & \cdots & d_{mn} \end{bmatrix} \qquad (3\text{-}59)$$

②将 D 写成列矢量 D^T,即 $D^T = (d_{11}, d_{12}, \cdots, d_{1m}, d_{21}, \cdots, d_{mn})^T$

③求出关系矩阵 R $\qquad\qquad\qquad R = D^T \times C \qquad (3\text{-}60)$

④由 A'、B' 求出 D' $\qquad\qquad\qquad D' = A' \times B' \qquad (3\text{-}61)$

⑤仿照 2),将 D' 化为列矢量 $D^{T'}$。

⑥最后求出模糊推理输出 $\qquad C' = D^{T'} \circ R$ （3-62）

例 3-25 假设 $A = \dfrac{1}{x_1} + \dfrac{0.5}{x_2}, B = \dfrac{0.1}{y_1} + \dfrac{0.5}{y_2} + \dfrac{1}{y_3}$，则 $C = \dfrac{0.2}{z_1} + \dfrac{1}{z_2}$。

现已知 $A' = \dfrac{0.8}{x_1} + \dfrac{0.1}{x_2}$ 及 $B' = \dfrac{0.5}{y_1} + \dfrac{0.2}{y_2} + \dfrac{0}{y_3}$。求：$C'$。

解

$$D = A \times B = \begin{bmatrix} 0.1 & 0.5 & 1 \\ 0.1 & 0.5 & 0.5 \end{bmatrix}$$

$$R = D^{T} \times C = \begin{bmatrix} 0.1 \\ 0.5 \\ 1 \\ 0.1 \\ 0.5 \\ 0.5 \end{bmatrix} \times \begin{bmatrix} 0.2 & 1 \end{bmatrix} = \begin{bmatrix} 0.1 & 0.1 \\ 0.2 & 0.5 \\ 0.2 & 1 \\ 0.1 & 0.1 \\ 0.2 & 0.5 \\ 0.2 & 0.5 \end{bmatrix}$$

又因为 $D' = A' \times B' = \begin{bmatrix} 0.8 \\ 0.1 \end{bmatrix} \times \begin{bmatrix} 0.5 & 0.2 & 0 \end{bmatrix} = \begin{bmatrix} 0.5 & 0.2 & 1 \\ 0.1 & 0.1 & 0 \end{bmatrix}$

所以 $C' = \begin{bmatrix} 0.5 & 0.2 & 0 & 0.1 & 0.1 & 0 \end{bmatrix} \circ \begin{bmatrix} 0.1 & 0.1 \\ 0.2 & 0.5 \\ 0.2 & 1 \\ 0.1 & 0.1 \\ 0.2 & 0.5 \\ 0.2 & 0.5 \end{bmatrix} = \begin{bmatrix} 0.2 & 0.2 \end{bmatrix}$

即 $C' = \dfrac{0.2}{z_1} + \dfrac{0.2}{z_2}$

（4）多输入多规则推理

对于一个控制系统而言，一条模糊控制规则往往是不能满足控制要求的，通常都有一系列控制规则来构成一个完整的模糊控制系统。例如：

IF A_1 and B_1，THEN C_1

IF A_2 and B_2，THEN C_2

IF A_m and B_m，THEN C_m

对于这类系统如何进行推理运算呢？多输入多规则推理方法就是为了解决此问题而提出的。为了简单起见，下面以二输入多规则为例，它可以很容易地推广到多输入多规则的情况。考虑如下一般形式：

如果 A_1 且 B_1，那么 C_1

　　否则如果 A_2 且 B_2，那么 C_2

　　　　……

　　否则如果 A_n 且 B_n，那么 C_n

已知 A' 且 B'，那么 $C' = ?$

在这里，A_n 和 A'、B_n 和 B'、C_n 和 C' 分别是不同论域 X、Y、Z 上的模糊集合。利用玛达尼推理方法，规则"如果 A_i 且 B_i，那么 C_i"的模糊关系可以表示为

$$[\mu_{A_i}(x) \wedge \mu_{B_i}(y)] \wedge \mu_{C_i}(z) \tag{3-63}$$

"否则"的意义是"OR"即"或"，在推理计算过程中可以写成并集形式。由此，推理结果为

$$\begin{aligned} C' &= (A' \text{ AND } B') \circ ([(A_1 \text{ AND } B_1) \rightarrow C_1] \cup \cdots \cup [(A_n \text{ AND } B_n) \rightarrow C_n] \\ &= C_1' \cup C_2' \cup C_3' \cup \cdots \cup C_n' \end{aligned} \tag{3-64}$$

其中

$$\begin{aligned} C_i' &= (A' \text{ AND } B') \circ [(A_i \text{ AND } B_i) \rightarrow C_i] \\ &= [A' \circ (A_i \rightarrow C_i)] \cap [B' \circ (B_i \rightarrow C_i)], \quad i = 1, 2, \cdots, n \end{aligned}$$

其隶属度函数为

$$\begin{aligned} \mu_{C_i'}(z) &= \bigvee_x \{\mu_{A'}(x) \wedge [\mu_{A_i}(x) \wedge \mu_{C_i}(z)]\} \cap \bigvee_y \{\mu_{B'}(y) \wedge [\mu_{B_i}(y) \wedge \mu_{C_i}(z)]\} \\ &= \bigvee_x \{\mu_{A'}(x) \wedge \mu_{A_i}(x)\} \wedge \mu_{C_i}(z) \cap \bigvee_y \{\mu_{B'}(y) \wedge [\mu_{B_i}(y)\} \wedge \mu_{C_i}(z)]\} \\ &= (\alpha_{A_i} \wedge \mu_{C_i}(z)) \cap (\alpha_{B_i} \wedge \mu_{C_i}(z)) = (\alpha_{A_i} \wedge \alpha_{B_i}) \wedge \mu_{C_i}(z) \end{aligned} \tag{3-65}$$

$$\alpha_A = \bigvee_x \{\mu_{A'}(x) \wedge \mu_{A_i}(x)\}$$

$$\alpha_B = \bigvee_y \{\mu_{B'}(y) \wedge \mu_{B_i}(y)\}$$

　　整个推理过程的意义为分别从不同的规则得到不同的结论，其几何意义是分别在不同规则中用各自推理前件的总隶属度去切割本推理规则中后件的隶属度函数以得到输出结果。最后对所有的结论进行模糊逻辑和，即进行"并"运算，得到总的推理结果。下面介绍二输入二规则的推理方法。

　　例 3-26　二输入二规则的推理过程如图 3-18 所示。

　　这种推理方法是先在推理前件中选取各个条件中隶属度最小的值（即"最不适配"的隶属度）作为这条规则的适配程度，以得出这条规则的结论，这一过程简称为"取小"操作。然后对所有规则的结论部选取最大适配度的部分，这一过程称为"取大"操作。这样，整个推理的最后结果为所有规则结论部的并集。这种推理方法简单且实用，但其推理结果经常不平滑。因此，有人主张把从推理前件到后件削顶的"与"运算改为"代数积"，这就不是用推理前件的隶属度函数为基准去切割推理后件的隶属度函数，而是用该隶属度函数去乘后件的隶属度函数。这样得到的推理结果就不再呈平台梯形，而是原隶属函数的等底缩小，这种处理结果最后经对各规则结论的"并"运算后，总的推理结果的平滑性得到了改善。

　　综上分析，对于这样多输入多规则总的推理结果是将每一个推理规则的模糊关系矩阵进行"并"运算就可以。即对于式（3-62）和式（3-63）中的每一条推理规则，都可以得到相应的模糊关系矩阵

$$R_i = A_i \times B_i \times \cdots \times C_i, \quad i = 1, 2, \cdots, n$$

其中，直积算子"$\times$"可取"极小"运算，也可取"代数积"运算。

　　系统总的控制规则所对应的关系矩阵 R 通常采用并的算法求出，即

$$R = R_1 \cup R_2 \cup \cdots \cup R_n$$

　　2. 模糊关系方程的解

　　在模糊控制系统中，应用较多的"模糊条件语句"也是一种模糊推理，它的一般形式为"若 a 则 b，否则 c"。可表示为

$$(a \rightarrow b) \vee (\bar{a} \rightarrow c)$$

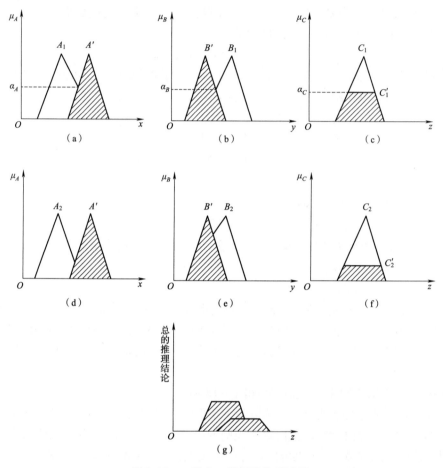

图 3-18 二输入二规则的推理过程

设 a 是论域 U 上的模糊命题, a 对应 U 上的模糊子集为 A, b、c 是论域 V 上的模糊命题,分别对应 V 上的模糊子集 B、C。则上述模糊条件语句就可以表示为一种模糊关系 $R = (A \rightarrow B) \vee (\overline{A} \rightarrow C)$,它是在 $U \times V$ 上的一个模糊子集,其隶属度函数为

$$\mu_R(u, v) = (\mu_A(u) \wedge \mu_B(v)) \vee ((1 - \mu_A(u)) \wedge \mu_C(v))$$

这也意味着在模糊控制系统中其输入为 A、输出为 B,且存在模糊关系 R 满足: $B = A \circ R$,模糊关系 R 实际上表示模糊系统的输入/输出之间的一种映射。当输入为 A' 时,输出 $B' = A \circ R$。同时也注意到,以上提到的四种推理过程都是与模糊关系相对应的,模糊关系反映了模糊控制系统的本质的联系。当论域 $U \times V$ 为有限集时,模糊关系 R 就可以用模糊关系矩阵 $\boldsymbol{R}$ 来表示。因此,研究模糊关系矩阵 $\boldsymbol{R}$ 的性质和求解,对模糊控制系统理论有着重要的意义。

与传统的控制系统设计相对应的模糊系统设计也存在系统的建模和控制问题,对于有限域上的模糊关系 R 可以用模糊矩阵 $\boldsymbol{R}$ 来表示,则模糊控制系统的建模和控制问题就转化为模糊关系方程的求解问题了。

建模辨识问题:已知给定的 A 和 B,求关系矩阵 $\boldsymbol{R}$

$$A \circ \boldsymbol{R} = B \tag{3-66}$$

系统控制问题:已知需控制的目标 B 和关系矩阵 $\boldsymbol{R}$,求控制输入 A

$$A \circ \boldsymbol{R} = B \tag{3-67}$$

建模问题是正问题,系统控制问题属于逆问题。因为对式(3-66)两边取转置就可以将其转化为式(3-67)的形式,即

$$(A \circ \boldsymbol{R})^{\mathrm{T}} = B^{\mathrm{T}} \rightarrow \boldsymbol{R}^{\mathrm{T}} \circ A^{\mathrm{T}} = B^{\mathrm{T}}$$

这样,待求解的关系矩阵($\boldsymbol{R}$ 或 A^{T})都在合成算子的右边,因此只需讨论模糊关系方程式(3-66)的求解问题。

已知 $A \in F(U \times V)$、$B \in F(U \times W)$、$\boldsymbol{R} \in F(V \times W)$,分别为笛卡儿空间 $U \times V$、$U \times W$、$V \times W$ 上的模糊关系矩阵

$$A = (a_{ij})_{m \times n}, \quad B = (b_{ij})_{m \times s}, \quad \boldsymbol{R} = (a_{ij})_{n \times s}$$

记

$$\boldsymbol{R}_j = (r_{1j}, r_{2j}, \cdots, r_{nj})^{\mathrm{T}}, B_j = (b_{1j}, b_{2j}, \cdots, b_{mj})^{\mathrm{T}}$$

则式(3-66)可用分块矩阵的形式表示为

$$A \circ (\boldsymbol{R}_1, \boldsymbol{R}_2, \cdots, \boldsymbol{R}_s) = (B_1, B_2, \cdots, B_s) \tag{3-68}$$

因此,式(3-68)的求解问题可简化为下面 s 个简单的模糊矩阵方程的求解问题

$$A \circ \boldsymbol{R}_j = B_j, \quad j = 1, 2, \cdots, s \tag{3-69}$$

展开式(3-69)得

$$\begin{bmatrix} a_{11} & a_{12} & \cdots & a_{1n} \\ a_{12} & a_{22} & \cdots & a_{2n} \\ \vdots & \vdots & & \vdots \\ a_{m1} & a_{m2} & \cdots & a_{mn} \end{bmatrix} \circ \begin{bmatrix} r_1 \\ r_2 \\ \vdots \\ r_n \end{bmatrix} = \begin{bmatrix} b_1 \\ b_2 \\ \vdots \\ b_m \end{bmatrix} \tag{3-70}$$

假设合成算子。取为极小运算(min),则为了求解式(3-70),需首先讨论一元一次方程

$$a \wedge r = b \tag{3-71}$$

和一元一次不等式方程

$$a \wedge r \leqslant b \tag{3-72}$$

的解。其中,a、$b \in [0,1]$ 且已知,$r \in [0,1]$ 未知。显然式(3-71)的解为

$$[r] = \begin{cases} b, & a > b \\ [b,1], & a = b \\ \varnothing, & a < b \end{cases} \tag{3-73}$$

其中,$\varnothing$ 表示空集。

不等式(3-72)的解为

$$(R) = \begin{cases} [0,b], & a > b \\ [0,1], & a \leqslant b \end{cases} \tag{3-74}$$

现在再来考虑式(3-70)的求解问题,由合成算子。的计算法则可知,式(3-70)等价于模糊线性方程组

$$\begin{cases} (a_{11} \wedge r_1) \vee (a_{12} \wedge r_2) \vee \cdots \vee (a_{1n} \wedge r_n) = b_1 \\ (a_{21} \wedge r_1) \vee (a_{22} \wedge r_2) \vee \cdots \vee (a_{2n} \wedge r_n) = b_2 \\ \cdots\cdots \\ (a_{m1} \wedge r_1) \vee (a_{m2} \wedge r_2) \vee \cdots \vee (a_{mn} \wedge r_n) = b_m \end{cases} \tag{3-75}$$

为了求模糊方程式(3-75)的解集,先讨论其中的第 i 个方程的解

$$(a_{i1} \wedge r_1) \vee (a_{i2} \wedge r_2) \vee \cdots \vee (a_{in} \wedge r_n) = b_i, \quad i = 1, 2, \cdots, m \tag{3-76}$$

显然方程式(3-76)可以分解为 n 个一元一次等式方程和 n 个一元一次不等式方程,即

$$(a_{i1} \wedge r_1) = b_i, \quad (a_{i2} \wedge r_2) = b_i, \quad \cdots, \quad (a_{in} \wedge r_n) = b_i \tag{3-77}$$

$$(a_{i1} \wedge r_1) \leqslant b_i, \quad (a_{i2} \wedge r_2) \leqslant b_i, \quad \cdots, \quad (a_{in} \wedge r_n) \leqslant b_i \tag{3-78}$$

设式(3-77)中第 k 个方程成立,则式(3-76)的一个解为

$$W[k] = ((r_1), (r_2), \cdots, [r_k], \cdots, (r_n)) \tag{3-79}$$

其中,$[r_k]$ 表示第 k 个等式方程的解;$(r_i)i \neq k$ 表示第 i 个不等式方程的解。

称 $W[k]$ 为式(3-78)的部分解。若式(3-79)中还有其他若干等式也成立,则式(3-76)存在全部解

$$r_i = W[1] \cup W[2] \cup \cdots \cup W[n] \tag{3-80}$$

例 3-27 已知模糊关系方程

$$(0.5 \wedge r_1) \vee (0.4 \wedge r_2) \vee (0.8 \wedge r_3) = 0.5$$

求模糊关系方程解。

解 上述方程可化为三个一元一次等式方程

$$(0.5 \wedge r_1) = 0.5, \quad (0.4 \wedge r_2) = 0.5, \quad (0.8 \wedge r_3) = 0.5 \tag{3-81}$$

和三个一元一次不等式方程

$$(0.5 \wedge r_1) \leqslant 0.5, \quad (0.4 \wedge r_2) \leqslant 0.5, \quad (0.8 \wedge r_3) \leqslant 0.5 \tag{3-82}$$

由式(3-73)可知,三个一元一次等式方程的解为

$$[r_1] = [0.5, 1], \quad [r_2] = [\varnothing], \quad [r_3] = 0.5$$

由式(3-74)可知,三个一元一次不等式方程的解为

$$(r_1) = [0, 1], \quad (r_2) = [0, 1], \quad (r_3) = [0, 0.5]$$

因此,此模糊方程的部分解分别为

$$R_1 = ([r_1], (r_2), (r_3)) = ([0.5, 1], [0, 1], [0, 0.5])$$
$$R_2 = ((r_1), [r_2], (r_3)) = ([0, 1], [\phi], [0, 0.5]) = [\phi]$$
$$R_3 = ((r_1), (r_2), [r_3]) = ([0, 1], [0, 1], 0.5)$$

所以
$$R = R_1 \cup R_3 = ([0.5, 1], [0, 1], [0, 0.5]) \cup ([0, 1], [0, 1], 0.5)$$
$$= ([0, 1], [0, 1], [0, 0.5])$$

习　题

3-1　举例说明模糊性的客观性和主观性。

3-2　模糊性和随机性有哪些异同?

3-3　比较模糊集合和普通集合的异同。

3-4　设 $A = \dfrac{0.9}{u_1} + \dfrac{0.2}{u_2} + \dfrac{0.8}{u_3} + \dfrac{0.5}{u_4}$,$B = \dfrac{0.3}{u_1} + \dfrac{0.1}{u_2} + \dfrac{0.4}{u_3} + \dfrac{0.6}{u_4}$,求 $A \cup B, A \cap B$。

3-5　在模糊控制中,隶属度(　　)。

A. 不能是 1 或 0　　　　　　　　　　B. 根据对象的数学模型确定

C. 反映元素属于某模糊集合的程度　　D. 只能取连续值

3-6　下列的集合运算性质中,模糊集合不满足的运算性质为(　　)。

A. 交换律　　　　　B. 结合律　　　　C. 分配律　　　　D. 互补率

3-7　模糊控制方法是基于(　　)。

A. 模型控制　　　　　　　　　　　　B. 递推的控制

C. 学习的控制　　　　　　　　　　　D. 专家知识和经验的控制

3-8　某一隶属度函数曲线的形状可以选为(　　)。

A. 椭圆形　　　　　B. 圆形　　　　　C. 三角形　　　　D. 正方形

3-9　已知存在模糊向量 A 和模糊矩阵 R 如下:

$$A = (0.7 \quad 0.1 \quad 0.4)$$

$$R = \begin{bmatrix} 0.5 & 0.8 & 0.1 & 0.2 \\ 0.6 & 0.4 & 0 & 0.1 \\ 0 & 0.3 & 0.6 & 0.3 \end{bmatrix}$$

计算 $B = A \circ R$。

3-10　令论域 $U = \{1234\}$,给定语言变量"Small" $= 1/1 + 0.7/2 + 0.3/3 + 0.1/4$ 和模糊

关系 $R =$"Almost 相等"定义如下: $R = \begin{bmatrix} 1 & 0.6 & 0.1 & 0 \\ 0.6 & 1 & 0.6 & 0.1 \\ 0.1 & 0.6 & 1 & 0.6 \\ 0 & 0.1 & 0.6 & 1 \end{bmatrix}$,利用 max-min 复合运算,试

计算: $R(y) = (X$ 是 Small$) \circ ($Almost 相等$)$。

3-11　已知模糊关系矩阵: $R = \begin{bmatrix} 1 & 0.8 & 0 & 0.1 & 0.2 \\ 0.8 & 1 & 0.4 & 0 & 0.9 \\ 0 & 0.4 & 1 & 0 & 0 \\ 0.1 & 0 & 0 & 1 & 0.5 \\ 0.2 & 0.9 & 0 & 0.5 & 1 \end{bmatrix}$,计算 R 的二至四次幂。

3-12　已知模糊关系矩阵为 $R = \begin{bmatrix} 0.5 & 0.3 \\ 0.4 & 0.8 \end{bmatrix}$, $S = \begin{bmatrix} 0.9 & 0.4 \\ 0.3 & 0.6 \end{bmatrix}$,求 $R \cup S, R \cap S, \overline{R}$。

3-13　已知年龄的论域为 $[0, 200]$,且设年老 O 和年轻 Y 两个模糊集的隶属函数分别是

$$\mu_O(a) = \begin{cases} 0, & 0 \leq a \leq 50 \\ \dfrac{a-50}{20}, & 50 \leq a \leq 70 \\ 1, & a \geq 70 \end{cases}$$

$$\mu_Y(a) = \begin{cases} 1, & 0 \leq a \leq 25 \\ \dfrac{70-a}{45}, & 25 \leq a \leq 70 \\ 0, & a \geq 70 \end{cases}$$

试设计"很年轻 W""不老也不年轻 V"两个模糊集的隶属函数。

3-14 设论域 $X=\{a_1,a_2,a_3\}$，$Y=\{b_1,b_2,b_3\}$，$Z=\{c,c_2,c_3\}$，已知 $A=\dfrac{0.5}{a_1}+\dfrac{1}{a_2}+\dfrac{0.1}{a_3}$，$B=\dfrac{0.1}{b_1}+\dfrac{1}{b_2}+\dfrac{0.6}{b_3}$，$C=\dfrac{0.4}{c_1}+\dfrac{1}{c_2}$。试确定"If A AND B THEN C"所决定的模糊关系 R，以及输入为 $A_1=\dfrac{1.0}{a_1}+\dfrac{0.5}{a_2}+\dfrac{0.1}{a_3}$，$B_1=\dfrac{1.0}{b_1}+\dfrac{1}{b_2}+\dfrac{0.6}{b_3}$ 时输出 C_1。

3-15 已知模糊关系方程 $\begin{bmatrix} 0.8 & 0.5 & 0.6 \\ 0.4 & 0.8 & 0.5 \end{bmatrix} \circ \begin{bmatrix} r_1 \\ r_2 \\ r_3 \end{bmatrix} = \begin{bmatrix} 0.5 \\ 0.5 \end{bmatrix}$，求模糊关系方程解。

第4章　模糊控制

4.1　模糊控制系统

模糊控制是模仿人脑的逻辑方式对问题进行推理、判断,它是将一系列现实生活中的控制经验转化为控制规则从而达到控制效果。对于没有准确数学模型及具有非线性、有大滞后的控制系统,应用模糊控制技术进行推理,模拟人脑思维模式,依据设定的模糊规则进行综合判断,表达出经验输出值。而这也是模糊控制相比于传统控制系统的最大优点。本章将着重描述模糊控制系统的原理以及它相比于传统控制系统的优势。

4.1.1　模糊控制系统的工作原理

1. 传统控制系统

传统的控制系统采用的是反馈控制的方法。反馈控制又称闭环控制,指的是控制系统的输出量通过反馈直接影响控制作用的控制方式。反馈控制系统主要由以下几个部分组成:控制器:负责整个控制系统的指挥,产生的决策作用于被控对象;被控对象:整个控制系统设计的目的;传感器:测量被控对象的输出。

反馈控制系统框图如图 4-1 所示。

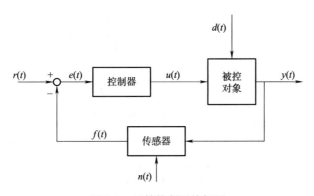

图 4-1　反馈控制系统框图

$y(t)$ 称为输出变量,它是被控对象需要被控制的量。

$r(t)$ 称为输入变量,是输出变量的希望值。

$f(t)$ 称为反馈变量,它是输出变量的一部分或全部,反映了输出变量的变化。

$e(t)$ 称为偏差变量,反馈控制的原理是将输出变量经传感器传送到输入端并且与给定值比较。图 4-1 中的反馈称为负反馈,它的偏差变量是 $e(t) = r(t) - f(t)$。

$u(t)$ 称为控制变量,控制器输出。它是根据偏差变量由控制器按一定的函数关系产生的,

$u(t)$ 对输出变量 $y(t)$ 有直接的影响。

$d(t)$ 称为扰动变量。在控制系统中,除了控制变量 $u(t)$ 之外可以引起输出变量 $y(t)$ 变化的变量,都可以称为扰动变量。

$n(t)$ 称为测量噪声。

由图 4-1 中的反馈控制线系统可以得到一个基本的反馈回路框图,如图 4-2 所示,其中 A,B,C 分别代表控制器、被控对象和传感器的传递函数。

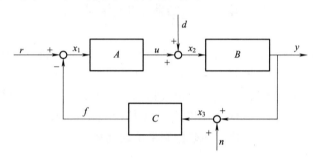

图 4-2 反馈回路框图

如图 4-2 所示,可以得到三个外部输入变量 r,d,n 的状态方程为

$$\begin{cases} r = x_1 + Cx_3 \\ d = x_2 - Ax_1 \\ n = x_3 - Bx_2 \end{cases} \tag{4-1}$$

通过矩阵可表示为

$$\begin{bmatrix} 1 & 0 & C \\ -A & 1 & 0 \\ 0 & -B & 1 \end{bmatrix}\begin{bmatrix} x_1 \\ x_2 \\ x_3 \end{bmatrix} = \begin{bmatrix} r \\ d \\ n \end{bmatrix}$$

$$\begin{bmatrix} x_1 \\ x_2 \\ x_3 \end{bmatrix} = \begin{bmatrix} 1 & 0 & C \\ -A & 1 & 0 \\ 0 & -B & 1 \end{bmatrix}^{-1}\begin{bmatrix} r \\ d \\ n \end{bmatrix}$$

$$= \frac{1}{1+BAC}\begin{bmatrix} 1 & -BC & -C \\ A & 1 & -AC \\ BA & B & 1 \end{bmatrix}\begin{bmatrix} r \\ d \\ n \end{bmatrix} \tag{4-2}$$

同时,控制器输出 u、被控对象输出 y 以及传感器输出 f 可以被外部输入变量 r,d,n 表示为

$$\begin{cases} y = Bx_2 = B(d+u) \\ u = Ax_1 = A(r-f) \\ f = Cx_3 = C(y+n) \end{cases} \tag{4-3}$$

如式(4-2)与式(4-3)所示,如果能同时保证其中的传递函数是稳定的以及三个外部输入变量 r,d,n 都是有界的,就可以保证反馈控制系统内的各点 x_1,x_2,x_3 以及 y,u,f 都是有界的。传统控制系统的数学描述都是相当精确的,因此传统反馈控制系统在解决线性定常系统的控

制问题上十分有效。但在实际工程生产当中,存在相当多无法准确给出数学模型的控制对象。随着工业的发展,被控对象越来越复杂,许多控制对象只能建立起一个不精确的粗糙模型,甚至根本无法建立模型,传统的反馈控制系统处理这些不确定性很高的系统就显得力不从心。

2. 模糊控制系统

在传统控制系统中,控制系统动态模式的精确与否是影响控制的关键。系统动态的信息越详细,越能达到精确控制的目的。但现实当中需要控制的系统往往没有这么简单,一个系统越复杂,应用传统控制系统得到的效果就越差。曾有人尝试对现场的环境进行简化以达到通过传统控制方法就可以控制的目的,得到的结果不尽理想。换句话来说,传统的控制系统对于复杂的、数学描述不精确的系统无能为力。在实际生活中,传统的控制系统对于复杂被控对象的控制能力要远远低于那些有经验的操作员。以汽车驾驶为例,驾驶员如果发现车辆偏左,就会向右转方向盘;如果发现车辆比周围的车流要慢,就会踩油门进行加速。经验丰富的驾驶员虽然对驾驶没有精确的数学描述,却是无人驾驶技术所追求的目标。而他们在日常生活中积累的控制经验,就是模糊控制的来源。

模糊控制的基本原理其实与传统的控制理论相一致,区别在于模糊控制理论是以模糊数学为基础,用语言规则表示方法,由模糊推理进行决策的一种高级控制策略。与传统的控制系统相比,模糊控制有较强的适应对象参数变化的能力,模糊控制的优点在于设计系统时只需已储备的相关知识和经验即可,无须建立被控对象的精确数学模型。以图 4-3 的锅炉温度控制系统为例,展示了如何将人类专家的控制经验转化为模糊控制器。

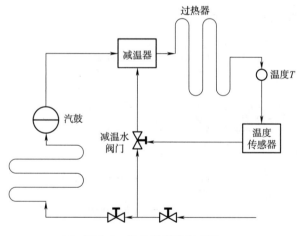

图 4-3 锅炉温度控制系统

锅炉汽鼓出来的饱和蒸汽经过过热器加热,使蒸汽温度达到一定要求温度后,再去推动汽轮机工作。每一种锅炉与汽轮机组都有一个规定的运行温度,影响过热器出口蒸汽温度的主要因素就是减温水给水量的变化。给水量的多少直接影响了最后出来的蒸汽温度,如果蒸汽温度过热就会损害过热器和高压力汽轮机,太低也不行,因为它会降低效率。简单来说,减温水管道阀门的开度越大,过热器出口的蒸汽温度越低。

首先,操作者通过温度传感器得知了过热器出口的蒸汽温度 T。接下来将这个温度与期望值进行比较。人类的操作经验是,如果这个温度低于期望值,则降低减温水阀门的开度;如果这个温度高于期望值,则加大减温水阀门的开度。这个控制规则下,输入是过热器出口蒸汽温度 T 和期望值的偏差,输出是减温水阀门的开度。这个规则当中采用的是"大、中、小"这种模糊量对锅炉温度进行控制,而温度传感器传输回来的是精确的数字。这就需要将精确的温度转化为模糊值,即进行模糊化处理。同样,模糊推理得到的模糊量也必须经过"清晰化"变成准确的数字。而安装"模糊化"和"清晰化"两个端口之后,就可以将人类的控制经验应用到系统的控制当中。图 4-4 为锅炉温度模糊控制系统。

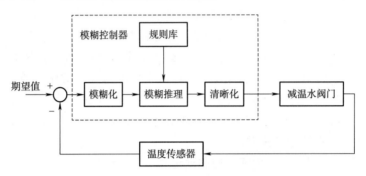

图 4-4 锅炉温度模糊控制系统

换句话说,模糊控制系统的控制器是一个用人类经验堆砌起来的"人",因为"人"与计算机之间听不懂对方的语言,模糊化和清晰化的作用就是充当"人"和计算机之间的翻译。

(1)模糊控制原理

模糊控制系统框图如图 4-5 所示。

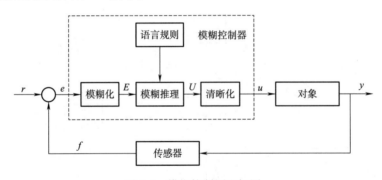

图 4-5 模糊控制原理框图

可以看到,与传统控制系统相比,模糊控制系统除了用模糊控制器代替精确控制器,结构上二者没有太大区别。在图 4-5 中 r 和 y 分别代表系统的设定值和输出值;f 代表传感器测量到的控制对象输出;e 是设定值 r 和传感器输出 f 之间的偏差值,经过模糊化后得到偏差值 E;E 经过规则库的模糊推理后得到要输入被控对象的 U;这时的 U 还是模糊量,要经过清晰化变成精确量 u,输入被控对象进行控制。模糊控制器的语言规则构成了一个规则库,这些语言规则就是人类控制时的经验转化来的。而模糊量 E 通过模糊推理变成模糊量 U 就相当于一个有经验的操作员对这个控制系统进行了一次决策。

4.1.2 模糊控制系统的特点

1. 模糊控制系统的优点

模糊控制的基础是人类的控制经验。通过模糊控制语言来表示人类思维活动以及复杂的控制目标,因此,对于那些利用传统控制方法难以实现或奏效的控制问题,采用模糊控制技术往往能迎刃而解。模糊控制在最近的短短 20 年来迅速发展,原因就是模糊控制系统拥有传统控制系统不拥有的优点,具体表现如下:

①简化系统设计的复杂性,特别适用于非线性、时变、模型不完全的系统。

②模糊控制器是一个语言控制器,核心是控制规则,这些规则是以人类语言表示的,如"超调较大""偏差较小",易被人们接受,使得操作人员易于使用自然语言进行人机对话。

③模糊控制是以人对被控系统的控制经验为依据而设计的控制器,不用数值而用语言式的模糊变量来描述系统,因此无须知道被控系统的数学模型。

④模糊控制中的控制规则都是基于人类已有的成熟经验,这代表着模糊控制可以不断被更新,具有自主学习性。系统的规则和参数整定方便。只要通过对现场的工业过程进行定性分析,就能比较好地建立语言变量的控制规则和系统的控制参数,而且参数的适用范围较广。

⑤模糊控制器是一种容易控制和掌握的较理想的非线性控制器,它健壮性强,对参数变化不灵敏。由于模糊控制采用的不是二值逻辑,而是一种连续多值逻辑,所以当系统参数变化时,能比较容易实现稳定的控制,具有良好的健壮性和较佳的容错性。

2. 模糊控制系统的缺点

模糊控制从理论和应用方面均已取得了很大的进展,但与常规控制理论相比,模糊控制是处于发展中的一种控制方式,它的理论和方法还未完善。具体表现如下:

①模糊控制的设计尚缺乏系统性,如何获得模糊规则及隶属函数目前来看完全是通过经验及试错。存在如何建立一套系统的模糊控制理论,以解决模糊控制的机理、稳定性分析、系统化设计方法等一系列问题,理论需要更新。

②一旦决定了控制规则便无法在线更改,对突发状况适应程度不高。

③由于模糊控制是一种非线性控制方法,存在规则爆炸问题,故而无论采用控制表或控制解析公式都不能太庞大或太复杂,模糊控制算法实际是非线性 P 或 PD 控制算法,由于不引入积分机制,在理论上讲总会是存在静差的,所以必将一定程度上影响控制精度。另外,在控制规则的结构和覆盖面不恰当时,或者比例因子和量化因子选择不当时,较容易使系统产生振荡,特别是对中心语言变量值的范围选择不当时,也较容易产生振荡。

4.2 模糊控制系统设计

模糊控制器的基本结构包括知识库、模糊推理机、模糊化接口、清晰化接口四部分,如图 4-6 所示。

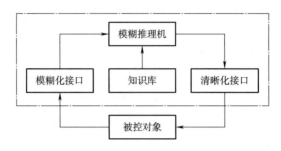

图 4-6　模糊控制器基本结构

4.2.1　模糊控制器的分类与组成

1. 模糊控制器的分类

在模糊控制系统中,根据输入与输出的数量可以分为单变量模糊控制器和多变量模糊控制器。

(1)单变量模糊控制器

具有一个输入变量和一个输出变量的模糊控制系统称为单变量模糊控制系统。通常将单变量模糊控制器的输入个数称为维数。图 4-7 是一维模糊控制器、二维模糊控制器与三维模糊控制器。

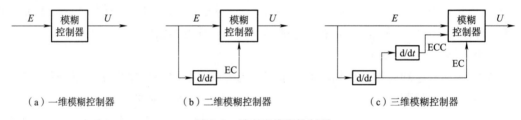

（a）一维模糊控制器　　　（b）二维模糊控制器　　　（c）三维模糊控制器

图 4-7　单变量模糊控制器

图 4-7(a)为一维模糊控制器,一维模糊控制器由于仅仅采取偏差控制,动态性能不佳。一般用于控制一阶对象。

图 4-7(b)为二维模糊控制器。与一维模糊控制器相比,二维模糊控制器有偏差量 E 和偏差变化 EC 两个输入变量。这让二位模糊控制系统拥有相比于一维模糊控制系统更好的动态特性。

图 4-7(c)为三维模糊控制器。三维模糊控制器是在二位模糊控制器的基础上加入了偏差变化的变化率 ECC。这种系统结构复杂,推理时间长。所以除非是对动态要求特别高的场合,否则很少使用。

(2)多变量模糊控制器

多于一个输入和输出变量的模糊控制器统称为多变量模糊控制器,如图 4-8 所示。

直接设计一个多变量模糊控制器较为困难,可利用模糊控制器本身的解耦特点,通过模糊关系方程求解,在控制器结构上实现解耦,即将一个多变量模糊控制系统分解为若干单变量模糊控制系统进行分别设计。

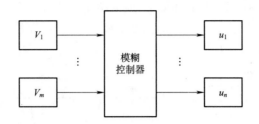

图 4-8 多变量模糊控制器

2. 模糊控制器的组成

(1) 模糊化接口

模糊化接口(Fuzzy Interface)主要将检测输入变量的精确值根据其模糊度划分和隶属度函数转换成合适的模糊值。模糊划分尚未有一种确定的、唯一的方法。它是根据经验而进行划分的。通常为了保证控制的事实性,可以在离线时先考虑所有的输入/输出,形成一个控制表,可以用来查询输入所对应的输出。而为了建表,就需要将模糊的语言论域转化为一段整数论域。

假设,物理量的论域 $A = [-a, a]$,需要转化为的整数论域为 $B = \{-b, -b+1, \cdots, b-1, b\}$。令

$$q = \frac{b}{a} \tag{4-4}$$

式中,q 称为量化因子。当物理量论域 A 中有一个值为 x,可以得到 B 中有一个值 y 和 x 对应。计算方式为

$$y = qx \tag{4-5}$$

接下来考虑更一般的形式,$A = [a_{\min}, a_{\max}]$,$a_{\min}$,$a_{\max}$ 分别是论域的上限与下限。量化因子 q 可以表示为

$$q = \frac{2b}{a_{\max} - a_{\min}} \tag{4-6}$$

论域 B 中与 x 相对应的 y 变为

$$Y = q\left(x - \frac{a_{\max}}{2} + \frac{a_{\min}}{2}\right) \tag{4-7}$$

模糊度的划分会很明显地影响模糊控制系统的控制效果。就一个论域而言,模糊度划分得少代表了对情况划分程度低,对环境适应程度低,控制水平就低。反之,模糊度划分得多就会导致规则过多,模糊推理就会占用大量的处理时间和过程。例如,如果把一个论域模糊的划分为五部分,需要考虑的规则就是 $5 \times 5 = 25$(条)。假如分得细一点,分成七部分,则需要考虑 $7 \times 7 = 49$(条)规则,多了近一倍。在模糊关系运算时,也会产生庞大的关系矩阵,从而关系运算就变得麻烦,产生的控制表也会庞大而占据较多内存。一般情况下,为了尽量减少模糊规则数,可对于检测和控制精度要求高的变量划分多(如 5 ~ 7 个)的模糊度,反之则划分少(如 3 个)的模糊度。当完成变量的模糊度划分后,需定义变量各模糊集的隶属函数。如果语言论域分为 m 档,通常论域的选择规则为 $1.5m \leq 2n + 1 \leq 2m$。

例如,人类无法感受具体的温度,所以当人处于某一温度区间时,他的感受就是对精确量

的模糊化。如果人类身处 $0 \sim 12$ ℃ 的环境下,他会感觉到寒冷。现在将温度 $0 \sim 40$ ℃ 划分出"寒冷,凉爽,舒适,温暖,炎热"五个模糊的温度等级,按照生活经验可以划分为表 4-1。

划分的隶属度函数如图 4-9 所示。

表 4-1　温度模糊化

划分	温度(℃)
寒冷	$0 \sim 12$
凉爽	$8 \sim 18$
舒适	$16 \sim 24$
温暖	$22 \sim 32$
炎热	$28 \sim 40$

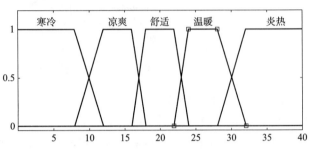

图 4-9　温度梯形隶属度函数

(2)知识库

知识库(Knowledge Base)中存储着有关模糊控制器的一切知识,包含具体应用领域中的知识和要求的控制目标,它们决定着模糊控制器的性能,是模糊控制器的核心。

知识库由数据库和规则库两部分构成。

①数据库(Data Base)。这个数据库不是软件中数据库的概念。数据库所存放的是所有输入/输出变量的全部模糊子集的隶属度矢量值(即经过论域等级离散化以后对应值的集合),若论域为连续域则为隶属度函数。在规则推理的模糊关系方程求解过程中,向推理机提供数据。

②规则库(Rule Base)。模糊控制器的规则基于专家知识或手动操作人员长期积累的经验,它是按人的直觉推理的一种语言表示形式。模糊规则通常由一系列的关系词连接而成,如 if…then、else、also、end、or 等,关系词必须经过"翻译"才能将模糊规则数值化。最常用的关系词为 if…then、also,对于多变量模糊控制系统还有 and 等。模糊控制系统的其他部分全都执行这个规则。

例如,某一规则的形式为

$$R^{(l)} = \text{if } x_1 \text{ 为 } A_1^l \text{ and } x_2 \text{ 为 } A_2^l \text{ and } \cdots \text{and } x_n \text{ 为 } A_n^l, \text{ then y 为 } B^l$$

A_i^l 和 B^l 分别是两个论域上的模糊集合,通常把 if 的部分称为提前部或前件,then 的部分称为后件或结论部。如果在输入空间中任一点至少存在一条规则,则称这个规则库是完备的。

例如,以下是某个二输入一输出模糊控制系统的规则库:

①If (e is P) and (de is P) then (u is PB)

②If (e is Z) and (de is P) then (u is P)

③If (e is N) and (de is P) then (u is Z)

④If (e is P) and (de is Z) then (u is P)

⑤If (e is Z) and (de is Z) then (u is Z)

⑥If (e is N) and (de is Z) then (u is N)

⑦If (e is P) and (de is N) then (u is Z)

⑧If (e is Z) and (de is N) then (u is N)

⑨If(e is N) and (de is N)then(u is NB)

规则库也可以转化为表格形式,见表 4-2。

表 4-2　规则库

输出 U		误差变化 EC		
		P	Z	N
误差 E	P	P	Z	N
	Z	PB	P	Z
	N	P	Z	N

可以看到,输入一和输入二都在各自的论域上定义了 P(正)、Z(零)、N(负)三个模糊子集,因此规则库至少要包含九条规则才完备。

例 4-1　如果当前测量误差 e = 3.6,误差的离散值 3、4 的隶属度值分别为 $\mu(3)$、$\mu(4)$。求:测量误差 e = 3.6 的隶属度值。

解　通过插值运算得到

$$\mu(3.6) = \mu(3)\omega(3,3.6) + \mu(4)\omega(3.6,4) = \mu(3) \times 0.6 + \mu(4) \times 0.4$$

模糊控制规则中的条件部和结论部都对应于一些定义在一定论域内的语言变量。每一语言变量由一组项集合构成且这组项集合定义在同一论域内。项数目的确定取决于模糊分区或相等效的基本模糊集 [NB(负大)、NS(负小)、ZE(零)、PS(正小)、PB(正大)、…] 的数目。项数目的多少决定了模糊控制器控制性能的粗略程度。由于输入/输出空间的模糊分区具有一定的主观性,因此为了获得"最佳"的模糊分区,应进行必要的实验。

(3)模糊推理机

模糊推理机(Fuzzy Inference Engine)的功用在于:根据模糊逻辑法则把模糊规则库中的模糊"if … then"规则转换成输入论域 U 上的模糊子集 A 到输出论域 V 上的模糊子集 B 的映射。建立起规则库后,如何利用规则库进行推理就成为了关键。模糊推理模糊控制器的核心,模拟人基于模糊概念的推理能力。在工业生产当中,应用的最多的是 Mamdani 算法。以下对各种模糊推理算法进行简单的介绍。

①Mamdani 算法。

单输入的情况下,假设两个语言变量 x,y 之间的模糊关系为 R,当 x 的模糊取值为 A^* 时,与之相对应的 y 值 B^* 可以由下式的模糊推理得出

$$B^* = A^* \circ R \tag{4-8}$$

Mamdani 算法用 A 和 B 的笛卡尔积来表示 $A{\rightarrow}B$ 的模糊蕴涵关系。

$$R = A{\rightarrow}B = A \times B \tag{4-9}$$

$$\begin{aligned}\mu_B \cdot \bigvee_{x \in X}\{\mu_{\underset{\sim}{A}} \cdot (x) \wedge \mu_{\underset{\sim}{B}}(x,y)\} &= \bigvee_{x \in X}(\mu_A \cdot (x) \wedge [\mu_A(x) \wedge \mu_B(y)]) \\ &= \bigvee_{x \in X}(\mu_A \cdot (x) \wedge [\mu_A(x) \wedge \mu_B(y)]) \\ &= \alpha \wedge \mu_B(y) \end{aligned} \tag{4-10}$$

式中, $\alpha \bigvee_{x \in X}\{\mu_A \cdot (x) \wedge \mu_A(x)\}$ 称为与 A^* 的适配度,它是 A^* 与 A 交集的高度。根据 Mamdani 算法,结论可以看作 α 对 B 进行切割,因此这种方法又称削顶法。图形化可描述为图 4-10 所示。

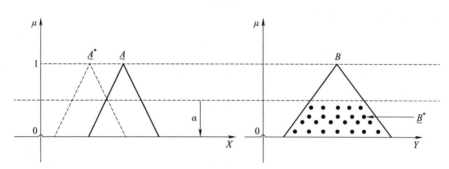

图 4-10　单输入的 Mamdani 算法的图形化描述

②Larsen 推理法。

Larsen 推理法又称乘积推理法，与 Mamdani 算法的推理过程非常相似，不同的是在激励强度的求取与推理合成时用乘积运算取代了取小运算。假设具有单个前件的单一规则如下。

设 A^* 和 A 是论域 X 上的模糊集合，B 是 Y 上的模糊集合，A 和 B 间的模糊关系确定，求在关系下的 B^*，即

大前提（规则）	if x is A　then y is B
小前提（事实）	x is A^*
结论	y is B^*

先求适配度

$$\omega = v_{x \in X}[\mu_{A^*} \wedge \mu_A(x)] \tag{4-11}$$

然后用适配度与模糊规则的后件作乘积合成运算，即

$$\mu_{B^*}(y) = \omega\mu_B(y) \tag{4-12}$$

在给定模糊集合 A、A^* 及 B 的情况下，Larsen 模糊推理的结果 B^* 如图 4-11 所示。

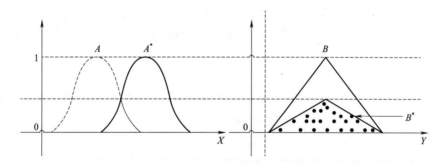

图 4-11　Larsen 模糊推理结果

③Zadeh 推理法。

Zadeh 推理法与 Mamdani 推理法一样采用取小合成运算法则，但是其模糊关系的定义不同。下面具体给出 Zadeh 推理法的模糊关系定义。设 A 是 X 上的模糊集合，B 是 Y 上的模糊集合，二者间的模糊蕴涵关系用 $R_Z(X,Y)$ 表示。Zadeh 把 $R_Z(X,Y)$ 定义为

$$\mu_{R_Z}(x,y) = [\mu_A(x) \wedge \mu_B(y)] \vee [1 - \mu_A(x)] \tag{4-13}$$

　　如果已知模糊集合 A 和 B 的模糊关系为 $R_z(X,Y)$，又知论域 X 上的另一个模糊集合 A^*，那么 Zadeh 模糊推理法得到的结果 B^* 为

$$B^* = A^* \circ R_z(x,y) \tag{4-14}$$

式中，"$\circ$" 表示合成运算，就是模糊关系的 Sup-Λ 运算。

$$\mu_{B^*}(y) = \mathrm{Sup}\{[\mu_A(x) \wedge \mu_B(y)] \vee [1 - \mu_A(x)]\} \tag{4-15}$$

式中，Sup 表示对后面算式结果取上界。若 Y 为有限论域时，Sup 就是取大运算 $\vee$。

　　Zadeh 推理法提出比较早，其模糊关系的定义比较烦琐，导致合成运算比较复杂，而且实际意义的表达也不直观，因此目前很少采用。

　　例 4-2　将模糊控制器的精确输入 E^* 和 EC^* 通过模糊化接口转化为模糊输入 A 和 B^*。$E^* = -6$，$EC^* = -4$，系统误差和误差变化率均采用图 4-12 的三角形隶属函数来进行模糊化。求此时模糊控制器的模糊输入量。

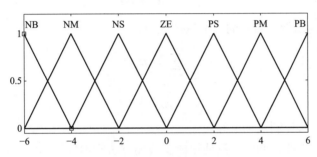

图 4-12　三角形隶属函数图

　　可以看到，E^* 属于 NB 的隶属度最大值 1，EC^* 属于 NM 的隶属度最大值 1，此时

$$\begin{cases} A^* = NB = \dfrac{1}{-6} + \dfrac{0.5}{-5} + \dfrac{0}{-4} + \dfrac{0}{-3} + \dfrac{0}{-2} + \dfrac{0}{-1} + \dfrac{0}{0} + \dfrac{0}{1} + \dfrac{0}{2} + \dfrac{0}{3} + \dfrac{0}{4} + \dfrac{0}{5} + \dfrac{0}{6} \\[2mm] B^* = NM = \dfrac{0}{-6} + \dfrac{0.5}{-5} + \dfrac{1}{-4} + \dfrac{0.5}{-3} + \dfrac{0}{-2} + \dfrac{0}{-1} + \dfrac{0}{0} + \dfrac{0}{1} + \dfrac{0}{2} + \dfrac{0}{3} + \dfrac{0}{4} + \dfrac{0}{5} + \dfrac{0}{6} \end{cases} \tag{4-16}$$

（4）清晰化接口（Defuzzy Interface）

　　清晰化又被称作去模糊化或者反模糊化。通过模糊推理得到的结果是一个模糊集合。但在实际模糊控制中，必须要有一个确定值才能控制或驱动执行机构。常用的清晰化方法有三种。

　　①最大隶属度法。在推理得到的模糊子集中，选取隶属度最大的标准论域元素的平均值作为精确化结果，即

$$v_0 = \max u_v(v), \quad v \in V \tag{4-17}$$

　　如果在输出论域 V 中，其最大隶属度对应的输出值多于一个，则取所有具有最大隶属度输出的平均值，即

$$v_0 = \frac{1}{N} \sum_{i=1}^{N} v_i, \quad v_i = \max_{v \in V} \mu_v(v) \tag{4-18}$$

式中，N 为具有相同最大隶属度输出的总数。

　　最大隶属度法的优点是计算简单，但这种方法不考虑输出隶属度函数的形状，不考虑最大

隶属处的输出值,因此只能适用于一些对控制要求不高的情况。

例 4-3 模糊输出量 C^* 表示如下,用最大隶属度法求精确输出控制量为

$$C^* = NB = \frac{1}{-6} + \frac{0.5}{-5} + \frac{0}{-4} + \frac{0}{-3} + \frac{0}{-2} + \frac{0}{-1} + \frac{0}{0} + \frac{0}{1} + \frac{0}{2} + \frac{0}{3} + \frac{0}{4} + \frac{0}{5} + \frac{0}{6}$$

-6 对应的隶属度最大,则根据最大隶属度法得到的精确输出控制量为 -6。

②重心法。为了获得准确的控制量,就要求模糊方法能够很好地表达输出隶属度函数的计算结果。重心法是将推理得到的模糊子集的隶属函数与横坐标所围面积的重心所对应的标准论域元素作为精确化结果。在得到推理结果精确值之后,还应按对应关系,得到最终控制量输出 y,即

$$v_0 = \frac{\int_V v\mu_v(v)\,\mathrm{d}v}{\int_v \mu_v(v)\,\mathrm{d}v} \tag{4-19}$$

对于具有 m 个输出量化级数的离散域情况,有

$$v_0 = \frac{\sum\limits_{k=1}^{m} v_k\,\mu_v(v_k)}{\sum\limits_{k=1}^{m} \mu_v(v_k)} \tag{4-20}$$

重心法比最大隶属度法控制效果更好。

③加权平均法。工业控制中广泛使用的反模糊方法为加权平均法,输出值为

$$v_0 = \frac{\sum\limits_{k=1}^{m} v_i k_i}{\sum\limits_{k=1}^{m} k_i} \tag{4-21}$$

模糊控制清晰化计算还有左取大、右取大、取大平均等方法。清晰化计算方法的选择与隶属度函数的形状选择、推理方法的选择是息息相关的。

4.2.2 模糊控制器的设计

模糊控制器在模糊自动控制系统中具有举足轻重的作用,因此在模糊控制系统中,设计和调整模糊控制器的工作是很重要的。由于模糊控制的作用对象通常都是难以建立其精确的数学模型,所以有关对象知识的主要来源是领域专家或操作人员的知识和经验。但这些经验并不都是以某种现成的形式存在于这些知识源中而可供挑选的。为了从中得到有用的知识,需要做大量的工作,即要把蕴涵于知识源中的知识经过理解、选择、归纳等过程抽取出来,用于形成经验型的知识模型或知识库,称知识获取,从而确定模糊控制器的输入变量和输出变量以及它们的数值变化范围。在系统综合设计阶段,需要根据实际问题进行具体分析,如自动操作的约束条件、工艺要求和控制品质要求等,然后确定模糊控制器的结构。这一步的工作是十分关键的,因为总体设计思想的正确与否关系到系统控制效果实现的成败。在控制器实现阶段,要对输入值和输出变量的隶属函数进行定义,建立控制,进行运算子的确立和选择清晰化方法,然后根据它们进行模糊化、模糊推理和清晰化操作,从而实现模糊控制。最后进行离

线仿真研究和在线实时模拟试验,检验所设计的模糊控制器是否达到预定的控制目标。如果没有达到要求,就要对控制器的结构、隶属函数、推理方法等进行重新设计或调整。设计时要调整的参数有控制器结构,隶属函数的形状、位置,规则和置信度,模糊推理的运算子,清晰化方法。

图 4-13 给出了模糊控制器的设计流程。

模糊控制器的设计中,最重要的是以下三项内容:精确量的模糊化;设计模糊控制规则,并计算模糊控制规则所决定的模糊关系,建立模糊控制表;模糊量的精确化。

1. 精确量的模糊化

(1)确定输入量、输出量

首先需要确定所设计的模糊控制器中的输入量与输出量分别是什么。模糊控制器的控制规则是基于人脑的思维方式提出的,因此首先需要得知人在控制过程当中是如何获取和输出信息的。由于人在手动控制过程中,主要是根据偏差、偏差的变化及偏差的变化的变化来实现控制的,所以模糊控制器的输入变量可选项也是这三个,输出变量一般选择控制量的变化。单输入模糊控制系统会根据输入变量的数量来定义维数。一般情况下,一维模糊控制器的动态控制性能并不好,三维模糊控制器的控制规则过于复杂,控制算法的实现比较困难,所以,目前被广泛采用的均为二维模糊控制器,这种控制器以误差和误差的变化为输入变量,以控制量的变化为输出变量。图 4-14 是一个常规的二维模糊控制系统框图。

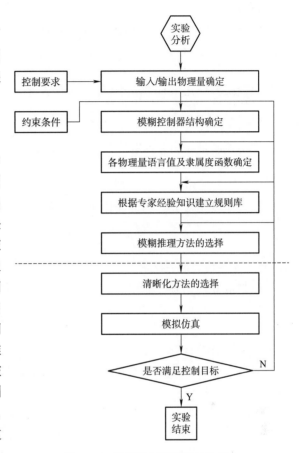

图 4-13 模糊控制器的设计流程

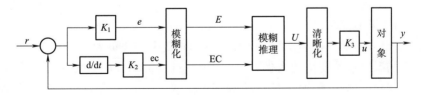

图 4-14 二维模糊控制系统

(2)语言变量的论域设计

需要定义各输入/输出变量的变化范围、量化等级和量化因子。在模糊控制器设计中,通常会把语言变量设计为有限整数的离散论域。以图 4-14 的二维模糊控制系统为例,在 e

的论域上定义语言变量"偏差 E",在 ec 的论域上定义"偏差的变化 EC",在 u 的论域上定义"控制量 U"。假设将 E 的论域定义为 $\{-x, -x+1, -x+2, \cdots, x-2, x-1, x\}$,EC 的论域定义为 $\{-y, -y+1, -y+2, \cdots, y-2, y-1, y\}$,$U$ 的论域定义为 $\{-z, -z+1, -z+2, \cdots, z-2, z-1, z\}$。根据式(4-4)~式(4-7)的设计思路,量化因子 K_1,K_2,K_3 可以按照以下思路设计。

假设在实际中,误差 e 的连续取值范围为 $e = [e_{\min}, e_{\max}]$,则量化因子 K_1 就可以确定为

$$K_1 = \frac{2x}{e_{\max} - e_{\min}} \tag{4-22}$$

假设误差变化率 ec 的连续取值范围是 $ec = [ec_{\min}, ec_{\max}]$,则量化因子 K_2 可以确定为

$$K_1 = \frac{2y}{ec_{\max} - ec_{\min}} \tag{4-23}$$

假设控制量 u 的连续取值范围是 $u = [u_{\min}, u_{\max}]$,则比例因子 K_3 可以确定为

$$K_1 = \frac{2z}{u_{\max} - u_{\min}} \tag{4-24}$$

在得知量化因子 K_1,K_2 和比例因子 K_3 之后,模糊控制器的两个输入 E,EC 就能确定为

$$E = \left< K_1 \left(e - \frac{e_{\max}}{2} + \frac{e_{\min}}{2} \right) \right>, \quad EC = \left< K_2 \left(e - \frac{ec_{\max}}{2} + \frac{ec_{\min}}{2} \right) \right> \tag{4-25}$$

式中,$<\cdot>$ 代表取整运算。

控制量 U 经清晰化后变成的实际控制量 u 可以表示为

$$U = K_3 U + \frac{u_{\max}}{2} + \frac{u_{\min}}{2} \tag{4-26}$$

(3)定义变量的语言值

通常在语言变量的论域上,将其划分为有限的几挡,例如,可将 E、EC 和 U 划分为"正大(PB)""正中(PM)""正小(PS)""零(ZO)""负小(NS)""负中(NM)""负大(NB)"7 挡。选择较多的"挡",即对每一个变量用较多的状态来描述制定规则时就比较灵活,规则也比较细致,但相应规则变多了,变复杂了,编制程序比较困难,占用的内存储器容量较多;选择较少的"挡",规则相应变小,规则的实现方便了,但过少的规则会使控制作用变粗而达不到预期效果,因此在选择模糊状态时要兼顾简单性和控制效果。

一般来说,3、5、7 是较为常见的语言变量的模糊集划分数。它们的分类情况分别如下:

$\{P \text{ 正}, Z \text{ 零}, N \text{ 负}\}$

$\{PB \text{ 正大}, PS \text{ 正小}, ZO \text{ 零}, NS \text{ 负小}, NB \text{ 负大}\}$

$\{PB \text{ 正大}, PM \text{ 正中}, PS \text{ 正小}, ZO \text{ 零}, NS \text{ 负小}, NM \text{ 负中}, NB \text{ 负大}\}$

以图 4-11 的温度隶属度函数为例,可以看到通过语言划分的区域是没有明显的分界线的。如 16 ℃ 的温度就同时包含在"凉爽"和"舒适"两个温度范围当中。选择合适的重叠范围可以增加控制系统的健壮性,但是如果选择的重叠范围不合适,就会给模糊控制系统的控制效果带来负面影响。通常情况下,重叠率保持在 0.2~0.6 之间为宜。

(4)定义各语言值的隶属度函数

隶属度函数的分类通常有以下几种。

①正态分布型。例如,高斯基函数

$$\mu_{\widetilde{A}i}(x) = e^{-\frac{(x-\alpha i)^2}{b_i^2}} \tag{4-27}$$

式中, α 为函数的中心值; b 为函数的宽度。假设与 PB,PM,PS,ZO,NS,NM,NB 对应的高斯基函数的中心值分别为 6,4,2,0,-2,-4,-6,宽度均为 2。高斯型隶属函数的形状和分布如图 4-15 所示。

这种隶属函数的特点是连续且处处可求导,比较适合于自适应、自学习模糊控制的隶属函数修正。

②三角形。

$$\mu_{\widetilde{A}i}(x) = \begin{cases} \dfrac{1}{b-a}(x-a), & a \leqslant x < b \\[2mm] \dfrac{1}{b-c}(x-c), & b \leqslant x < c \\[2mm] 0, & \text{其他} \end{cases} \tag{4-28}$$

形状如图 4-16 所示。

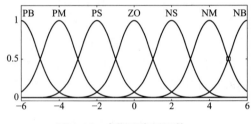

图 4-15 高斯型隶属函数

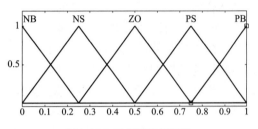

图 4-16 三角形隶属函数

③梯形。

$$\mu_{\widetilde{A}i}(x) = \begin{cases} \dfrac{1}{b-a}(x-a), & a \leqslant x < b \\[2mm] 1, & b \leqslant x < c \\[2mm] \dfrac{1}{d-c}(x-c), & c \leqslant x \leqslant d \\[2mm] 0, & \text{其他} \end{cases} \tag{4-29}$$

形状如图 4-17 所示。

模糊语言变量的隶属函数确定时有几个问题需要考虑。

①隶属函数曲线形状对控制性能的影响。隶属函数曲线的形状较尖时,分辨率较高,输入引起的输出变化比较剧烈,控制灵敏度较高;曲线形状较缓时,分辨率较低,输入引起的输出变化不太剧烈,控制特性也较平缓,具有较好的系统稳定性。

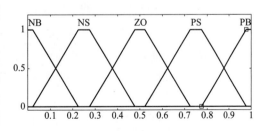

图 4-17 梯形隶属函数

因而,通常在输入较大的区域内采用低分辨率曲线(形状较缓),在输入较小的区域内采用较高分辨率曲线(形状较尖),当输入接近零时则选用高分辨率曲线(形状尖)。

②隶属函数曲线的分布对控制性能的影响。相邻两曲线交点对应的隶属度 β 值较小时,

控制灵敏度较高,但健壮性不好;值较大时,控制系统的健壮性较好,但控制灵敏度将降低。所以在确定隶属函数曲线之间的交程度时,应兼顾控制灵敏度和健壮性的要求。除此之外,确定隶属函数曲线的分布还要遵循清晰性和完备性的原则。

清晰性:相邻隶属函数之间的区别必须是明确的。

完备性:隶属函数的分布必须覆盖语言变量的整个论域,否则,将会出现"空档",从而导致失控。

2. 建立模糊控制器的控制规则

模糊控制器的中心工作是依据语言规则进行模糊逻辑推理,模糊逻辑推理的依据是模糊控制规则库。模糊控制规则是用一系列基于专家知识的语言来描述的,专家知识常用形如 IF…THEN 规则的形式,而这些规则很容易通过模糊逻辑条件语句来实现。用一系列模糊条件语句表达的模糊控制规则就构成模糊控制规则库。模糊控制规则库的建立与模糊控制规则中过程变量和控制变量的选择、模糊控制规则的来源,派生、调整、模糊控制规则的类型、一致性、交互性和完备性等相互关联。模糊控制规则本质上是通过人类的控制经验总结出来的条件语句的结合体。建立模糊控制规则的基本思想:当误差大或较大时,选择控制量以尽快消除误差为主;而当误差较小时,选择控制量要注意防止超调,以系统的稳定性为主要出发点。如何正确选择模糊控制的过程变量和控制变量,如何根据专家知识、操作工经验和模糊模型等方面的综合知识建立模糊控制规则库,如何解决模糊控制规则的自调整问题,如何保证模糊控制规则库的一致性、完备性和交互性等都是模糊控制规则库设计中所面临和正在研究且不断完善的问题。

想象一个锅炉温度模糊控制系统,锅炉实际温度与锅炉设定温度的偏差值 e 与这个偏差值的变化 ec 构成了一个二维模糊控制器的两个输入,且都在各自论域上划分为 PB(正大)、PS(正小)、ZO(零)、NS(负小)、NB(负大)五个挡位。被控对象是锅炉冷却水的阀门,阀门开度大,就会对锅炉进行降温。现在考虑第一个情况,当偏差 e 处于 PB 即正大状态时,偏差变化 ec 处于正大时,此时代表着锅炉温度高于设定值且将越来越高。这时需要让阀门开度处于正大状态来进行降温。这样就能得到第一条规则:

If e is PB and ec is PB, then u is PB

这就是将人类的控制经验转化为模糊控制规则的方法。考虑到 e 和 ec 在各自论域上都有五个模糊子集,根据排列组合还需要根据经验制定 24 条模糊控制规则。将这 25 条规则集合到一起就能得到模糊控制的规则库,见表 4-3。

表 4-3　锅炉温度模糊控制器规则库

输出 U		偏差变化 EC				
		NB	NS	ZO	PS	PB
温度偏差 E	NB	NB	NB	NB	NS	ZO
	NS	NB	NS	NS	ZO	PS
	ZO	NS	NS	ZO	PS	PS
	PS	NS	ZO	PS	PS	PB
	PB	ZO	PS	PS	PB	PB

偏差 e、偏差变化 ec 和输出 u 的隶属度函数分别如图 4-18 ~ 图 4-20 所示。

偏差量 e 的隶属度函数如图 4-18 所示。

偏差变化 ec 的隶属度函数如图 4-19 所示。

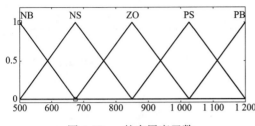

图 4-18　e 的隶属度函数

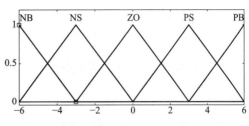

图 4-19　ec 的隶属度函数

输出 u 的隶属度函数如图 4-20 所示。

根据表 4-3 的模糊关系进行推理可以得到一个输入/输出之间的关系曲面,如图 4-21 所示。

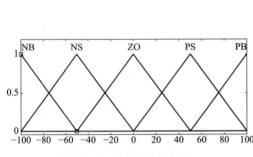

图 4-20　u 的隶属度函数

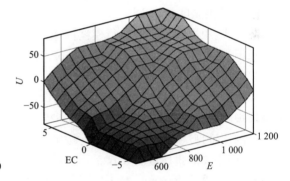

图 4-21　关系曲面

3. 模糊量的精确化

在模糊控制系统中,由于对建立的模糊控制规则通过模糊推理决策出的控制变量是一个模糊子集,它不能直接控制被控对象,所以还需要采取合理的方法将其转换为精确量,以便最好地发挥出模糊推理结果的决策效果。

清晰化的方法很多,主要有 min-max 重心法、重心法、模糊加权型推理法、函数型推理法、加权函数型推理法、最大隶属度法、取中位数法。

例 4-4　假设一个二输入-单输出的二维阀门模糊控制器,它的两个输入误差 e,误差变化 ec 与输出量阀门开度 u 的隶属度函数如图 4-22 ~ 图 4-24 所示。

有两条模糊规则如下所示:

规则 1:如果(IF)误差为零或者(OR)误差变化为正小则(THEN)阀门半开。

规则 2:如果(IF)误差为正小和(AND)误差变化为正小则(THEN)阀门中等。

当输入误差为 5,误差变化为 8 时,求模糊控制器解模糊后的输出。

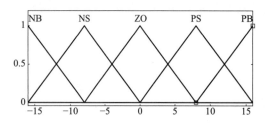

图 4-22　输入误差 e 的隶属度函数

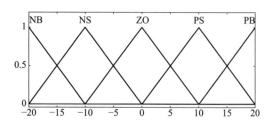

图 4-23　误差变化 ec 的隶属度函数

解

第一步:模糊化过程。就是把输入的数值,根据输入变量模糊子集的隶属度函数找出对应的隶属度函数值的过程。

在当前误差和采样值下,误差属于零的隶属度是 0.375,属于"正小"的隶属度是 0.625。

此时误差变化属于"零"的隶属度是 0.2,属于"正小"的隶属度是 0.8。

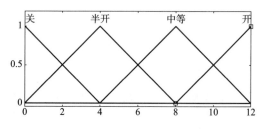

图 4-24　阀门开度 u 的隶属度函数

第二步:根据模糊规则进行模糊推理。

根据规则 1,误差为零的隶属度为 0.375,而误差变化为正小的隶属度为 0.8,由并运算的推理规则可得 $\mathrm{MAX}(0.375,0.8)=0.8$。

根据规则 2,误差为正小的隶属度是 0.625,而误差变化为正小的隶属度为 0.8,由交运算的推理规则可得 $\mathrm{MIN}(0.625,0.8)=0.625$。

由削顶推理法得出的推理结果:按第一条规则,阀门半开的隶属度为 0.8,而根据第二条规则,阀门中等的隶属度为 0.625。

第三步:精确化计算。对于以上推理结果,阀门动作的模糊集如图 4-24 阴影部分所示。为了得到这一模糊子集的最佳等效值,即最佳的阀门开启精确值,必须使用精确化计算。选重心法进行计算。为了采用积分计算,首先计算出模糊控制输出量子集的各拐点的坐标,由图 4-25 可知相应的坐标为 $(0,0)$,$(3.2,0.8)$,$(4.8,0.8)$,$(6,0.5)$,$(6.5,0.625)$,$(9.5,0.625)$,$(12,0)$。套用精确化过程重心计算法的积分公式,可得

$$
u^* = \frac{\displaystyle\int_u U(u)u\,\mathrm{d}u}{\displaystyle\int_u U(u)\,\mathrm{d}u}
$$

$$
= \frac{\displaystyle\int_0^{3.2}\frac{1}{4}u^2\mathrm{d}u + \int_{3.2}^{4.8}0.8u\mathrm{d}u + \int_{4.8}^{6}\left(2-\frac{1}{4}u\right)u\mathrm{d}u + \int_{6}^{6.5}\left(\frac{1}{4}u-1\right)u\mathrm{d}u \int_{6.5}^{9.5}0.625u\mathrm{d}u + \int_{9.5}^{12}\left(3-\frac{1}{4}u\right)u\mathrm{d}u}{\displaystyle\int_0^{3.2}\frac{1}{4}u\mathrm{d}u + \int_{3.2}^{4.8}0.8\mathrm{d}u + \int_{4.8}^{6}\left(2-\frac{1}{4}u\right)\mathrm{d}u + \int_{6}^{6.5}\left(\frac{1}{4}u-1\right)\mathrm{d}u \int_{6.5}^{9.5}0.625\mathrm{d}u + \int_{9.5}^{12}\left(3-\frac{1}{4}u\right)\mathrm{d}u}
$$

$$
= \frac{36.87}{6.775} = 5.87 \tag{4-30}
$$

从而得到阀门的确切开度为 5.87。

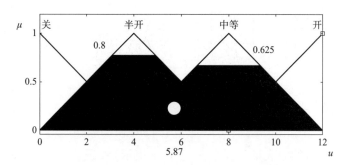

图 4-25　推理出的阀门开度的隶属度

4.3　模糊控制系统设计实例

尽管模糊控制在概念和理论上仍然存在着不少争议,但自从 20 世纪 90 年代以来,国际上许多著名学者的参与以及大量工程应用上取得的成功都让模糊控制成为了智能控制领域最活跃、最有效的控制方法之一。本小节介绍三个模糊控制实例,虽然它们针对的都是特定的实验对象,但它们的思想可以推广到其他控制对象。

4.3.1　流量控制的模糊控制器设计

1. 模糊化过程

模糊化是一个相当主观的观念,它是将精确的测量值转化为主观的语言变量。因此,它可以定义为在确定的输入论域中将所观察的输入空间转换为模糊集的映射。模糊化第一个要解决的就是模糊划分问题。模糊控制规则前提部中每一个语言变量都形成一个与确定论域相对应的模糊输入空间,而在结论部中的语言变量则形成模糊输出空间。一般情况下,语言变量与术语集合相联系,每一个术语都被定义在同一个论域上。那么,模糊划分就决定术语集合中有多少个术语,即模糊划分就是确定基本模糊集的数目。而基本模糊集的数目又决定一个模糊控制器的控制分辨率。模糊输入/输出空间的划分并非是确定的,至今还没有统一的解决方法。因而经常用启发式实验划分来寻找最佳模糊分区。一般情况,模糊划分越细,控制精度越高。但过细的划分将增加模糊规则的数目,使控制器复杂化。

图 4-26 为一个流量控制的模糊液位控制系统。

一般情况,模糊化的过程会按照以下四步进行:确定模糊控制器的输入/输出变量;确定语言变量的论域;定义各语言变量论域内的模糊子集;确定模糊子集的隶属度函数。首先,要确定输入与输出。考虑设计一个二维模糊控制系统,两个输入量分别是实际液位与设定液位的误差和误差变化,输出是阀门的开度。图 4-27 是流量控制的液位模糊控制系统的基本结构。

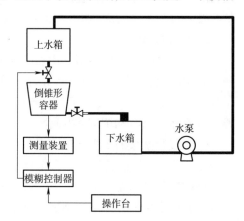

图 4-26　流量控制的模糊液位控制系统

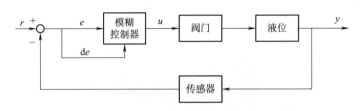

图 4-27　流量控制的模糊控制系统的基本结构

其次,设模糊控制器的输入量分别为误差(以 e 表示)和误差变化(以 de 表示),控制器的输出为阀门开度的校正量(以 u 表示)。这是一个典型的二维模糊控制器设计问题。因此,就可以确定模糊控制器的输入/输出变量。输入变量:标准水位与实际水位的偏差($e = r - y$)和偏差变化(de);输出变量:阀门开度(u);模糊控制器结构:两输入、单输出的二维模糊控制器。而它们的论域可以分别确定为:误差 e 的论域定义为$[-4,4]$;误差变化 de 的论域定义为$[-3,3]$;输出 U 的论域定义为$[-5,5]$。

第三步便是定义各语言变量论域内的模糊子集。这里,可以把偏差划分成"负大、负中、负小、负零、正零、正小、正中、正大"八个等级(又可称为八个模糊子集)。对于偏差变化 de 可以划分为七个等级:负大、负中、负小、零、正小、正中、正大。通常,称输入变量"误差"为语言变量,而将误差的"负大""负小""零"等说法称为这个语言变量的语言值。每一个语言值都对应于一个模糊子集,因此为了实现模糊化,必须确定基本模糊集的隶属度函数。

隶属度函数的表示方法有两种:一种是数字表示,即用来表示论域是离散的;另一种是函数表示,即用来表示论域是连续的。隶属度函数的选择对模糊控制器的性能有重要的影响。遗憾的是,目前隶属度函数的选择大都以决策的主观准则为基础的,缺乏一定的客观性。值得欣慰的是,现在已有一些隶属度函数的自学习确定方法出现。可以预见,引入模糊控制的自学习机制必将推动模糊控制更广泛的应用。本例仍然采用专家经验知识来确定误差和误差变化这两个语言变量各模糊子集的隶属度函数,如图 4-27(a)和图 4-27(b)所示。为了按照一定的语言规则进行模糊推理,这里还要事先确定输出量即阀门的开度的隶属度函数,现将阀门开关的状态划分为七个等级,如图 4-28(c)所示。

2. 建立模糊规则

一个实际的模糊控制器是由若干条 IF…THEN…的规则组成的。至于规则的多少、规则的重叠程度、隶属度函数的形状等,都是根据控制系统的实际要求而灵活设置的。这虽然增加了控制系统的灵活性,减少了对系统模型的依赖性,但使得系统的建立和调整不容易把握,需要进行不断的修改和调试才能得到满意的结果。

控制规则条数的多少视输入及输出物理量数目及所需的控制精度而定。对于常用的二输入-单输出控制过程,若每个输入量分成三级,那么相应就有九条规则。依此类推,本例中设计的模糊控制系统需要建立 $8 \times 7 = 56$(条)模糊规则。任取其中一个状态,当偏差 E 是负大(NB),偏差变化 EC 是负大(NB),此时阀门开度就是正大(PB),则这条规则可以写成

If $E =$ NB and EC $=$ NB,Then $U =$ PB

如果将 56 条规则联络列在一起,就形成了一个规则库。如果将它们列成表格,则可以得到表 4-4 的模糊控制规则表。

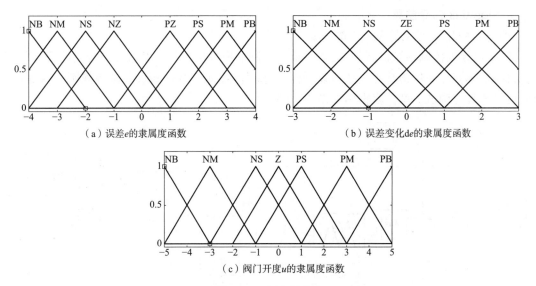

（a）误差e的隶属度函数　　　　　　　　　（b）误差变化de的隶属度函数

（c）阀门开度u的隶属度函数

图 4-28　隶属度函数

表 4-4　模糊控制规则表

输出 U		误差变化 DE						
		NB	NM	NS	ZO	PS	PM	PB
误差 E	NB	PB	PB	PB	PB	PM	PS	ZO
	NM	PB	PB	PM	PS	PS	ZO	ZO
	NS	PB	PM	PM	PS	ZO	ZO	NS
	NZ	PB	PM	PS	ZO	ZO	NS	NS
	PZ	PM	PS	ZO	ZO	NS	NS	NB
	PS	PS	ZO	ZO	NS	NS	NM	NB
	PM	ZO	ZO	NS	NS	NM	NB	NB
	PB	ZO	NS	NS	—	—	NB	NB

一共 56 条模糊规则，关系界面如图 4-29 所示。

3. 清晰化过程

清晰化计算就是把语言表达的模糊量恢复到精确的数值，即通过输出的模糊子集计算将语言变量变成确定的值。精确化计算有多种方法，其中最简单的一种是最大隶属度函数方法，即选取输出的最大隶属作为解模糊的结果。其优点是简单快捷，缺点是过于简单。另一种较为通用的方法是加权平均法，例 4-4 的最后就是通过加权平均法进行解模糊计算。

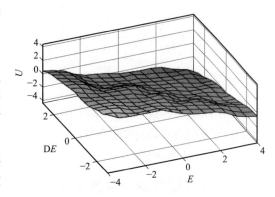

图 4-29　关系界面

4. Simulink 仿真结果

利用 MATLAB 当中的 Simulink 仿真工具对
流量控制的模糊控制系统进行仿真,通过模糊控制器模块可以将记载着控制规则的 fis 文件引
入仿真中。同时,使用仿真工具还可以对输入/输出的论域、隶属函数及控制规则随时做出改
动,便于仿真与调试。其仿真框图如图 4-30 所示。

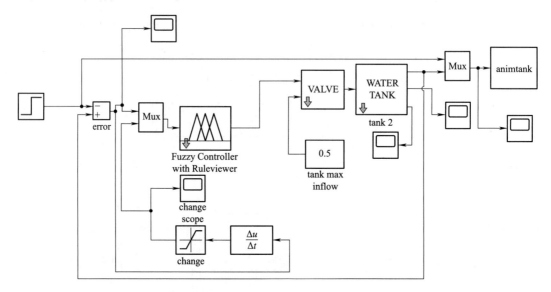

图 4-30 流量控制的模糊控制系统仿真

图 4-31 是设计的流量控制的模糊控制系统的阶跃响应。

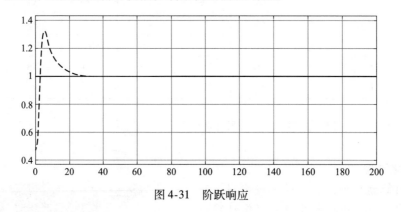

图 4-31 阶跃响应

从阶跃响应的波形图可以看出液位很快稳定在了预定位置。可以看出设计的模糊控制系
统对水箱液位有着较好的控制效果,系统进入稳态后,系统的控制精度很高,无振荡,无稳态误
差,性能指标非常理想。

4.3.2 倒立摆模糊控制器设计

控制倒立摆就像将一个扫帚倒立在手上,如果想要扫帚不倒,就需要随时调整手的位

置。现在倒立摆就是例子中的那个扫帚,想要模糊控制控制倒立摆摆杆不倒,手的位移可以用小车的位移来取代。这样就能建立一个倒立摆-小车相连的系统,需要同时控制摆杆角度和小车位移这两个变量。本次设计采用两个模糊控制器:角度模糊控制器和位置模糊控制器,分别控制摆杆的角度和小车的位移,同时使用这两个模糊控制器实现对倒立摆的控制。图 4-32 为一个倒立摆系统简图。

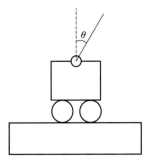

图 4-32　倒立摆系统简图

1. 位置模糊控制器的设计

(1)输入/输出量的选择及模糊分割

位置模糊控制器有两个输入变量:小车的位移 X 及小车的位移变化率 X_c,所以位置模糊控制器是二维的,U_X 作为输出量。控制器中位移 X、位移变化率 X_c 和输出 U_X 的论域都选择 $[-6,6]$,分成七个模糊子集:负大(NB),负中(NM),负小(NS),零(ZO),正小(PS),正中(PM),正大(PB)。

(2)模糊化过程

由于三角形隶属度函数的图形比较尖锐,对应的控制器分辨率较高,灵敏度也很高,故输入和输出均选择三角形隶属度函数,如图 4-33 所示。

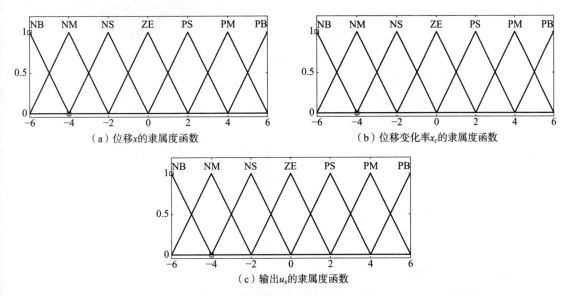

(a)位移 x 的隶属度函数　　　　　(b)位移变化率 x_c 的隶属度函数

(c)输出 u_x 的隶属度函数

图 4-33　位移模糊控制器隶属度函数

(3)确定模糊控制规则

倒立摆的模糊规则可以参考上文提出了扫帚-手的例子,现在将倒立摆看成扫帚,小车看成手。想象,如果扫帚现在是加速往前倾倒,如果想让扫帚重新变成竖直与地面的状态,需要人的手去加速追这个扫帚。现在,用相同的四路去思考倒立摆与小车的关系。根据生活中的经验,就可以得到模糊控制规则,见表 4-5。

表 4-5　位置模糊控制规则

U_X		位移变化率 X_c						
		NB	NM	NS	ZO	PS	PM	PB
位移 X	NB	NB	NB	NB	NB	NM	NS	ZO
	NM	NB	NB	NM	NM	NS	ZO	ZO
	NS	NB	NM	NM	NS	ZO	ZO	PS
	ZO	NM	NS	NS	ZO	PS	PS	PM
	PS	NS	ZO	ZO	PS	PM	PM	PB
	PM	ZO	ZO	PS	PM	PM	PB	PB
	PB	ZO	PS	PM	PB	PB	PB	PB

一共 49 条模糊规则,得到的关系界面如图 4-34 所示。

(4)位置模糊控制器 Simulink 仿真

用 Simulink 仿真工具来创建位置模糊控制器,位置模糊控制器仿真框图如图 4-35 所示。

2. 角度模糊控制器的设计

(1)输入/输出量的选择与模糊分割

角度模糊控制器的设计与位置模糊控制器的设计思路相似,角度模糊控制器也是二维的。两个输入变量角度 A 与角度变化率 A_c,一个输出变量 U_A,论域及分割与位置控制器相同。

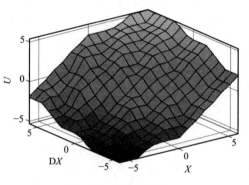

图 4-34　关系界面

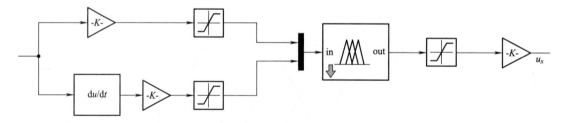

图 4-35　位置模糊控制器

(2)输入/输出的模糊化

角度变化率 A_c、输出 u 与角度 a 隶属度函数如图 4-36 所示。

(3)模糊控制规则

其控制规则与位置控制器控制规则类似,其输出量的解模糊运算与模拟输出的运算也是相同的,见表 4-6。

一共 49 条模糊规则,得到的关系界面如图 4-37 所示。

(4)角度模糊控制器 Simulink 仿真

角度模糊控制器和位置模糊控制器相似,其仿真框图如图 4-38 所示。

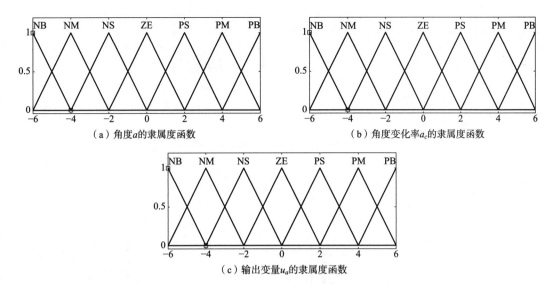

（a）角度a的隶属度函数　　　　　　　（b）角度变化率a_c的隶属度函数

（c）输出变量u_a的隶属度函数

图 4-36　角度模糊控制器隶属度函数

表 4-6　角度模糊控制规则

U_A		角度变化率 A_c						
		NB	NM	NS	ZO	PS	PM	PB
角度 A	NB	NB	NB	NB	NB	NM	ZO	ZO
	NM	NB	NB	NB	NM	NM	ZO	ZO
	NS	NM	NM	NM	NS	ZO	PS	PS
	ZO	NM	NM	NS	ZO	PS	PM	PM
	PS	NM	NS	ZO	PS	PM	PM	PM
	PM	ZO	ZO	PM	PM	PB	PB	PB
	PB	ZO	ZO	PM	PM	PB	PB	PB

3. Simulink 仿真结果

将位置模糊控制器和角度模糊控制器进行封装，通过 Simulink 对倒立摆模糊控制系统进行仿真，如图 4-39 所示。

从图 4-40 和图 4-41 可以看出位移很快就达到了稳定位置，位移变化率也很快趋于稳定，角度及角度变化率的控制效果也不错。倒立摆模糊控制系统达到了设计目的，能很好地完成将倒立摆保持在竖直状态的工作。

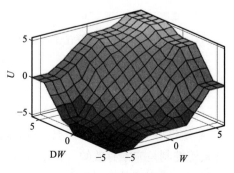

图 4-37　关系界面

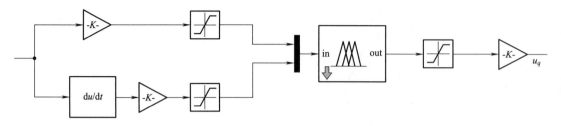

图 4-38　角度模糊控制器仿真框图

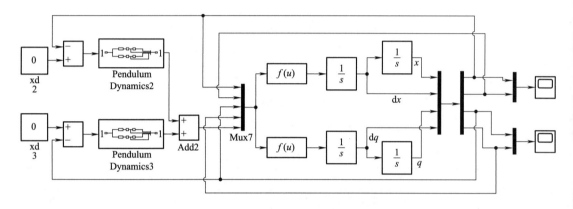

图 4-39　倒立摆模糊控制系统 Simulink 仿真

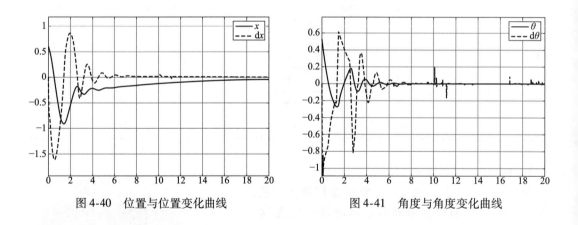

图 4-40　位置与位置变化曲线　　　　　　　　图 4-41　角度与角度变化曲线

4.3.3　PID 模糊控制器设计

众所周知,传统的 PID 控制器是过程控制中应用最广泛、最基本的一种控制器,它具有简单、稳定性好、可靠性高等优点。PID 调节规律对相当多的工业控制对象,特别是对于线性定常系统控制是非常有效的。其调节过程的品质取决于 PID 控制器各个参数的整定。同时,由于模糊控制实现的简易性和快速性,通常以系统误差 e 和误差变化 de 为输入语句变量,因此它具有类似于常规的 PD 控制器特性。由经典控制理论可知,PD 控制器可获得良好的系统动态特性,提出了模糊 PID 控制器的思想。目前模糊 PID 控制的设计主要涉及两方面的内容:

一是常规 PID 参数的模糊自整定技术;二是模糊控制器和常规 PID 的混合结构。

1. PID 控制原理

PID 控制,即 Proportional-Integral-Derivative Control,实际上是三种反馈控制:比例控制、积分控制与微分控制的统称。根据控制对象和应用条件,可以采用这三种控制的部分组合,即 P 控制、PI 控制、PD 控制或者是三者的组合,即真正意义上的 PID 控制。PID 控制器根据输入给定值 $r(t)$ 与实际输出值 $y(t)$ 构成偏差 $e(t)$,即

$$e(t) = r(t) - y(t) \tag{4-31}$$

将偏差的比例(P)、积分(I)、微分(D)通过线性组合构成控制量,对被控对象进行控制,其控制算法是

$$u(t) = \left[e(t) + \int_0^t e(t)\,\mathrm{d}t + T\mathrm{d}\frac{\mathrm{d}e(t)}{\mathrm{d}t} \right] \tag{4-32}$$

传递函数形式为

$$G(s) = \frac{U(s)}{E(s)} = K_p\left(1 + \frac{1}{T_i s} + T_d s \right) \tag{4-33}$$

式中,K_p 为比例系数;T_i 为积分时间常数;T_d 为微分时间常数。

PID 控制器通过调节比例系数、积分系数、微分系数来实现对系统的控制。即比例控制(P 控制)能够提高系统的响应速度和稳态精度,抑制扰动对系统稳态的影响。但过大的比例控制容易导致系统超调和振荡,并且有可能使系统变得不稳定。纯比例控制并不能消除稳态误差,存在静差。纯比例控制会产生稳态误差的原因是其无法改变系统的型号。如果参考信号的阶次大于等于系统自身的阶次,那么无论如何选取纯比例控制的 K 值都无法使得稳态误差消除。

积分控制(I 控制)能够消除系统对于常值输入信号和常值扰动造成的输出稳态误差,可以与 P 控制一起组成 PI 控制。积分控制消除稳态误差的作用对于高阶的参考信号和扰动是无效的,积分控制并不一定是必需的,应当视系统的型号、输入和干扰类型决定。积分控制的常数 K_i 根据系统所需的动态进去选取,并不会影响消除误差的效果,具有一定的健壮性。

微分控制(D 控制)的主要作用就是减少超调量,加速瞬态过程和提高系统的稳定性。可以想象 D 控制就是一个阻尼器,它时刻都在系统运动的反方向,阻止系统失去稳定,减小超调的发生。微分控制一般会和 P 控制一起使用,组成 PD 控制。D 控制单独使用并不能起到很好的效果,因为当误差保持为常数时,显然控制量就会变为 0。

常规 PID 控制器原理框图如图 4-42 所示。其系统主要由 PID 控制器和被控对象组成。

2. 模糊 PID 参数自整定控制器

图 4-43 为自整定模糊控制器结构图。

(1)模糊语言变量语言值隶属函数的确定

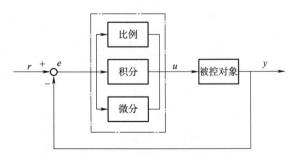

图 4-42 PID 控制器原理框图

为了满足不同误差 e 和误差变化 de 对 PID 参数自整定的要求,利用模糊控制规则在线对 PID 参数进行修改,便构成了参数模糊自整定 PID 控制器。这种技术的设计思想是先找出 PID 三个参数与误差 e 和误差变化 de 之间的模糊关系,在运行中通过不断检测 e 和 de,再根据模糊控制原理来对三个参数进行在线修改以满足在不同 e 和 de 时对控制器参数的不同要求,从而使被控对象具有良好的动、静态性能。根据对已有控制系统设计经验的总结,可以得出以下四条经验:

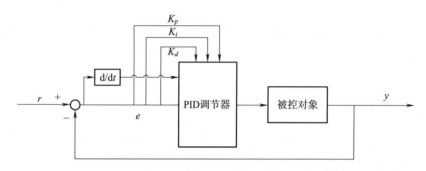

图 4-43 自整定模糊控制器结构

① K_p 增加振荡周期减小,超调增加,上升时间减少,反之亦然。

② K_i 增加则超调/回调比增加,稳定性下降,反之亦然。

③ K_d 增大则稳定性增加,反之亦然。

④当超出设定值时减小 K_i,当系统上升时间大于要求的上升时间时增加 K_i。

在稳态时,系统输出产生波动现象,适当增加 K_d,系统输出对干扰信号反应灵敏,适当减小 K_d;上升时间过长,增加 K_p,系统输出发生振荡现象,减少 K_p。

这里设计的模糊推理计算为两输入-三输出模糊控制器。以误差及误差变化率为输入,PID 控制器参数调整量 ΔK_p、ΔK_i、ΔK_d 为输出量。在本设计中,模糊论域分为负大、负中、负小、零、正小、正中、正大七个语言值,见表 4-7 ~ 表 4-9。

表 4-7　K_p 控制规则表

K_p		误差 e						
		NB	NM	NS	ZO	PS	PM	PB
误差变化 e_c	NB	PB	PB	PM	PM	PS	ZO	ZO
	NM	PB	PB	PM	PS	PS	ZO	NS
	NS	PB	PM	PM	PS	ZO	NS	NS
	ZO	PM	PM	PS	ZO	NS	NM	NM
	PS	PS	PS	ZO	NS	NS	NM	NB
	PM	PS	ZO	NS	NM	NM	NM	NB
	PB	ZO	ZO	NM	NM	NM	NB	NB

表 4-8 K_i 控制规则表

K_i		误差 e						
		NB	NM	NS	ZO	PS	PM	PB
误差变化 e_c	NB	NB	NB	NM	NM	NS	ZO	ZO
	NM	NB	NB	NM	NS	NS	ZO	ZO
	NS	NB	NM	NS	NS	ZO	PS	PS
	ZO	NM	NM	NS	ZO	PS	PM	PM
	PS	NS	NS	ZO	PS	PS	PM	PB
	PM	ZO	ZO	PS	PS	PM	PB	PB
	PB	ZO	ZO	PS	PM	PM	PB	PB

表 4-9 K_d 控制规则表

K_d		误差 e						
		NB	NM	NS	ZO	PS	PM	PB
误差变化 e_c	NB	PS	NS	NB	NB	NB	NM	PS
	NM	PS	NS	NB	NM	NM	NS	ZO
	NS	ZO	NS	NM	NM	NS	NS	ZO
	ZO	ZO	NS	NS	NS	NS	NS	ZO
	PS	ZO	ZO	ZO	ZO	ZO	ZO	ZO
	PM	PB	NS	PS	PS	PS	PS	PB
	PB	PB	PM	PM	PM	PS	PS	PB

根据模糊控制规则表在 MATLAB 中输入 K_P、K_i、K_d 控制规则,关系界面如图 4-44 所示。

(2)仿真设计

本设计采用的控制对象选择实际控制中常见的二阶对象,其传递函数为

$$G(S) = \frac{20}{12\,s^2 + 25s + 4} \tag{4-34}$$

通过 Simulink 对 PID 模糊控制系统进行仿真,如图 4-45 所示。

分别在阶跃信号和脉冲信号作用下的响应信号,仿真时间为 20 s,如图 4-46 与图 4-47 所示。

从仿真结果可以看出,采用了模糊 PID 参数自整定控制器的模糊控制系统有以下特点:

①由于系统利用了较少的控制规则,仿真时减少了计算量,加快了系统的响应速度。

②设计的模糊控制系统可以有效地控制系统的超调量。

③系统进入稳态后,系统无振荡,无稳态误差,控制能力达到了设计要求。

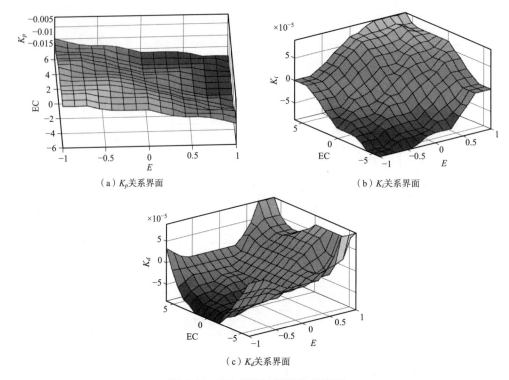

（a）K_p关系界面 　　　（b）K_i关系界面

（c）K_d关系界面

图 4-44　PID 模糊控制器关系界面

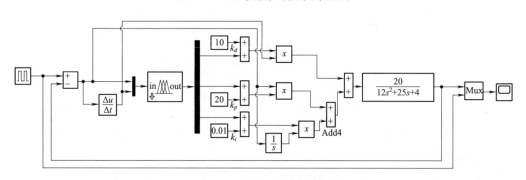

图 4-45　PID 模糊控制系统仿真

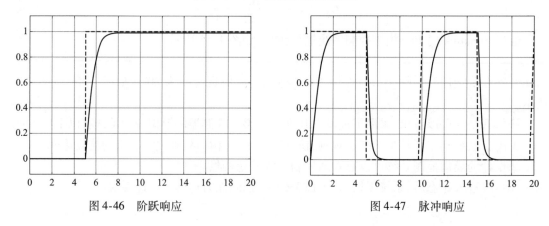

图 4-46　阶跃响应 　　　　　　　　图 4-47　脉冲响应

3. 模糊控制器和常规 PID 混合结构

要提高模糊控制器的精度和跟踪性能,就必须对语言变量取更多的语言值,即分挡越细,性能越好,但同时带来的缺点是规则数和计算量也大大增加,从而使得调试更加困难,控制器的实时性难以满足要求。解决这一矛盾的一种方法是在论域内用不同的控制方式分段实现控制,即当误差大时采用纯比例控制方式,当误差小于某一阈值时切换到模糊控制方式,当输入变量误差模糊值为零(ZO)时进入 PI 控制方式;另一种方法是将 PID 控制器分解为模糊 PD 控制器和各种其他类型(如模糊放大器、模糊积分器、模糊 PI 控制器、确定积分器等)的并联结构,达到这两种控制器性能的互补,不同的控制对象可以有不同的控制结构。一般来说,模糊PID 控制器可归结为五种类型。接下来对这五种类型进行简述。

①当被控过程的稳态增益已知或可以测量K_p时,积分作用无效,在这种情况下,模糊逻辑控制器的输出可以描述为

$$U_1 = U_{PD} + U_i = U_{PD} + \frac{x}{K_p} \tag{4-35}$$

式中,U_{PD}是模糊 PD 控制器输出,是闭环系统的期望输出值,如图 4-48 所示。

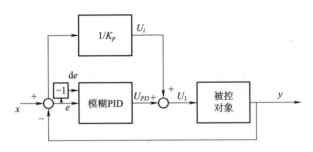

图 4-48　模糊 PID 控制器

②如果K_p未知,则积分项不可缺少。在这种情况下可以将传统的积分控制器并联到模糊PD 控制器中去构成混合结构,其中积分控制器输出$u_i = K_i \sum e$,K_i是已知的积分增益,如图 4-49 所示。

③由于以上两种混合结构包含了确定性的比例环节和积分环节,因此实质上不是纯粹的模糊 PID 控制器。如果将类型②中的积分增益K_i进行模糊化就变成了类型③的模糊 PID 控制器。其中控制器的总输出值为

$$U_3 = U_{PD} + \text{Fuzzy}(K_i) \sum e \tag{4-36}$$

④另一方案是将模糊 PD 控制器与模糊 PI 控制器并联构成拟模糊 PID 控制器。它们都是由二输入-单输出规则库来控制的,其中模糊 PI 控制器的规则形式为

　　PI 规则 r:如果 e 是E^r 和 de 是 ΔE^r,那么 du 是 ΔU^r,　　$r = 1,2,\cdots,N$

与 PD 控制器规则不同之处在于模糊 PD 规则库的输出为当前控制值 U,而模糊 PI 控制器的输出为控制增量 U,其控制结构如图 4-50 所示。

⑤如果只考虑误差对模糊 PI 输出量有影响,则类型④中的规则可以简化为

　　简易 PI 规则 r:如果 e 是E^r,那么 du 是 ΔU^r,　　$r = 1,2,\cdots,N$

这里的模糊积分控制器与模糊 PD 控制器并联,结构图同类型④。

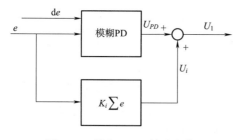

图 4-49　模糊 PID + 精确积分

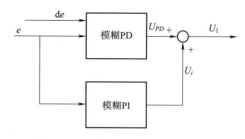

图 4-50　模糊 PD 与模糊 PI 合成控制结构

习　　题

4-1　简要说明模糊控制系统的工作原理。

4-2　模糊控制有哪些特点？模糊化的功能有哪些？清晰化的方法有哪些？

4-3　如何建立模糊控制规则？

4-4　模糊控制器由哪几部分组成？各完成什么功能？

4-5　简述模糊控制器设计的步骤。

4-6　已知某一加热炉炉温控制系统,要求温度保持在 600 ℃ 恒定。目前此系统采用人工控制方式,并有以下控制经验:

(1)若炉温低于 600 ℃,则升压,低得越多升压越高;

(2)若炉温高于 600 ℃,则降压,高得越多降压越低;

(3)若炉温等于 600 ℃,则保持电压不变。

设模糊控制器为一维控制器,输入语言变量为误差,输出为控制电压。两个变量的量化等级为七级,取五个语言值。隶属度函数根据遵守的基本原则任意确定。试按常规模糊逻辑控制器的设计方法设计出模糊逻辑控制表。

4-7　已知被控对象为假设系统 $G(s) = \dfrac{1}{10s+1}e^{-0.5s}$。给定阶跃值 $r=30$,采样时间为 0.5 s,系统的初始值 $r(0)=0$。试分别设计常规的 PID 控制器、常规的模糊控制器和模糊 PID 控制器,分别对三种控制器进行 MATLAB 仿真,并比较控制效果。

第5章 人工神经网络

5.1 概　　述

5.1.1 人工神经网络发展

自 1943 年心理学家 McCulloch 和数学家 Pitts 提出神经元生物学模型(简称 M-P 模型)以来,人工神经网络至今已经有近 80 年的历史了。在多年的发展历程中,其大体可分为以下几个阶段。

1. 初期阶段

自 1943 年 M-P 模型开始,至 20 世纪 60 年代为止,这一段时间可以称为神经网络系统理论发展的初始阶段。这个时期的主要特点是多种网络模型的产生与学习算法的确定,如 1944 年 Hebb 提出 Hebb 学习规则,该规则至今仍是神经网络学习算法的一个基本规则;1957 年 Rosenblatt 提出感知器(Perceptron)模型,第一次把神经网络研究从纯理论的探讨付诸工程实践;1962 年 Widrow 提出自适应(Adaline)线性元件模型等。这些模型和算法在很大程度上丰富了神经网络系统理论。

2. 停滞期

20 世纪 60 年代,神经网络研究迎来了它的第一次发展高潮。但是,随着神经网络研究的深入开展,人们遇到了来自认识方面、应用方面和实现方面的各种困难和迷惑。1969 年,Minsky 和 Papert 编著的 *Perceptrons* 一书出版,该书指出,简单的神经网络只能用于线性问题的求解,能够求解非线性问题的网络应该具有隐层,而从理论上还不能够证明将感知器模型扩展到多层网络是有意义的。这对当时人工神经网络的研究无疑是一个沉重的打击,很多领域的专家纷纷放弃了这方面课题的研究,开始了神经网络发展史上长达 10 年的低潮时期。

虽然形势如此严峻,但仍有许多科学家在艰难条件下坚持开展研究。1969 年,Gross-berg 提出自适应共振理论(Adaptive Resonance Theory)模型;1972 年,Kohenen 提出自组织映射(SOM)理论;1980 年,Fukushima 提出神经认知机(Neocognitron)网络;另外,还有 Anderson 提出的 BSB 模型、Webos 提出的 BP 理论等,这些都为神经网络研究的复兴与发展奠定了理论基础。

3. 黄金时期

从 20 世纪 80 年代开始,神经网络系统理论的发展进入黄金时期。这个时期最具标志性的人物是美国加州工学院的物理学家 John Hopfield,他于 1982 年和 1984 年在美国科学院院刊上发表了两篇文章,提出了模仿人脑的神经网络模型,即著名的 Hopfield 模型。Hopfield 网络是一个互连的非线性动力学网络,它解决问题的方法是一种反复运算的动态过程,这是符号逻辑处理方法所不具备的性质。

20世纪80年代,虽然计算机的集成度日趋极限状态,但数值计算的智能水平与人脑相比,仍有较大差距。因此,就需要从新的角度来思考智能计算机的发展道路问题。这样一来,神经网络系统理论重新受到重视。所以,20世纪80年代后期到90年代初,神经网络系统理论形成了发展的热点,学者们提出了多种模型、算法和应用问题,研究经费重新变得充足,完成了很多有意义的工作。之后,随着遗传算法、模糊神经网络等的发明,以及计算机科学技术、大数据分析、人工智能的发展,神经网络步入了稳步发展时代,并且渐渐与各个学科领域结合,用于处理多类实际问题,展现出强大的影响力。

5.1.2　神经网络的结构

神经网络的基本组成单元是神经元。数学上的神经元模型与生物学上的神经细胞相对应。或者说,神经网络理论是用神经元这种抽象的数学模型来描述客观世界的生物细胞的。

1. 生物神经元的结构

生物神经元是大脑处理信息的基本单元,其结构如图5-1所示。它以细胞体为主体,由许多向周围延伸的不规则树枝状纤维构成的神经细胞,主要由细胞体、树突、轴突和突触组成。

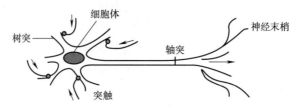

图5-1　生物神经元

神经网络的研究就是为了能利用数学模型来模拟人脑的活动。神经系统的基本单元是神经元(神经细胞),它是处理人体内各部分之间相互信息传递的基本单元。每个神经元都由一个细胞体、一个连接其他神经元的轴突和一些向外伸出的其他较短分支——树突组成。轴突功能是将本神经元的输出信号(兴奋)传递给其他神经元,其末端的许多神经末梢使得兴奋可以同时传送给多个神经元。树突的功能是接收来自其他神经元的兴奋。神经元细胞体将接收到的所有信号进行简单处理后,由轴突输出。神经元的轴突与其他神经元神经末梢相连的部分称为突触。

生物神经元由以下四部分构成。

①细胞体(主体部分):包括细胞质、细胞膜和细胞核。

②树突:为细胞体传入信息。

③轴突:为细胞体传出信息,其末端是轴突末梢,含传递信息的化学物质。

④突触:神经元之间的接口($10^4 \sim 10^5$ 个/神经元)。

通过树突和轴突,神经元之间可实现信息的传递。

生物神经元具有如下功能。

①兴奋与抑制:如果传入神经元的冲动经整合后使细胞膜电位升高,那么超过动作电位的阈值时即兴奋状态,产生神经冲动,由轴突经神经末梢传出;如果传入神经元的冲动经整合后使细胞膜电位降低,那么低于动作电位的阈值时即抑制状态,不产生神经冲动。

②学习与遗忘：由于神经元结构的可塑性，突触的传递作用可增强或减弱，所以神经元具有学习与遗忘的功能。

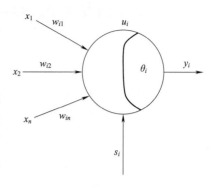

图 5-2　神经元模型

在神经科学研究的基础上，依据生物神经元的结构和功能模拟生物神经元的基本特征建立了多种人工神经元模型，简称神经元模型。其中提出最早且影响最大的，是 1943 年心理学家 McCulloch 和数学家 W. Pitts 在分析总结神经元基本特性的基础上提出的 M-P 模型。该模型在经过不断改进后，形成目前广泛应用的形式神经元模型。如图 5-2 所示，它是一个多输入/单输出的非线性信息处理单元。

神经元的数学模型为

$$\text{Net}_i = \sum_j w_{ij}x_j + s_i - \theta_i \tag{5-1}$$

$$u_i = f(\text{Net}_i) \tag{5-2}$$

$$y_i = g(u_i) = h(\text{Net}_i) \tag{5-3}$$

式中，u_i 是神经元的内部状态；θ_i 是阈值；$x_i(i=1,2,\cdots,n)$ 是输入信号；w_{ij} 表示从单元 u_j 到单元 u_i 的连接权值；s_i 是外部输入信号；f 为激励函数。假设 $g(u_i) = u_i$，则 $y_i = f(\text{Net}_i)$。

神经元的各种不同数学模型的主要区别在于采用了不同的激励函数，从而使神经元具有不同的信息处理特性。神经元的激励函数反映了神经元输出与其激活状态之间的关系，最常用的激励函数有以下四种形式。

（1）阈值型激励函数（见图 5-3）

$$f(\text{Net}_i) = \begin{cases} 1, & \text{Net}_i > 0 \\ 0, & \text{Net}_i < 0 \end{cases} \tag{5-4}$$

（2）分段线性型激励函数（见图 5-4）

$$f(\text{Net}_i) = \begin{cases} 0, & \text{Net}_i \leq \text{Net}_{i0} \\ k\text{Net}_i\text{Net}_i, & 0 < \text{Net}_i < \text{Net}_{il} \\ f_{\max}, & \text{Net}_i > \text{Net}_{il} \end{cases} \tag{5-5}$$

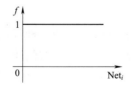

图 5-3　阈值型激励函数

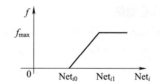

图 5-4　分段线性型激励函数

（3）Sigmoid 函数型激励函数（见图 5-5）

$$f(\text{Net}_i) = \frac{1}{1 + e^{-\frac{\text{Net}_i}{T}}} \tag{5-6}$$

（4）Tan 函数型激励函数（见图 5-6）

$$f(\text{Net}_i) = \frac{e^{\frac{\text{Net}_i}{T}} - e^{-\frac{\text{Net}_i}{T}}}{e^{\frac{\text{Net}_i}{T}} + e^{-\frac{\text{Net}_i}{T}}} \tag{5-7}$$

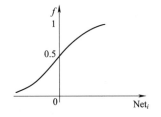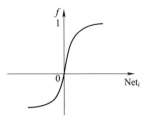

图 5-5　Sigmoid 函数型激励函数　　　　　图 5-6　Tan 函数型激励函数

5.1.3　人工神经网络原理与分类

决定神经网络模型性能的三大要素包括神经元（信息处理单元）的特性、神经元之间相互连接的形式——拓扑结构以及为适应环境而改善性能的学习规则。目前神经网络模型的种类相当丰富，已有 40 余种神经网络模型。根据神经网络的连接方式，神经网络可划分为如下三类。

1. 前馈型神经网络

前馈型神经网络（Feedforward NN）的模型结构如图 5-7 所示，神经元分层排列，组成输入层、隐含层和输出层。每一层的神经元只接收前一层神经元的输入。输入模式经过各层的顺次变换后，由输出层输出，在各神经元之间不存在反馈。典型的前馈型神经网络有感知器网络和 BP 网络等。

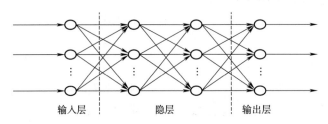

输入层　　　　隐层　　　　输出层

图 5-7　前馈型神经网络示意图

2. 反馈型神经网络

反馈型神经网络（Feedback NN）的模型结构如图 5-8 所示。反馈型神经网络的结构存在从输出层到输入层存在反馈，即每一个输入节点都有可能接收来自外部的输入和来自输出神经元的反馈。这种神经网络是一种反馈动力学系统，它需要工作一段时间才能达到稳定。Hopfield 神经网络是反馈网络中最简单且应用最广泛的模型，它具有联想记忆功能，如果将李雅普诺夫函数定义为寻优函数，那么 Hopfield 神经网络还可以解决寻优问题。

3. 自组织网络

自组织（竞争）神经网络的显著特点是它的输出神经元相互竞争以确定胜者，胜者指出哪一种原型模式最能代表输入模式，自组织网络的模型结构如图 5-9 所示。

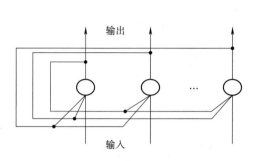
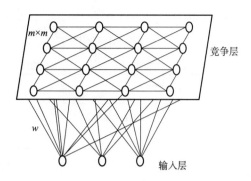

<table>
<tr><td>图 5-8　反馈型神经网络示意图</td><td>图 5-9　自组织网络示意图</td></tr>
</table>

Kohonen 网络是最典型的自组织网络。在 Kohonen 模型中,外界输入不同的样本到自组织网络中。一开始时,输入样本引起输出兴奋细胞的位置各不相同,但经过自组织后形成一些细胞群,它们分别反映了输入样本的特征。这些细胞群,如果在二维输出空间,则是一个平面区域。样本自学习后,在输出神经元层中排列成一张二维的映射图,功能相同的神经元靠得较近,而功能不相同神经元分得比较开。这个映射过程是用简单的竞争算法来完成的,其结果可使一些无规则的输入自动排序,在连接权值的调整中可使权的分布与输入样本的概率密度分布相似,反映了输入样本的图形分布特征,从而达到自动聚类的目的。

5.1.4　人工神经网络学习算法

神经网络的学习也称训练,指的是通过神经网络所在环境的刺激作用调整神经网络的自由参数,使神经网络以一种新的方式对外部环境做出反应的一个过程。能够从环境中学习和在学习中提高自身性能是神经网络最有意义的性质。学习算法是指针对学习问题的明确规则集合。学习类型是由参数变化发生的形式决定的。不同的学习算法对神经元的突触权值调整的表达式有所不同,没有一种独特的学习算法用于设计所有的神经网络。选择或设计学习算法时还需要考虑神经网络的结构及神经网络与外界环境相连的形式。

神经网络的学习算法很多,并可按不同方式进行分类。

1. 按学习方式分类

按学习方式分类,神经网络的学习算法可分为有导师学习(Learning with a Teacher)、无导师学习(Learning without a Teacher)和再励学习(Reinforcement Learning)三类。

(1)有导师学习

有导师学习又称有监督学习(Supervised Learning),如图 5-10(a)所示。在学习时需要给出导师信号或称为期望输出(响应)。神经网络对外部环境是未知的,在学习过程中,网络根据实际输出与期望输出相比较,然后进行网络参数的调整,使得网络输出逼近导师信号或期望响应。

(2)无导师学习

无导师学习又称无监督学习(Unsupervised Learning)或自组织学习(Self-Organized Learning),如图 5-10(b)所示。无导师信号提供给网络,网络能根据其特有的结构和学习规则进行连接权系的调整,此时,网络的学习评价标准隐含于其内部。

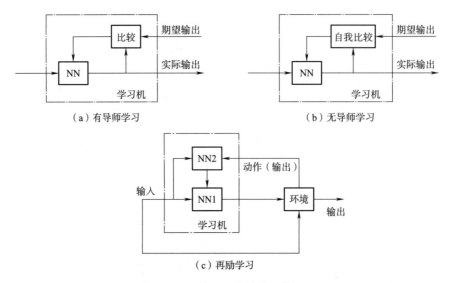

（a）有导师学习　　　　　　　　（b）无导师学习

（c）再励学习

图 5-10　神经网络的学习算法

（3）再励学习

再励学习又称强化学习，如图 5-10（c）所示。它把学习看作试探评价（奖或惩）过程。学习机选择一个动作（输出）作用于环境之后，使环境的状态改变，并产生一个再励信号 r_e（奖或惩）反馈至学习机，学习机根据再励信号与环境当前的状态，再选择下一动作作用于环境，选择的原则是使收到的奖励的可能性增大。

神经网络学习规则根据连接权系数的改变方式不同又可分为如下几种基本的神经网络学习算法。

（1）Hebb 学习规则

Hebb 学习规则是一种无导师的学习方法，它只根据神经元连接间的激活水平改变权值，因此这种方法又称相关学习。Hebb 学习规则用于调整神经网络的突触权值，可以概括为：

①如果一个突触（连接）两边的两个神经元被同时（即同步）激活，则该突触的能量就被选择性地增加。

②如果一个突触（连接）两边的两个神经元被异步激活，则该突触的能量就被有选择地削弱或者消除。

Hebb 学习规则的数学描述为：

如果单元 u_i 接收来自另一单元 u_j 的输出，那么如果两个单元都高度兴奋，则从 u_j 到 u_i 的权值 w_{ij} 便得到加强。用数学形式可以表示为

$$\Delta w_{ij} = \eta y_j o_j \tag{5-8}$$

式中，η 表示学习步长，它决定了在学习过程中从一个步骤进行到另一步骤的学习速度，称为学习速率。

式（5-8）表明：如果神经元 j 和 i 活动充分时，即同时满足条件 $x_j > \bar{x}_j$ 和 $x_i > \bar{x}_i$ 时，突触权值就增强。如果神经元 j 活动充分（$x_j > \bar{x}_j$）而神经元 i 活动不充分（$x_i < \bar{x}_i$），或者神经元 i 活动充分（$x_i > \bar{x}_i$）而神经元 j 活动不充分（$x_j < \bar{x}_j$）时，突触权值就减小。

（2）纠错学习

依赖关于输出节点的外部反馈改变权系数。它常用于感知器网络、多层前向传播网络和 Boltzman 机网络。其学习的方法是梯度下降法，最常见的学习算法有 δ 规则、模拟退火学习规则。

学习规则：δ 学习规则是对感知学习规则的改进。它不但适用于线性可分函数，也适用于非线性可分函数，且激励函数的输出可以为连续函数。与感知器学习规则一样，δ 学习规则也属于有导师学习方法。它适用于多层前向传播网络，其中 BP 学习算法是最典型的 δ 学习规则。定义指标函数

$$E_p = \frac{1}{2}\sum_{i=1}^{n_o}(t_i - y_i)^2 \tag{5-9}$$

连接权阵的更新规则为

$$\Delta W = -\eta E_p \tag{5-10}$$

（3）基于记忆的学习规则

基于记忆的学习主要用于模式分类，在基于记忆的学习中，过去的学习结果被存储在一个大的存储器中，当输入一个新的测试向量 x_{test} 时，学习过程就是将 x_{test} 归到已存储的某个类中。所有基于记忆的学习算法均包括两部分：一是用于定义 x_{test} 的局部邻域的标准；二是用于在 x_{test} 的局部邻域训练样本的学习规则。

一种简单而有效的基于记忆的学习算法就是最近邻规则。设存储器中所记忆的某一类 l_1 含有向量 $x_n' \in \{x_1, x_2, \cdots, x_N\}$，如果

$$\min_i d(x_i, x_{test}) = d(x_n', x_{test}) \tag{5-11}$$

则 x_{test} 属于 l_1 类，其中 $d(x_i, x_{test})$ 是向量 x_i 与 x_{test} 之间的欧氏距离。

Cover 和 Hart 将最近邻规则作为模式识别的工具加以研究，其分析基于以下两个假设：

①样本 (x_i, d_i) 的独立同分布（iid）依照样本 (x, d) 的联合概率分布；

②样本数量 N 无限大。

在上述条件下，由最近邻规则导致的分类错误概率被限制于两倍 Bayes 错误概率之下，也就是所有判定规则中的最小错误概率。最近邻分类器的变形是 k 阶最近邻分类器，其思想为：如果与测试向量 x_{test} 最近的 k 个向量均是某类别的向量，则 x_{test} 属于该类别。

（4）概率式学习规则

从统计力学、分子热力学和概率论中关于系统稳态能量的标准出发，进行神经网络学习的方式称为概率式学习。神经网络处于某一状态的概率主要取决于在此状态下的能量，能量越低，概率越大。同时，此概率还取决于温度参数 T：T 越大，不同状态出现概率的差异就越小，也就越容易跳出能量的局部极小点而到全局的极小点；T 越小时，情形正好相反。概率式学习的典型代表是 Boltzmann 机学习规则，它是基于模拟退火的统计优化方法，因此又称模拟退火算法。

Boltzmann 机模型是一个包括输入、输出和隐含层的多层网络，但隐含层间存在互连结构且网络层次不明显。对于这种网络的训练过程，就是根据规则

$$\Delta w_{ij} = \eta(p_{ij} - p'_{ij}) \tag{5-12}$$

对神经元 i,j 间的连接权值进行调整的过程。式中, η 为学习速率; p_{ij} 为网络受到学习样本的约束且系统达到平衡状态时第 i 个和第 j 个神经元同时为 1 的概率; P'_{ij} 为系统为自由运转状态且达到平衡状态时第 i 个和第 j 个神经元同时为 1 的概率。权值调整的原则是:当 $P_{ij} > P'_{ij}$ 时,权值增加,否则减小。这种权值调整公式称为 Boltzmann 机学习规则:

$$w_{ij}(k+1) = w_{ij}(k) + \eta(p_{ij} - p'_{ij}), \eta > 0 \tag{5-13}$$

当 $p_{ij} - p'_{ij}$ 小于一定容限时,学习结束。由于模拟退火过程要求高温使系统达到平衡状态,而冷却(退火)过程又必须缓慢地进行,否则容易造成局部最小,所以这种学习规则的收敛速度较慢。

(5)竞争式学习规则

在竞争式学习中,神经网络的输出神经元之间相互竞争,在任意时刻只能有一个输出神经元是活性的。而在基于 Hebb 学习规则的神经网络中,可能同时有几个输出神经元是活性的。竞争式学习规则有三项基本内容:

①一个神经元集合:除了某些随机分布的突触权值外,所有的神经元都相同,因此对给定的输入模式集合有不同的响应;

②每个神经元的能量都被限制;

③一个机制:允许神经元通过竞争对一个给定的输入子集做出响应。赢得竞争的神经元被称为获胜神经元。

在竞争学习的最简单形式中,神经网络有一个单层的输出神经元,每个输出神经元都与输入节点全相连,输出神经元之间全互联。从源节点到神经元之间是兴奋性连接,输出神经元之间横向侧抑制。

对于一个指定输入模式 x,一个神经元 i 成为获胜神经元,则它的感应局部区域 v_i 大于网络中其他神经元的感应局部区域。获胜神经元 i 的输出信号 o_i 被置为 1,所有竞争失败神经元的输出信号被置为 0,即

$$o_i = \begin{cases} 1, & v_i > v_j, j \neq i \\ 0, & \text{其他} \end{cases} \tag{5-14}$$

将与此胜者神经元相连的权系数 w_{ij} 进行更新。其更新公式为

$$\Delta w_{ij} = \begin{cases} \eta(x_i - w_{ij}), & \text{神经元 } i \text{ 在竞争中获胜} \\ 0, & \text{神经元 } i \text{ 在竞争中失败} \end{cases} \tag{5-15}$$

式中, η 为学习速率参数。这个规则能够使得获胜神经元 i 的突触权重向量 w_{ij} 向输入模式 x_j 转移。

从上述几种学习规则不难看出,要使人工神经网络具有学习能力,就是使神经网络的知识结构变化,也就是使神经元间的结合模式变化,这与把连接权向量用什么方法变化是等价的。所以,所谓神经网络的学习,目前主要是指通过一定的学习算法实现对突触结合强度(权值)的调整,使其达到具有记忆、识别、分类、信息处理和问题优化求解等功能,这是一个开放的研究课题。

5.2   前向神经网络

5.2.1   感知器网络

感知器是最简单的前馈网络,它主要用于模式分类,也可用于基于模式分类的学习控制和多模态控制中。

1. 感知器模型

单层感知器是指只有一层处理单元的感知器,如果包括输入层在内,应为两层,其拓扑结构如图 5-11 所示。

图 5-11 中,输入层(也称感知层)有 n_i 个节点,这些节点只负责引入外部信息,自身没有处理能力,每个节点接收一个输入信号,n_i 个输入信号构成输入列向量 $\boldsymbol{X}$。输出层也称处理层,有 n_o 个神经元节点,每个节点均具有信息处理能力,n_o 个节点向外部输出处理信息,构成输出列向量 $\boldsymbol{y}$。两层之间的连接权值用权值列向量此表示,n_o 个权向量构成单层感知器的权值矩阵 $\boldsymbol{W}$。三个列向量分别表示为

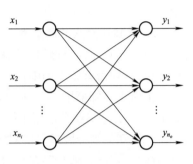

图 5-11   单层感知器结构

$$\boldsymbol{X} = (x_1, x_2, \cdots, x_i, \cdots, x_{n_i})^{\mathrm{T}}$$

$$\boldsymbol{Y} = (y_1, y_2, \cdots, y_i, \cdots, y_{n_o})^{\mathrm{T}}$$

$$\boldsymbol{W}_j = (w_{1j}, w_{2j}, \cdots, w_{ij}, \cdots, w_{nj})^{\mathrm{T}}, j = 1, 2, \cdots, n_o$$

由上一节介绍的神经元数学模型可知,对于处理层中任意一个节点,Net_j 为来自输入层各节点的输入加权和。

$$\mathrm{Net}_j = \sum_{i=1}^{n_i} \boldsymbol{w}_{ij} \boldsymbol{x}_i + \theta_j \tag{5-16}$$

式中,$\boldsymbol{x}_i$ 是感知器的第 i 个输入,输出 y_j 由节点的转移函数决定,离散型单层感知器的转移函数一般采用符号函数,即

$$y_j = f(\mathrm{Net}_j) = \mathrm{sgn}(\mathrm{Net}_j) \tag{5-17}$$

2. 感知器的学习算法

单层感知器与 M-P 模型的不同之处在于其权值可以通过学习进行调整,采用有导师方式的学习算法,一般步骤如下:

① 设定初始连接权值 $w_{0j}(0), w_{1j}(0), \cdots, w_{nj}(0)(j = 1, 2, \cdots, m)$ 为较小的非零随机数,其中 m 为计算层的节点数。

② 输入样本对 $(\boldsymbol{X}^p, \boldsymbol{T}^p), p = 1, 2, \cdots, N$,其中 $\boldsymbol{X}^p = (1, x_1^p, x_2^p, \cdots, x_n^p)$,$\boldsymbol{T}^p$ 为期望的输出向量(导师信号),上标 p 代表样本对的模式序号,N 为样本集中的样本总数。

③ 计算各节点的实际输出

$$y_j^p = f(\mathrm{Net}_j^p) = \begin{cases} 1, & \text{当 } \mathrm{Net}_j^p \geq 0 \\ -1, & \text{当 } \mathrm{Net}_j^p < 0 \end{cases} \tag{5-18}$$

④ 按下式修正权值:

$$W_j(t+1) = W_j(t) + \eta[t_j^p - y_j^p(t)]X^p \tag{5-19}$$

式中,$j = 1, 2, \cdots, m$;η 为学习速率,用于控制调整速度,η 太大会影响训练的稳定性,太小则使训练的收敛速度变慢、训练时间过长,一般取 $0 < \eta \leq 0$。

⑤选取另外一组样本,重复②~④的过程,直到权值对一切样本均稳定不变为止,或者说直到感知器对所有样本的实际输出与期望输出相等为止,学习过程结束。

感知器的算法采用 δ 规则,如果目标向量存在,那么经过有限次循环迭代后,一定能够收敛到正确的目标向量。学习结束后的网络,会将样本模式以权值和阈值的形式,分别记忆(存储)于网络中。

3. 感知器网络的局限性

由于感知器神经网络在结构和学习规则上的局限性,其应用被限制在一定的范围内。一般来说,感知器有以下局限性:

①由于感知器的转移函数是阈值型函数或符号函数,所以它的输出只能取 0 和 1 或 -1 和 1。因此,感知器只适用于简单的分类问题。

②感知器神经网络只能对线性可分的向量集合进行分类。理论上已经证明,只要输入向量是线性可分的,感知器在有限的时间内总能达到目标向量。但是,如何判断一组向量是否为线性可分是相当困难的,尤其是当向量集合的元素数量非常大时。因此,如果尝试利用感知器对非线性可分的向量集合进行分类,学习算法就会处于一种无休止的循环状态,浪费大量的计算资源,这是感知器存在的一个比较严重的缺陷。

③如果输入样本向量集合中存在奇异样本(即该样本相对于其他样本特别大或特别小),网络训练所花费的时间将很长。

4. 感知器网络仿真实例

例5-1 设计 MATLAB 程序,采用感知器解决线性分类问题。

采用感知器解决线性分类问题,将输入分为四类。输入矢量
$P = [0.1\ 0.7\ 0.8\ 0.8\ 1\ 0.3\ 0\ -0.3\ -0.5\ -1.5; 1.2\ 1.8\ 1.6\ 0.6\ 0.8\ 0.5\ 0.2\ 0.8\ -1.5\ -1.3]$

对应目标矢量:$T = [1\ 1\ 1\ 0\ 0\ 1\ 1\ 1\ 0\ 0; 0\ 0\ 0\ 0\ 0\ 1\ 1\ 1\ 1\ 1]$,可知网络源节点数为 2,输出层节点数也为 2。

设计感知器的算法步骤如下:

①初始化,置所有的加权系数为最小的随机数。

②提供训练集,给出顺序赋值的输入向量和期望的输出向量。

③计算感知器的实际输出。

④计算期望值与实际输出的误差。

⑤调整输出层的权值和阈值。

⑥重复步骤③~⑤,直到误差满足要求。

解 在 MATLAB 中,可以在二维平面坐标中给出仿真过程的图形表示。根据输入矢量和目标矢量的关系,将它们绘制于坐标平面中。目标矢量输出为 1 的输入矢量用"+"表示,而目标矢量输出为 0 的输入矢量用"."表示。感知器线性分类的程序如下:

```
%·················单层感知器解决一个简单的分类问题·················%
X1 = [0.1 0.7 0.8 0.8 1 0.3 0 −0.3 −0.5 −1.5];      %训练序列
X2 = [1.2 1,8 1.6 0.6 0.8 0.5 0.2 0.8 −1.5 −1.3];    %训练序列
D1 = [1 1 1 0 0 1 1 1 0 0];                          %期望输出
D2 = [0 0 0 0 0 1 1 1 1 1];                          %期望输出


%·················作图显示四类点·················%
plot( X1(1,1:3),X2(1,1:3),'*');
axis([ −3 3 −3 3])
hold on
plot( X1(1,4:5),X2(1,4:5),'o');
plot( X1(1,6:8),X2(1,6:8),'+');
plot( X1(1,9:10),X2(1,9:10),'X');

W = [1,0.2;0.3 2];                       %初始权阵,随机给定
Q1 = 0.1; Q2 = −2;                       %阈值
n = 1;t = 20;
a = 1;                                   %学习率
a0 = a;
while 1
    former1 = W(1,1);
    former2 = W(1,2);
    former3 = W(2,1);
    former4 = W(2,2);
     for i = 1:10                        %共有 10 个点
        s1 = W(1,1) * X1(1,i) + W(1,2) * X2(1,i) − Q1;
        if s1 > =0                        %激励函数采用硬限幅函数
          y1 = 1;
        else
          y1 = 0;
        end
        W(1,1) = W(1,1) + a * (DI(I,i) −yl) * XI(1,i);
        W(I,2) = W(I,2) + a * (DI(I,i) −yl) * X2(I,i);

        s2 = W(2,1) * X1(1,i) + W(2,2) * X2(1,i) − Q2;
        if s2 > =0                        %激励函数采用硬限幅函数
          y2 = 1;
        else
          y2 = 0;
        end
        W(2,I) = W(2,I) + a * (D2(2,i) −y2) * XI(I,i);
        W(2,2) = W(2,2) + a * (D2(I,i) −y2) * X2(I,i);
        %draw(W,QI,Q2,0);
        %a = a0/(I + (n/t));
        %n = n +I;
    end
    if abs(former1 −W(1,1)) <0.0001 && abs(former2 −W(1,2)) <0.0001   && abs(former3
```

```
                      -W(2,1)) <0.0001 && abs(former4 -W(2,2)) <0.0001
                                                    %相邻两次权值基本不发生改变,此为终止条件
                disp('权值矩阵:')
                W
                break;
            end
    end

    draw(W,Q1,Q2,1);hoidon                              %校验

    %·············测试程序·············%
    x = input('请输入待分类点[ * , * ]:');

    %·············分界线函数·············%
    f1 = W(1,1) * x(1) + W(1,2) * x(2) - Q1;
    f2 = W(2,1) * x(1) + W(2,2) * x(2) - Q2;
    if f1 <0 && f2 <0
        disp('该点位于 I 区')
        plot(x(1),x(2),'o')
    else if f1 >0 && f2 <0
        disp('该点位于 II 区')
        plot(x(1),x(2),' * ')
      else if f1 >0 && f2 >0
            disp('该点位于 III 区')
            plot(x(1),x(2),' + ')
          else if f1 <0 && f2 >0
              disp('该点位于 IV 区')
              plot(x(1),x(2),'X')
            end
          end
        end
    end

    %·············子函数 draw·············%
    function A = draw(W,Ql,Q2,flag)
    if W(l,2) = =0
        W(l,2) =0.00001
    end
    if W(2,2) = =0
        W(2,2) =0.00001
    end

    kl = -l * W(l,l)/W(l,2);
    al = Ql/W(l,2);
    Xl = -3:0.1:3;
    X2 = kl. * Xl + al;
    if flag = =0
```

```
    plot(Xl,X2,'g − −')
else
    plot(Xl,X2,'r')
end
hold on

k2 = −l ∗ W(2,l)/W(2,2);
a2 = Q2/W(2,2);
Xl = −3;0.1;3;
X2 = k2. ∗ Xl + a2;
if flag = =0
    plot(Xl,X2,'g − −')
else
    plot(Xl,X2,'b')
end
End
```

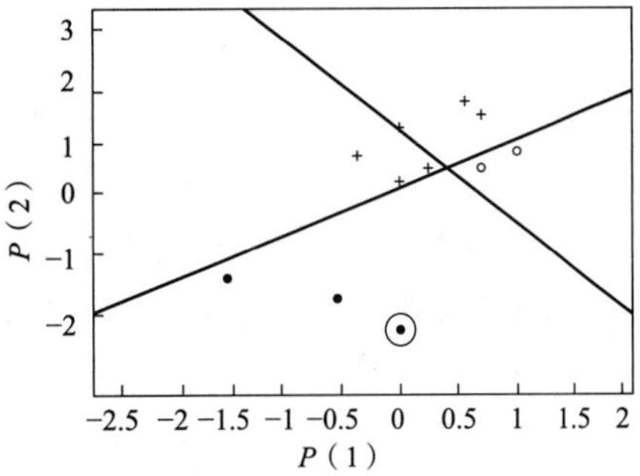

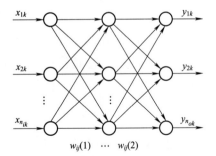

图 5-12   单层感知器的分类结果输出

输入待分类点[0,−2],程序运行结果如图 5-12 所示。

5.2.2　BP 神经网络

1. BP 神经网络结构

单层感知器的缺点是只能解决线性可分的分类问题,要增强网络的分类能力,一种有效的方法就是采用多层网络,即在输入与输出层之间加上隐含层,从而构成多层感知器(Multilayer Perceptrons,MLP)。这种由输入层、隐含层(一层或者多层)和输出层构成的神经网络称为多层前馈神经网络。

1985 年,Rumelhart 等提出了误差反向传播(Error Back Propagation,EBP)算法,该算法系统地解决了多层神经元网络中隐层单元连接权的学习问题,从而为多层前馈神经网络的研究奠定了基础。由于多层前馈网络的训练通常采用误差反向传播算法,人们也常把多层前馈神经网络直接称为 BP 网络。

只有一个隐含层的多层神经网络如图 5-13 所示。设系统中输入层有 n_i 个神经元,隐含层有 n_h 个神经元,输出层有 n_o 个神经元。隐含层的激励为

$$o_j = \rho \left(\sum_{l=1}^{n_i} w_{jl}^{(1)} x_l + \theta_j \right), j = 1,2,\cdots,n_h \quad (5\text{-}20)$$

神经网络的输出为

$$y_i = \sigma \left(\sum_{j=1}^{n_h} w_{ij}^{(2)} o_j + \theta_i \right), i = 1,2,\cdots,n_o \quad (5\text{-}21)$$

假设每一层的神经元激励函数相同,则对于 $L+1$ 层前向传播网络,其网络输出的数学表示关系方程式一律采用

图 5-13   BP 神经网络结构

$$Y = \Gamma_L \left(W^L \Gamma_{L-1} \{ W^{L-1} \Gamma_{L-2} [\cdots [\Gamma_1 (W^1 X + \boldsymbol{\theta}^1)] + \cdots + \boldsymbol{\theta}^{L-2}] + \boldsymbol{\theta}^{L-1} \} + \boldsymbol{\theta}^L) \quad (5\text{-}22)$$

式中，Γ_l 为各层神经元的激励函数；W_l 为 $l-1$ 层到 l 层的连接权矩阵，$l=1,2,\cdots,L$；θ^l 为 l 层的阈值矢量。

2. BP 神经网络学习算法

BP 网络实质上表示的是一种从输入空间到输出空间的映射。对于给定的输入矢量 X，其网络的响应可以由以下方程给出：

$$Y = T(X) \tag{5-23}$$

式中，$T(\cdot)$ 一般取为与网络结构相关的非线性算子。神经网络可以通过对合适样本集，即通过输入/输出矢量对 (X_P,T_P)，$P=1,2,\cdots,N$ 来进行训练。网络的训练实质上是突触权阵的调整，以满足当输入为 X_P 时其输出应为 T_P。对于某一特定的任务，训练样本集是由外部的导师决定的。这种训练的方法就称为有导师学习。

有导师学习的思路：对于给定的一组初始权系数，网络对当前输入 X_P 的响应为：$Y_P = T(X_P)$。权系数的调整是通过迭代计算逐步趋向最优值的过程，调整数值大小是根据对所有样本 $P=1,2,\cdots,N$ 的误差指标 $E_P=d(X_P,T_P)$，$P=1,2,\cdots,N$ 达到极小的方法来实现的。其中，T_P 表示期望的输出；Y_P 表示当前网络的实际输出；$d(\cdot)$ 表示距离函数。

前向神经网络的学习算法中，常用的学习算法是 BP 学习算法。BP 学习过程分成两部分：

①工作信号正向传播：输入信号从输入层经隐层，传向输出层，在输出端产生输出信号，这是信号的正向传播。在信号向前传递过程中网络的权值是固定不变的，每一层神经元的状态只影响下一层神经元的状态。如果在输出层不能得到期望的输出，则转入误差信号反向传播。

②误差信号反向传播：网络的实际输出与期望输出之间差值即为误差信号，误差信号由输出端开始逐层向前传播，这是误差信号的反向传播。在误差信号反向传播的过程中，网络权值由误差反馈进行调节，通过权值的不断修正使网络的实际输出更接近期望输出。

对于 N 个样本集，性能指标为

$$E = \sum_{p=1}^{N} E_p = \sum_{p=1}^{N} \sum_{i=1}^{n_o} \varphi(t_{pi} - y_{pi}) \tag{5-24}$$

其中，$\varphi(\cdot)$ 是一个正定的、可微的凸函数，常取

$$E_p = \frac{1}{2} \sum_{i=1}^{n_o} (t_{pi} - y_{pi})^2 \tag{5-25}$$

就是通过期望输出与实际输出之间误差平方的极小来进行权阵学习和训练神经网络。

学习算法是一个迭代过程，从输入模式 X_P 出发，依靠初始权系数，计算第一个隐含层的输出为

$$o_{pj}^{(1)} = \Gamma_1 \Big(\sum_{i=1}^{n_i} w_{ji}^1 x_{pi} + \theta_j^1 \Big), \quad j = 0,1,2,\cdots,n_{h1} \tag{5-26}$$

计算第 $r+1$ 个隐含层的输出为

$$\text{Net}_{pj}^{(r+1)} = \sum_{l=1}^{n_r} w_{jl}^{r+1} o_{pl}^{(r)} + \theta_j^{r+1}, \quad r = 0,1,2,\cdots,L-1 \tag{5-27}$$

$$o_{pj}^{(r+1)} = \Gamma_{r+1}(\text{Net}_{pj}^{(r+1)}) = \Gamma_{r+1}\Big(\sum_{l=1}^{n_r} w_{jl}^{r+1} o_{pl}^{(r)} + \theta_j^{r+1} \Big), \quad r = 0,1,2,\cdots,L-1 \tag{5-28}$$

计算输出层,即

$$y_{pj} = \Gamma_L(\text{Net}_{pj}^{(L)}) = \Gamma_L\Big(\sum_{i=1}^{n_{L-1}} w_{jl}^L o_{pl}^{(L-1)} + \theta_j^L\Big), \quad j = 1,2,\cdots,n_o \tag{5-29}$$

误差反向传播学习算法推导:

由性能指标函数 E_p 可得

$$\Delta_p w_{ji}^r \propto - \frac{\partial E_p}{\partial w_{ji}^r} \tag{5-30}$$

其中

$$\frac{\partial E_p}{\partial w_{ji}^r} = \frac{\partial E_p}{\partial \text{Net}_{pj}^r} \cdot \frac{\partial \text{Net}_{pj}^r}{\partial w_{ji}^r} \tag{5-31}$$

$$\frac{\partial \text{Net}_{pj}^r}{\partial w_{ji}^r} = \frac{\partial}{\partial w_{ji}^r} \sum_k w_{jk}^r o_{pk}^{(r-1)} = o_{pi}^{(r-1)} \tag{5-32}$$

定义广义误差为

$$\delta_{pj}^r = - \frac{\partial E_p}{\partial \text{Net}_{pj}^r} \tag{5-33}$$

则

$$\Delta_p W_{ji}^r = \eta\, \delta_{pj}^r o_{pi}^{(r-1)} \tag{5-34}$$

式中,上标变量 r 表示第 r 个隐含层,$r = 1,2,\cdots,L$;W_{ji}^r 为第 $r-1$ 层第 i 单元到第 r 层的第 j 单元的连接系数。$r = L$ 为输出单元层。

输出单元层的误差为

$$\delta_{pj}^L = - \frac{\partial E_p}{\partial \text{Net}_{pj}^L} = - \frac{\partial E_p}{\partial y_{pj}} \cdot \frac{\partial y_{pj}}{\partial \text{Net}_{pj}^L} = (t_{pj} - y_{pj})\Gamma_L'(\text{Net}_{pj}^L) \tag{5-35}$$

隐含层的误差为

$$\begin{aligned}
\delta_{pj}^r &= - \frac{\partial E_p}{\partial \text{Net}_{pj}^r} = - \frac{\partial E_p}{\partial o_{pj}^r} \cdot \frac{\partial o_{pj}^r}{\partial \text{Net}_{pj}^r} \\
&= \Big(\sum_k \Big(- \frac{\partial E_p}{\partial \text{Net}_{pk}^{r+1}} \cdot \frac{\partial \text{Net}_{pk}^{r+1}}{\partial o_{pj}^r}\Big) \cdot \Gamma_r'(\text{Net}_{pj}^r)\Big) \\
&= \Big(\sum_k k\, \delta_{pk}^{r+1} \cdot w_{kj}^{r+1}\Big) \cdot \Gamma_r'(\text{Net}_{pj}^r)
\end{aligned} \tag{5-36}$$

BP 学习算法的步骤如下:

给定 p 组样本$(\boldsymbol{x}_1,\boldsymbol{t}_1;\boldsymbol{x}_2,\boldsymbol{t}_2;\cdots;\boldsymbol{x}_p,\boldsymbol{t}_p)$。这里 $\boldsymbol{x}_i$ 为 n_i 维输入矢量;$\boldsymbol{t}_i$ 为 n_o 维期望的输出矢量,$i = 1,2,\cdots,p$。假设矢量 $\boldsymbol{y}$ 和 $\boldsymbol{o}$ 分别表示网络的输出层输出矢量和隐含层输出矢量。

①选取学习步长 $\eta > 0$,最大容许误差为$E_{\max}$,并将权系数W_l和阈值$\boldsymbol{\theta}_l(l = 1,2,\cdots,L)$初始化成小的随机值。令

$$p \leftarrow 1, E \leftarrow 0$$

②训练开始,令

$$o_p^{(0)} \leftarrow x_p, t \leftarrow t_p$$

$$o_{pj}^{(r+1)} = \Gamma_{r+1}\Big(\sum_{l=1}^{n_r} w_{jl}^{r+1} o_{pl}^{(r)} + \theta_j^{r+1}\Big), \quad r = 0,1,2,\cdots,L-1$$

$$y_{pj} = \Gamma_L(\mathrm{Net}_{pj}^L) = \Gamma_L\Big(\sum_{i=1}^{n_{L-1}} w_{jl}^L o_{pl}^{(L-1)} + \theta_j^L\Big), \quad j = 1,2,\cdots,n_o$$

③计算误差
$$E \leftarrow \frac{(t_k - y_k)^2}{2} + E, k = 1,2,\cdots,n_o$$

④计算广义误差

$$\delta_{pj}^L = (t_{pj} - y_{pj}) \cdot \Gamma_L'(\mathrm{Net}_{pj}^L)$$
$$\delta_{pj}^r = \Big(\sum_k \delta_{pk}^{r+1} \cdot w_{kj}^{r+1}\Big) \cdot \Gamma_r'(\mathrm{Net}_{pj}^r)$$

⑤调整权阵系数

$$\Delta_p W_{ji}^r = \eta\, \delta_{pj}^r o_{pi}^{(r-1)}$$
$$\Delta_p \theta_j^r = \eta\, \delta_{pj}^r$$

⑥若 $p < P, p \leftarrow p+1$ 转②，否则转⑦。

⑦若 $E < E_{max}$，结束，否则令 $p \leftarrow 1, E \leftarrow 0$ 转②。

3. BP 学习算法的不足

①训练时间较长。对于某些特殊的问题,运行时间可能需要几个小时甚至更长,这主要是因为学习率太小所致,可以采用自适应的学习率加以改进。

②完全不能训练。训练时由于权值调整过大使激活函数达到饱和,从而使网络权值的调节几乎停滞。为避免这种情况,一是选取较小的初始权值,二是采用较小的学习率。

③易陷入局部极小值。BP 算法可以使网络权值收敛到一个最终解,但它并不能保证所求为误差超平面的全局最优解,也可能是一个局部极小值。这主要是因为 BP 算法所采用的是梯度下降法,训练是从某一起始点开始沿误差函数的斜面逐渐达到误差的最小值,故不同的起始点可能导致不同的极小值产生,即得到不同的最优解。如果训练结果未达到预定精度,常常采用多层网络和较多的神经元,以使训练结果的精度进一步提高,但与此同时也增加了网络的复杂性与训练时间。

④"喜新厌旧"。训练过程中,学习新样本时有遗忘旧样本的趋势。

BP 学习算法的注意事项:

①权系数的初值:一般情况下,权系数通常初始化成一个比较小的随机数,并尽量可能覆盖整个权阵的空间域。避免出现初始权阵系数相同的情况。

②学习方式:增量型学习和累积型学习。

③激励函数:由于常规 Sigmoid 函数在输入趋于 1 时其导数接近 0,从而会大大影响其训练速度,容易产生饱和现象。因此,可以通过调节 Sigmoid 函数的斜率或采用其他激励单元来改善网络性能。

④学习速率:一般说来,学习速率越大,收敛越快,但容易产生振荡;而学习速率越小,收敛越慢。

5.3 反馈神经网络

前向神经网络与反馈神经网络具有以下区别:前向神经网络是一种静态非线性映射,其节点方程是非线性代数方程；反馈神经网络也称动态神经网络，是一种动态非线性映射，具备非线性动力学系统所特有的丰富动力学特性，如稳定性、极限环、奇异吸引子（即混沌现象）等。一个耗散动力学系统的最终行为是由它的吸引子决定的，吸引子可以是稳定的，也可以是不稳定的。其节点方程用微分方程或差分方程来表示。

简单非线性神经元互连而成的反馈动力学神经网络系统具有两个重要的特征：一是系统有若干个稳定状态。如果从某一初始状态开始运动，系统总可以进入某一稳定状态；二是系统的稳定状态可以通过改变相连单元的权值而产生。如果将神经网络的稳定状态当作记忆，那么神经网络由任一初始状态向稳态的演化过程，实质上是寻找记忆。稳态的存在是实现联想记忆的基础，能量函数是判定网络稳定性的基本概念。

5.3.1　Boltzmann 机网络

Hinton 等在 1985 年提出了一种随机二值神经网络模型，称为 Boltzmann 机（Boltzmann Machine，BM）。Boltzmann 机是一种随机神经网络，也是一种反馈型神经网络。Boltzmann 机可用于模式分类、预测、组合优化及规划等方面。

1. 随机神经网络算法的基本思想

随机网络与其他神经网络相比，有两个主要区别：

①在学习阶段，随机网络不像其他网络那样基于某种确定性算法进行权值的调整，而是按照某种概率分布进行修改。

②在运行阶段，随机网络不是按照某种确定性的网络方程进行状态演变，而是按照某种概率分布决定其状态的转移。

神经元的净输入不能决定其状态取 0 还是取 1，但能决定其状态取 1 还是取 0 的概率。换言之，在随机网络运行过程中，向误差或能量函数减小方向运行的概率大，向误差或能量增大的方向运行的概率存在，这样网络跳出局部极小点的可能性存在，而且向全局最小点收敛的概率最大。这就是随机网络算法的基本思想。图 5-14 给出了随机网络算法与梯度下降算法区别的示意图。

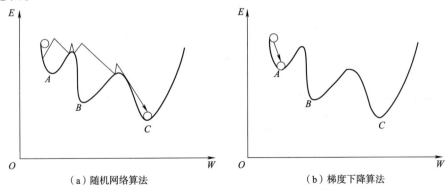

（a）随机网络算法　　　　　　　　　（b）梯度下降算法

图 5-14　随机网络算法与梯度下降算法的区别

2. Boltzmann 机网络模型

考虑到多层网络的优点，Boltzmann 机采用了具有多层网络含义的网络结构，如图 5-15 所示。Boltzmann 机由输入部分、输出部分和中间部分构成。输入部分和输出部分统称显见神经元,是网络与外部环境进行信息交换的媒介;中间部分的神经元称为隐见神经元,它们通过显见神经元与外界进行信息交换,但 Boltzmann 机网络没有明显的层次。Boltzmann 机网络的神经元是互联的,网络状态按照概率分布进行变化。

Boltzmann 机网络中每一对神经元之间的信息传递是双向对称的,即 $w_{ij} = w_{ji}$,而且自身无反馈,即 $w_{ii} = 0$。学习期间,显见神经元将被外部环境"约束"在某一特定的状态,而中间部分隐见神经元则不受外部环境约束。Boltzmann 机中每个神经元的兴奋或抑制具有随机性,其概率决定于神经元的输入。

Boltzmann 机中单个随机神经元的形式化描述如图 5-16 所示。神经元 i 的全部输入信号的总和为 u_i,由式(5-37)给出。式中,θ_i 是该神经元的阈值,可以将 θ_i 归并到总的加权和中去,即得到式(5-38)。

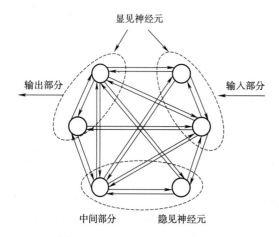

图 5-15　Boltzmann 机的网络结构

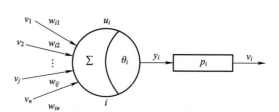

图 5-16　Boltzmann 机的单个随机神经元

$$u_i = \sum_{\substack{j=1 \\ j \neq i}}^{n} w_{ij} v_j + \theta_i \qquad (5\text{-}37)$$

或

$$u_i = \sum_{\substack{j=0 \\ j \neq i}}^{n} w_{ij} v_j \qquad (5\text{-}38)$$

神经元 i 的输出 v_i 用概率描述,则 v_i 取 1 的概率为

$$p_i = p(v_i = 1) = \frac{1}{1 + e^{-u_i/T}} \qquad (5\text{-}39)$$

v_i 取 0 的概率为

$$p_i = p(v_i = 0) = 1 - P_1 = e^{-u_i/T} \cdot P_1 \qquad (5\text{-}40)$$

显然,u_i 越大,v_i 取 1 的概率越大,取 0 的概率就越小。参数 T 称为"温度",对 v_i 取 1 或取 0 的概率有影响,在不同的温度下功取 1 的概率 $p(v_i = 1)$ 随 v_i 的变化如图 5-17 所示。

从图 5-17 可见,T 越高时,曲线越平滑,因此,即使 u_i 也有很大变动,也不会对 v_i 取 1 的概率变化造成很大的影响;反之,T 越低时,曲线越陡峭,当 u_i 稍有变动就会使概率有很大差异。

当 $T \to 0$ 时，每个神经元不再具有随机特性，而具有确定的特性，激励函数变为阶跃函数，这时 Boltzmann 机趋向于 Hopfield 网络。从这个意义上来说，Hopfield 网络是 Boltzmann 机的特例。

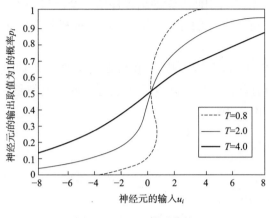

图 5-17　p_i-u_i 关系曲线

3. Boltzmann 机的工作原理与学习算法

（1）工作原理

Boltzmann 机采用式（5-41）所示的能量函数作为描述其状态的函数。将 Boltzmann 机视为一个动力系统，利用式（5-41）可以证明能量函数的极小值对应系统的稳定平衡点，由于能量函数有界，当网络温度 T 以某种方式逐渐下降到某一特定值时，系统必将趋于稳定状态。将需要求解的优化问题的目标函数与网络的能量函数相对应，神经网络的稳定状态就对应优化目标的极小值。Boltzmann 机的运行过程就是逐步降低其能量函数的过程。

$$E = -\frac{1}{2} \sum_{i,j} w_{ij} v_i v_j \tag{5-41}$$

Boltzmann 机在运行时，假设每次只改变一个神经元的状态，如第 i 个神经元，设 v_i 取 0 和取 1 时系统的能量函数分别为 0 和 $-\sum_j w_{ij} v_j$，它们的差值为 ΔE_i

$$\Delta E_i = E|_{v_i=0} - E|_{v_i=1} = \sum_j w_{ij} v_j \tag{5-42}$$

$\Delta E_i > 0$ 即 $\sum_j w_{ij} v_j > 0$ 时，网络 $v_i = 1$ 状态的能量小于 $v_i = 0$ 状态时的能量，在这种情况下，根据式（5-38）～式（5-40），可知 $p(v_i=1) > p(v_i=0)$，即神经元 i 的状态取 1 的可能性比取 0 的可能性大，亦即网络状态取能量低的可能性大；反之，$v_i = 0$ 状态的能量小于 $v_i = 1$ 状态时的能量，神经元 i 的状态取 0 的可能性比取 1 的可能性大，同样也是网络状态取 $v_i = 0$ 能量低的可能性大。因此，网络运行过程中总的能量趋势是朝能量下降的方向运动，但也存在能量上升的可能性。

从概率的角度来看，如果 ΔE_i 越是一个大正数，v_i 取 1 的概率越大；如果 ΔE_i 越是一个小负数，v_i 取 0 的概率越大。对照式（5-39）、式（5-40）和式（5-42），可得 v_i 取 1 的概率为

$$p_i = \frac{1}{1 + e^{-\Delta E_i / T}} \tag{5-43}$$

每次调整一个神经元的状态，根据被调整的神经元的输入，由式（5-43）决定取 1 还是取

0。每次调整后,系统总能量下降的概率总是大于上升的概率,所以系统的总能量呈下降趋势。

图 5-14(b)描述了能量函数随状态的变化。其中点 A 和点 B 是局部极小点,点 C 是全局极小点。在最优化计算时总是希望使搜索的结果停留在全局极小点而不是局部极小点,即求得最优解而不是次优解。通过前面的分析可知,Boltzmann 机状态的演化过程中达到 C 点状态的概率最大。

假定 Boltzmann 机中有 V_1 和 V_2 两种状态:在 V_1 状态下神经元 i 的输出 $v_i = 1$;V_2 状态下神经元 i 的输出 $v_i = 0$,而所有其他神经元在这两种状态下的取值都是一致的,另外假设两种状态出现的概率分别是 p_{v_1} 和 p_{v_2},则

$$\begin{cases} p_{v_1} = k \cdot p_i = \dfrac{k}{\left(1 + e^{-\frac{\Delta E_i}{T}}\right)} \\ p_{v_2} = k \cdot (1 - p_i) = \dfrac{ke^{-\frac{\Delta E_i}{T}}}{\left(1 + e^{-\frac{\Delta E_i}{T}}\right)} \end{cases}, k \text{ 为常数}, \Delta E_i = E_{v_2} - E_{v_1} \qquad (5\text{-}44)$$

从而可得 p_{v_1} 和 p_{v_2} 之间的关系为

$$\frac{p_{v_1}}{p_{v_2}} = \frac{1}{e^{-\frac{\Delta E_i}{T}}} = e^{-\frac{(E_{v_1} - E_{v_2})}{T}} \qquad (5\text{-}45)$$

从式(5-45)可见,Boltzmann 机处于某一状态的概率决定于该网络在此状态下的能量。

$$\begin{cases} E_{v_1} > E_{v_2} \Rightarrow e^{-E_{v_1} - \frac{E_{v_2}}{T}} < 1 \Rightarrow P_{v_1} < P_{v_2} \\ E_{v_1} < E_{v_2} \Rightarrow e^{-E_{v_1} - \frac{E_{v_2}}{T}} > 1 \Rightarrow P_{v_1} > P_{v_2} \end{cases} \qquad (5\text{-}46)$$

式(5-46)说明能量低的状态出现的概率大,能量高的状态出现的概率小。

另一方面,Boltzmann 机处于某一状态的概率也取决于温度参数 T:

①T 很高时,各状态出现的概率差异大大减小,也就是说网络停留在全局极小点的概率并不比局部极小点甚至非局部极小点高很多。从而网络不会陷在某个极小点里不能自拔,网络在搜索过程中能够"很快"地穿行于各极小点之间,但落入全局极小点的概率还是最大的,这一点保证了网络状态落入全局极小的可能性最大。

②T 很低时,情况正好相反。概率差距被拉大,一旦网络陷入某个极小点后,虽然有可能跳出该极小点,但所需的搜索次数是非常多的。这样就使得网络状态一旦达到全局极小点,跳出的可能性很小。

③$T \to 0$ 时,差距被无限扩展,跳出局部极小点的概率趋于无穷小。这一点可以保证网络状态稳定在全局极小点。

(2)学习算法

Boltzmann 机是一种随机神经网络,可使用概率中的似然函数度量其模拟外界环境概率分布的性能。因此,Boltzmann 机的学习规则就是根据最大似然规则,通过调整权值 w_{ij},最小化似然函数或其对数。

假设给定需要网络模拟其概率分布的样本集合 $\Im$,V_x 是样本集合中的一个状态向量,代

表网络中显见神经元的一个状态；V_y 表示网络中隐见神经元的一个可能状态，则 $V = [V_x, V_y]$ 即可表示整个网络所处的状态。

由于网络学习的最终目的是模拟外界给定样本集合的概率分布，而 Boltzmann 机含有显见神经元和隐见神经元，因此 Boltzmann 机的学习过程包括以下两个阶段：

①主动阶段：网络在外界环境约束下运行，即由样本集合中的状态向量 V_x 控制显见神经元的状态。定义神经元 i 和 j 的状态在主动阶段的平均关联为

$$\rho_{ij}^+ = \langle v_i v_j \rangle^+ = \sum_{V_x \in \mathfrak{I}} \sum_{V_y} P(V_y | V_x)_{v_i v_j} \tag{5-47}$$

其中，概率 $P(V_y | V_x)$ 表示网络的隐见神经元 V_y 在显见神经元 V_x 约束下的条件概率，它与网络在主动阶段的运行过程有关。

②被动阶段：网络不受外界环境约束，显见神经元和隐见神经元自由运行。定义神经元 i 和 j 的状态在被动阶段的平均关联为

$$\rho_{ij}^- = \langle v_i v_j \rangle^- = \sum_{V_x \in \mathfrak{I}} \sum_{V} P(V)_{v_i v_j} \tag{5-48}$$

式中，$P(V)$ 为网络处于 V 状态时的概率；v_i 和 v_j 与分别是神经元 i 和 j 的输出状态。由于网络在自由运行阶段服从 Boltzmann 分布，因此

$$P(V) = \frac{e^{-\frac{E(V)}{T}}}{\sum_V e^{-\frac{E(V)}{T}}} \tag{5-49}$$

式中，$P(V)$ 为网络处于 V 状态时的能量。

网络的权值 w_{ij} 按下面的规则进行调整：

$$w_{ij}(t+1) = w_{ij}(t) + \Delta w_{ij} = w_{ij}(t) + \frac{\eta}{T}(\rho_{ij}^+ - \rho_{ij}^-) \tag{5-50}$$

式中，$w_{ij}(t)$ 是在第 t 步时神经元 i 和 j 之间的连接权值；η 是学习速率；T 是网络温度。

网络在学习过程中，将样本集合 $\mathfrak{I}$ 的所有样本 V_x 送入网络运行，在主动阶段达到热平衡状态时，统计出 ρ_{ij}^+，从被动阶段运行的热平衡状态中统计出 ρ_{ij}^-，在温度 T 下根据式(5-49)对网络权值进行调整，如此反复，直至网络的状态能够模拟样本集合的概率分布为止。下面给出 Boltzmann 机的一般运行步骤。

设一个 Boltzmann 机具有 n 个随机神经元（p 个显见神经元，q 个隐见神经元），第 i 个神元与第 j 个神经元的连接权值为 w_{ij}，$i,j = 1,2,\cdots,n$，T_0 为初始温度，$m = 1,2,\cdots,M$ 为迭代次数。Boltzmann 机的运行步骤为：

①对网络进行初始化。设定初始温度 T_0、终止温度 T_{final}、概率阈值 ξ 以及网络各神经元的连接权值 w_{ij}。

②在温度 T_m 条件下，随即选取网络中的一个神经元 i，根据式(5-37)计算神经元 i 的输入信号总和 u_i。

③若 $u_i > 0$，即能量差 $\Delta E_i > 0$，取 $v_i = 1$ 为神经元 i 的下一状态值。若 $u_i < 0$，根据式(5-40)计算概率。若 $P_i \geq \frac{1}{3}$，则取 $v_i = 1$ 为神经元 i 的下一状态值，否则保持神经元 i 的状态不变。在此过程中，网络中其他神经元的状态保持不变。

④判断网络在温度 T_m 下是否达到稳定,若未达到稳定,则继续在网络中随机选取另一神经元 j,令 $j=i$,转至步骤②重复计算,直至网络在 T_m 下达到稳定。若网络在 T_m 下已达到稳定则转至步骤⑤。

⑤以一定规律降低温度,使 $T_{m+1} < T_m$,判断 T_{m+1} 是否小于 T_{final},若 $T_{m+1} \geqslant T_{\text{final}}$,则转至步骤②重复计算;若 $T_{m+1} < T_{\text{final}}$,则运行结束。此时在 T_m 下所求得的网络稳定状态,即为网络的输出。

对于上述的 Boltzmann 机的运行步骤需要注意以下几点:

①初始温度 T_0 的选择方法。初始温度 T_0 的选择主要有以下几种方法:随机选取网络中的 k 个神经元,选取这 k 个神经元能量的方差作为 T_0;在初始网络中选取使 ΔE 最大的两个神经元,取 T_0 为 $\Delta E_{\max}$ 的若干倍;按经验值给出 T_0 等。

②确定终止温度 T_{final} 的方法。主要根据经验选取,若在连续若干个温度下网络状态保持不变,也可认为已经达到终止温度。

③概率阈值 ξ 的确定方法。可以在网络初始化时按照经验确定或在网络每次运行过程中选取一个在 $[0,0.5]$ 之间均匀分布的随机数。

④网络权值 w_{ij} 的确定方法。在 Boltzmann 机运行之前先按照外界环境的概率分布设计好网络权值。

⑤在每一温度下达到热平衡的条件。通常在每一温度下,试验足够多的次数,直至网络状态在此温度下不再发生变化为止。

⑥降温的方法。通常采用指数的方法进行降温,即

$$T_{m+1} = \frac{T_0}{\log(m+1)}$$

为加快网络收敛速度,在实际中通常使用

$$T_m = \lambda T_{m-1}, m = 1,2,\cdots,M$$

式中,λ 为小于却接近于 1 的常数,通常取值在 0.8~0.99 之间。

4. Boltzmann 机的优缺点

Boltzmann 机具有以下优点:

①通过训练,神经元体现了与周围环境相匹配的概率分布。

②网络提供了一种可用于寻找、表示和训练的普遍方法。

③若保证学习过程中温度降低得足够慢,根据状态的演化,可以使网络状态的能量达到全局最小点。

另外,从学习的角度观察,Boltzmann 机的权值调整规则具有两层相反的含义:在主动阶段(外界环境约束条件下),这种学习规则本质上就是 Hebb 学习规则;在被动阶段(自由运行条件下),网络并没有学习到外界的概率分布或会遗忘外界的概率分布。

使用被动阶段的主要原因在于:由于能量空间最速下降的方向和概率空间最速下降的方向不同,因此需要运行被动阶段来消除两者之间的不同。

被动阶段的存在具有两个很大的缺点:

①增加计算时间。在外界约束条件下,一些神经元由外部环境约束,而在自由运行条件下,所有的神经元都自由运行,这样增加了 Boltzmann 机的随机仿真时间。

②对于统计错误的敏感。Boltzmann 机的学习规则包含了主动阶段关联和被动阶段关联的差值。当这种关联相类似时,取样噪声的存在使得这个差值更加不准确。

另外,虽然 Boltzmann 机是一种功能很强的学习算法,并能找出全局最优点,但是由于采用了 Metropolis 算法,其学习的速度受该模拟退火算法的制约,因而一般来说系统的学习时间比较长,这也是众多改进算法重点研究的问题之一。

5.3.2　Hopfield 网络

Hopfield 分别在 1982 年和 1984 年发表了两篇著名的文章:"Neural Networks and physical systems with emergent collective computation ability"和"Neurons with graded response have collective computational properties like those of two state neurons",从而揭开了反馈神经网络研究的新篇章。在这两篇文章中,他提出了一种具有相互连接的反馈型神经网络模型,将其定义的"能量函数"概念引入到神经网络研究中,给出了网络的稳定性判据。他用模拟电子电路实现了所提出的模型,并成功地用神经网络方法实现了四位 A-D 转换。所有这些有意义的成果不仅为神经网络硬件实现奠定了基础,也为神经网络的智能信息处理开拓了新途径(如联想记忆、优化问题求解等)。从时域上来看,Hopfield 神经网络可以用一组耦合的非线性微分方程来表示。

下面会看到,当网络神经元之间的连接权系数是齐次对称时,可以找到 Lyapunov 能量函数来描述此非线性动力学系统。且已经证明,此神经网络无论在何种初始状态下都能渐渐趋于稳定态。在一定的条件下,Hopfield 神经网络可以用作联想存储器。Hopfield 神经网络得到广泛应用的另一个特点是它具备快速优化能力,并将其成功地用于推销员旅行路径优化问题。Hopfield 神经网络的主要贡献在于成功地实现了联想记忆和快速优化计算。下面分别介绍离散型 Hopfield 神经网络和连续型 Hopfield 神经网络。

1. 离散型 Hopfield 网络

离散型 Hopfield 网络是一个单层网络,有 n 个神经元节点,每个神经元的输出均接到其他神经元的输入。各节点没有自反馈。每个节点都可处于一种可能的状态(兴奋或抑制),即当该神经元所受的刺激超过其阈值时,神经元就处于一种状态(比如 1),否则神经元就始终处于另一状态(比如 0 或 -1)。离散型 Hopfield 网络神经元状态可以表示为

$$f(\text{net}_j) = \text{sgn}(\text{net}_j) = \begin{cases} 1, & \text{net}_j \geq 0 \\ 0, & \text{net}_j < 0 \end{cases} \tag{5-51}$$

离散型 Hopfield 网络拓扑结构如图 5-18 所示。

离散 Hopfield 网络将其定义的"能量函数"概念引入到神经网络研究中,给出了网络的稳定性判据。Hopfield 教授用模拟电子线路实现了所提出的模型,并成功地用神经网络方法实现了 4 位 A/D 转换。

神经元的输出计算为

$$\text{Net}_i(k) = \sum_{j=1}^{N} w_{ij} y_j(k) + \theta_i \tag{5-52}$$

$$y_i(k+1) = f(\text{Net}_i(k)) \tag{5-53}$$

式中,k 表示时间变量;θ_i 表示外部输入;y_i 表示神经元输出,通常为 0 和 1 或 -1 和 1。

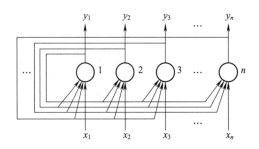

图 5-18 离散 Hopfield 网络拓扑结构图

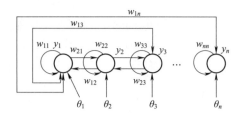

图 5-19 离散 Hopfield 网络的神经元网络结构

对于 n 个节点的离散 Hopfield 网络有 $2n$ 个可能的状态,网络状态可以用一个包含 0 和 1 的矢量来表示,如 $Y = (y_1 \quad y_2 \quad \cdots \quad y_n)$。每一时刻整个网络处于某一状态。状态变化采用随机性异步更新策略,即随机地选择下一个要更新的神经元,且允许所有神经元节点具有相同的平均变化概率。节点状态更新包括三种情况:$0{\rightarrow}1$、$1{\rightarrow}0$ 或状态保持。

例 5-2 假设一个三节点的离散 Hopfield 神经网络,已知网络权值与阈值如图 5-20(a)所示,图中圈内为阈值,线上为连接权值。求计算状态转移关系。

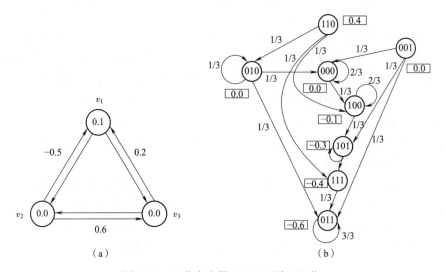

图 5-20 三节点离散 Hopfield 神经网络

以初始状态 $y_1 y_2 y_3 = 110$ 为例进行计算。假设首先选择节点 V_1,其激励函数为

$$\mathrm{Net}_1(1) = \sum_{j=1}^{N} w_{1j} y_j(0) + \theta_1 = (-0.5) \cdot 1 + (0.2) \cdot 1 + 0.10 = -0.2 < 0$$

节点 V_1 处于兴奋状态并且状态 y_1 由 $1{\rightarrow}0$。网络状态由 $110{\rightarrow}010$,转移概率为 $1/3$。同样其他两个节点也可以等概率发生状态变化。网络状态转移如图 5-20(b)所示,图中圈内为状态,线上为转移概率。系统状态 $y_1 y_2 y_3 = 011$ 是一个网络的稳定状态;该网络能从任意一个初始状态开始经几次的状态更新后都将到达此稳态。

仔细观察上图状态转移关系,就会发现 Hopfield 网络的神经元状态要么在同一"高度"上变化,要么从上向下转移。这样的一种状态变化有着它必然的规律。Hopfield 网络状态变化的核心是每个状态定义一个能量 E，任意一个神经元节点状态变化时，能量 E 都将减小。这也是 Hopfield 网络系统稳定的重要标记。

Hopfield 利用非线性动力学系统理论中的能量函数方法（或 Lyapunov 函数）研究反馈神经网络的稳定性，并引入了能量函数

$$E = -\frac{1}{2}Y^{\mathrm{T}}WY - Y^{\mathrm{T}}\boldsymbol{\Theta} = -\sum_{i=1}^{n}\left(\frac{1}{2}\sum_{\substack{j=1\\j\neq i}}^{n}w_{ij}y_j + \theta_i\right)y_i \tag{5-54}$$

离散 Hopfield 神经网络的稳定状态与能量函数 E 在状态空间的局部极小状态是一一对应的。

例 5-3　求解例 5-2 中的各状态能量。

解　首先看状态 $y_1y_2y_3 = 110$ 时，有

$$E = -\sum_{i=1}^{n}\left(\frac{1}{2}\sum_{\substack{j=1\\j\neq i}}^{n}w_{ij}y_j + \theta_i\right)y_i$$

$$= -\left[\frac{1}{2}(-0.5 \times 1 + 0.2 \times 0) + 0.1\right] \times 1 - \left[\frac{1}{2}(-0.5 \times 1 + 0.6 \times 0) + 0\right] \times 1 -$$

$$\left[\frac{1}{2}(0.2 \times 1 + 0.6 \times 1) + 0\right] \times 0 = 0.4$$

由图 5-20(b)可知，状态 110 可以转移到 000。状态 000 的能量为 0.0。同理，可以计算出其他状态对应的能量，结果如图 5-20(b)方框内的数字所示。显然，状态为 011 处的能量最小。从任意初始状态开始，网络沿能量减小方向更新状态，最终达到能量极小所对应的稳态。

神经网络的能量极小状态又称能量井。能量井的存在为信息的分布存储记忆、神经优化计算提供了基础。如果将记忆的样本信息存储于不同的能量井，当输入某一模式时，神经网络就能回想起与其相关记忆的样本实现联想记忆。一旦神经网络的能量井可以由用户选择或产生时，Hopfield 网络所具有的能力才能得到充分的发挥。能量井的分布是由连接权值决定的。因此，设计能量井的核心是如何获得一组合适的权值。

例 5-4　以图 5-21 中三节点离散 Hopfield 神经网络模型为例，要求设计的能量井为状态 $y_1y_2y_3 = 010$ 和 111。权值和阈值可在 $[-1,1]$ 区间取值，确定网络权值和阈值。

解　对于状态 A，$y_1y_2y_3 = 010$，当系统处于稳态时

$$w_{12} + \theta_1 < 0 \tag{1}$$
$$\theta_2 \tag{2}$$
$$w_{23} + \theta_3 < 0 \tag{3}$$

对于状态 B，$y_1y_2y_3 = 111$，当系统处于稳态时，有

$$w_{12} + w_{13} + \theta_1 > 0 \tag{4}$$
$$w_{12} + w_{23} + \theta_2 > 0 \tag{5}$$
$$w_{23} + w_{13} + \theta_3 > 0 \tag{6}$$

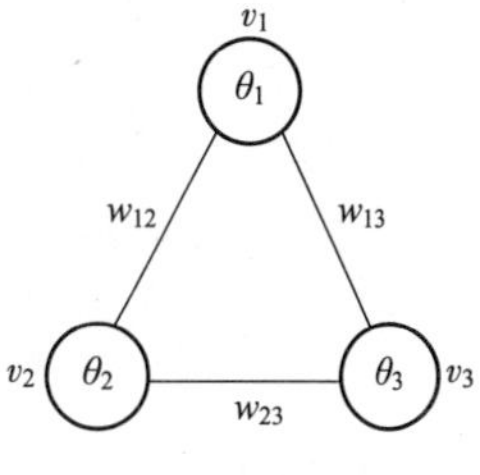

图 5-21　三节点离散 Hopfield 神经网络

取 $w_{12} = 0.5$，则

由(1)式，$-1 < \theta_1 \leqslant -0.5$，取 $\theta_1 = -0.7$；

由(4)式，$0.2 < w_{13} \leqslant 1$，取 $w_{13} = 0.4$；

由(2)式,$0 < \theta_2 \le 10$,取$\theta_2 = 0.2$;

由(5)式,$-0.7 < w_{23} \le 1$,取$w_{23} = 0.1$;

由(6)式,$-1 \le w_{13} < 0.5$,取$w_{13} = 0.4$;

由(3)式,$-1 < \theta_3 < -0.1$,取$\theta_3 = -0.4$。

由于网络权值和阈值的选择可以在某一个范围内进行。因此,它的解并不是唯一的。而且在某种情况下,所选择的一组参数虽然能满足能量井的设计要求,但同时也会产生不期望的能量井,这种稳定状态点称为假能量井。针对上例,如果选择的权值和阈值为:$w_{12} = 0.5$, $w_{13} = 0.5$,$w_{23} = 0.4$,$\theta_1 = 0.1$,$\theta_2 = 0.2$,$\theta_3 = -0.7$,则存在期望的能量井 010 和 111,以及假能量井 100。

2. 连续型 Hopfield 网络模型

1984 年 Hopfield 采用模拟电子线路实现了 Hopfield 网络,该网络中神经元的激励函数为连续函数,所以该网络也被称为连续 Hopfield 网络。在连续 Hopfield 网络中,网络的输入/输出均为模拟量,各神经元采用并行(同步)工作方式。与离散 Hopfield 网络相比,它在信息处理的并行性、实时性等方面更接近于实际生物神经网络的工作机理。

图 5-22 给出了 Hopfield 连续神经网络模型,图中 u_i 为第 i 个神经元的状态输入;R_i 与 C_i 分别为输入电阻和输入电容;I_i 为输入电流;w_{ij} 为第 j 个神经元到第 i 个神经元的连接权值;v_i 为神经元的输出,是神经元状态变量 u_i 的非线性函数。

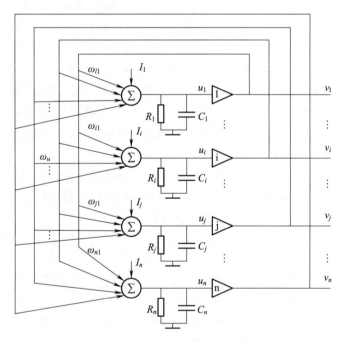

图 5-22   Hopfield 连续神经网络模型

对于 Hopfield 网络的第 i 个神经元,采用微分方程建立其输入/输出关系,即

$$C_i \frac{\mathrm{d}u_i}{\mathrm{d}t} = \sum_{j=1}^{n} w_{ij}v_j - \frac{u_i}{R_i} + I_i, i = 1,2,\cdots,n, \quad v_i = f(u_i) \tag{5-55}$$

函数 $f(\cdot)$ 为双曲函数,一般为

$$f(x) = \rho\,\frac{1 - e^{-x}}{1 + e^{-x}}, \rho > 0 \tag{5-56}$$

Hopfield 网络的动态特性要在状态空间中考虑,分别令 $U = [u_1, u_2, \cdots, u_n]^{\mathrm{T}}$ 为具有 n 个神经元的 Hopfield 神经网络的状态向量,$V = [v_1, v_2, \cdots, v_n]^{\mathrm{T}}$ 为输出向量,$I = [i_1, i_2, \cdots, i_n]^{\mathrm{T}}$ 为网络的输入向量。

为了描述 Hopfield 网络的动态稳定性,定义能量函数为

$$E = -\frac{1}{2}\sum_i \sum_j w_{ij} v_i v_j + \sum_i \frac{1}{R_i} \int_{v_i}^0 f_i^{-1}(v)\,\mathrm{d}v + \sum_i I_i v_i \tag{5-57}$$

式中,$f_i^{-1}(v)$ 为 v 的逆函数,即 $f_i^{-1}(v_i) = u_i$。

若权值矩阵 W 是对称的,即 $w_{ij} = w_{ji}$,则

$$\frac{\mathrm{d}E}{\mathrm{d}t} = \sum_{i=1}^n \frac{\partial E}{\partial v_i}\cdot\frac{\mathrm{d}v_i}{\mathrm{d}t} = -\sum_i \frac{\mathrm{d}v_i}{\mathrm{d}t}\left(\sum_{j=1}^n w_{ij} v_j - \frac{u_i}{R_i} + I_i\right) = -\sum_i \frac{\mathrm{d}v_i}{\mathrm{d}t}\left(C_i\frac{\mathrm{d}u_i}{\mathrm{d}t}\right) \tag{5-58}$$

由于 $v_i = f(u_i)$,则

$$\frac{\mathrm{d}E}{\mathrm{d}t} = -\sum_i C_i \frac{\mathrm{d}f^{-1}(v_i)}{\mathrm{d}v_i}\left(\frac{\mathrm{d}u_i}{\mathrm{d}t}\right)^2 \tag{5-59}$$

由于 $C_i > 0$,双曲线函数是单调上升函数,显然它的反函数 $f_i^{-1}(v)$ 也是单调上升函数,即有 $\frac{\mathrm{d}f^{-1}(v_i)}{\mathrm{d}v_i} > 0$,则可以得到 $\frac{\mathrm{d}E}{\mathrm{d}t} \le 0$,即能量函数 E 具有负的梯度,当且仅当 $\frac{\mathrm{d}u_i}{\mathrm{d}t} = 0$ 时,$\frac{\mathrm{d}E}{\mathrm{d}t} = 0$。由此可见,随着时间的演化,网络的解在状态空间中总是朝着能量 E 减小的方向运动。网络的最终输出向量 V 为网络的稳定平衡点,即 E 的极小点。

习　　题

5-1　简述生物神经元的结构和功能。

5-2　神经网络按照连接方式分为哪几类? 按学习方式分为哪几类?

5-3　什么是 BP 网络的泛化能力? 如何保证 BP 网络具有较好的泛化能力? 如何提高 BP 网络的泛化能力?

5-4　试述 BP 神经网络有哪些优点和缺点。

5-5　下列关于神经网络的说法错误的是(　　　)。

A. 生物神经网络是由中枢神经系统(脑和脊髓)及周围神经系统(感觉神经、运动神经等)所构成的错综复杂的神经网络

B. 人工神经网络是模拟人脑神经系统的结构和功能,运用大量复杂处理单元经广泛连接而组成的人工网络系统

C. 生物神经网络中最重要的是脑神经系统

D. 神经网络方法是隐式的知识表示方法

5-6　什么是有导师学习和无导师学习?

5-7　一个 BP 神经网络为三层结构，网络的输入模式为 X，期望输出模式为 Y，输入层至隐含层的初始连接权 W、隐含层至输出层的初始连接权 V、隐含层单元的阈值 θ 和输出层单元的阈值 γ 如下：

$$X = \begin{pmatrix} 1 \\ 3 \end{pmatrix}, Y = \begin{pmatrix} 0.95 \\ 0.05 \end{pmatrix}, W = \begin{pmatrix} 1 & 2 \\ -2 & 0 \end{pmatrix}, V = \begin{pmatrix} 1 & 1 \\ 0 & -2 \end{pmatrix}, \theta = \begin{pmatrix} 3 \\ -1 \end{pmatrix}, \gamma = \begin{pmatrix} -2 \\ 3 \end{pmatrix}$$

试采用标准 BP 算法实现对该 BP 网络的一次训练。

第6章　神经网络控制

6.1　神经网络控制系统

由于神经网络是从微观结构与功能上对人脑神经系统的模拟而建立起来的一类模型,具有模拟人的部分智能的特性,主要是具有非线性特性、学习能力和自适应性,使得神经网络控制能对变化的环境(包括外加扰动、量测噪声、被控对象的时变特性等三方面)具有自适应性,且成为基本上不依赖模型的一类控制,因此神经网络控制已成为"智能控制"的一个分支。

6.1.1　神经网络控制系统工作原理

1. 神经网络控制的基本思想

传统的基于模型的控制方式,是根据被控对象的数学模型及对控制系统要求的性能指标来设计控制器,并对控制规律加以数学解析描述;模糊控制是基于专家经验和领域知识总结出若干条模糊控制规则,构成描述具有不确定性复杂对象的模糊关系,通过被控系统输出误差和模糊关系的推理合成获得控制量,从而对系统进行控制。这两种控制方式都具有显式表达知识的特点。神经网络虽然不善于显式表达知识,但是它具有很强的逼近非线性函数的能力,即非线性映射能力。把神经网络用于控制正是利用它的这个特点。

众所周知,控制系统的目的在于通过确定适当的控制量输入,使系统获得期望的输出特性。图 6-1(a)给出了一般反馈控制系统的原理图,图 6-1(b)采用神经网络代替图 6-1(a)中的控制器。

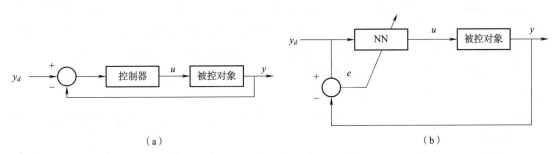

（a）　　　　　　　　　　　　　　　　　　（b）

图 6-1　反馈控制与神经网络控制

针对同样的任务,对神经网络如何工作分析如下:

设被控对象的输入 u 和系统输出 y 之间满足非线性函数关系

$$y = g(u) \tag{6-1}$$

控制的目的是确定最佳的控制量输入 u,使系统的实际输出 y 等于期望的输出 y_d。在该系统中,可把神经网络的功能看作输入/输出的某种映射,或称函数变换,并设它的函数关系为

$$u = f(y_d) \tag{6-2}$$

为了满足系统的实际输出 y 等于期望的输出 y_d，将式(6-2)代入式(6-1)，可得

$$y = g(f(y_d)) \tag{6-3}$$

显然，当 $f(\cdot) = g^{-1}(\cdot)$ 时，满足 $y = y_d$ 的要求。

由于采用神经网络控制的被控对象一般是复杂的且多具有不确定性，因此非线性函数 $g(\cdot)$ 是难以建立的，可以利用神经网络具有逼近非线性函数的能力来模拟 $g^{-1}(\cdot)$。尽管 $g(\cdot)$ 的形式未知，但通过系统的实际输出 y 与期望的输出 y_d 之间的误差来调整神经网络中的连接权重，即让神经网络学习，直至误差

$$e = y - y_d \to 0 \tag{6-4}$$

最小的过程，就是神经网络模拟 $g^{-1}(\cdot)$ 的过程，它实际上是对被控对象的一种求逆过程，由神经网络的学习算法实现这一求逆过程，就是神经网络实现直接控制的基本思想。

2. 神经网络在控制系统中的作用

目前人工神经网络在自动控制系统中的应用几乎涉及各个方面，包括系统辨识、非线性系统控制、智能控制、优化计算及控制系统的故障诊断与容错控制等。

神经网络在控制系统中的作用主要有：

①神经网络对于复杂不确定性问题的自适应能力和学习能力，可以被用作控制系统中的补偿环节和自适应环节等。

②神经网络对任意非线性关系的描述能力，可以用于非线性系统的辨识和控制等。

③神经网络的非线性动力学特性所表现的快速优化计算能力，可以用于复杂控制问题的优化计算等。

④神经网络对大量定性或定量信息的分布存储能力、并行处理与合成能力，可以用作复杂控制系统中的信息转换接口，以及对图像、语言等感觉信息的处理和利用。

⑤神经网络的并行分布处理结构所带来的容错能力，可以应用于非结构化过程的控制。

3. 已取得的成果与发展展望

作为一种刚刚兴起且比较活跃的智能控制方法，神经网络控制目前所取得的进展为：

①基于神经网络的系统辨识：可在已知常规模型结构的情况下，估计模型的参数；或利用神经网络的线性、非线性特性，建立线性、非线性系统的静态、动态、逆动态及预测模型。

②神经网络控制器：神经网络作为控制器，可实现对不确定系统或未知系统进行有效控制，使系统达到所要求的动态、静态特性。

③神经网络与其他算法的结合：神经网络与专家系统、模糊逻辑、遗传算法等相结合可构成新型控制器。

④优化计算：在常规控制系统的设计中，常遇到求解约束优化问题，神经网络为这类问题提供了有效的途径。

⑤控制系统的故障诊断：利用神经网络的逼近特性，可对控制系统的各种故障进行模式识别，从而实现控制系统的故障诊断。

神经网络控制在理论和实践上，以下问题是研究的重点：

①神经网络的稳定性与收敛性问题。

②神经网络控制系统的稳定性与收敛性问题。

③神经网络学习算法的实时性。

④神经网络控制器和辨识器的模型和结构。

6.1.2　神经网络控制系统结构

神经控制器的结构随其分类方法的不同而有所不同。综合目前各国专家的分类法,本节将一些典型的神经网络控制结构和学习方式归结为以下四类。

1. 导师指导下的控制器

在许多情况下为了实现某一控制功能,简单地教会神经网络控制器模拟人做同样一件任务的操作行为是可能的。这种控制结构是假设人能够直接进行这类任务的控制,只是从价格、速度、兼容性和安全性考虑需采用自动控制方式。这种神经网络控制结构的学习样本直接取自于专家的控制经验。神经网络的输入信号来自传感器的信息和命令信号,神经网络的输出就是系统的控制信号,其结构如图 6-2 所示。一旦神经网络的训练达到了能够充分描述人的控制行为,则网络训练结束,神经网络控制器就可以直接投入实际系统运行。这种控制器结构简单,控制成功的把握大。在功能上它能模拟人类的控制技巧,同专家控制具有相当的功能,从获取知识的角度来看,神经网络更胜一筹。这种控制器的缺陷是其网络的

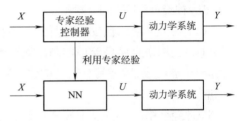

图 6-2　导师指导下的神经网络控制

训练只涉及静态过程,缺乏在线学习机制,且在网络训练时控制器不能投入实际运行。

2. 逆控制器

如果一个动力学系统可以用一个逆动力学函数来表示,则采用简单的控制结构和方式是可能的,图 6-3 给出了这种控制器的结构。神经网络训练目的就是逼近此系统的逆动力学模型。神经网络接收系统的被控状态信息,神经网络的输出与该被控系统的控制信号之差作为调整神经网络权系数的校正信号,并可利用常规的 BP 学习算法(当然改进的算法更佳)来进行控制网络的训练。一旦训练成功,从理论上来看只要直接把神经网络控制器接到动力学系统的控制端就可以实现无差跟踪控制,即要实现期望的控制输出只要将此信息加到神经网络的输入端即可。

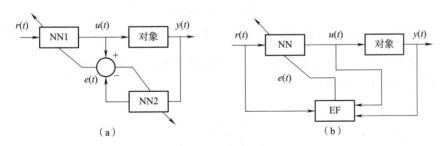

图 6-3　NN 直接逆控制

在图 6-3(a)中,网络 NN1 和 NN2 具有相同的逆模型网络结构,而且采用同样的学习算法。NN1 和 NN2 的结构是相同的,二者应用相同的输入、隐含层和输出神经元数目。对于未

知对象,NN1 和 NN2 的参数将同时调整,NN1 和 NN2 将是对象逆动态的一个较好的近似。图 6-3(b)为神经网络直接逆控制的另一种结构方案,图中采用了一个评价函数(EF)。

3. 神经网络自适应控制

神经网络自适应控制分为两类,即自校正控制(STC)和模型参考适应控制(MRAC)。自校正控制和模型参考适应控制之间的差别在于:自校正控制根据受控系统的正/逆模型辨识结果直接调节控制器的内部参数,以期能够满足系统的给定性能指标;在模型参考适应控制中,闭环控制系统的期望性能是由一个稳定的参考模型描述的,而该模型又是由输入/输出对 $\{r(t),y'(t)\}$ 确定的。控制系统的目标在于使受控装置的输入 $y(t)$ 与参考模型的输出渐近地匹配,即

$$\lim\|y'(t)-y(t)\|\leq\varepsilon \tag{6-5}$$

式中,ε 为指定常数。

(1)神经网络自校正控制

基于神经网络的自校正有两种类型:直接自校正和间接自校正。

①神经网络直接自校正控制。该控制系统由一个常规控制器和一个具有离线辨识能力的识别 STC 器组成,后者具有很高的建模精度。神经网络自校正控制的结构基本上与直接逆控制相同。

②神经网络间接自校正控制。该控制系统由一个神经网络控制器和一个能够在线修正的神经网络识别器组成,图 6-4 表示神经网络间接自校正控制的结构。

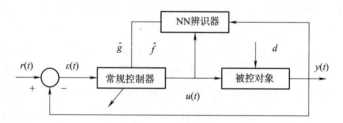

图 6-4 神经网络间接自校正控制

通常假设受控对象为单变量非线性系统

$$y_{k+1}=f(y_k)+g(y_k)u_k \tag{6-6}$$

式中,$f(y_k)$ 和 $g(y_k)$ 为非线性函数。令 $\hat{f}(y_k)$ 和 $\hat{g}(y_k)$ 分别代表 $f(y_k)$ 和 $g(y_k)$ 的估计值。如果 $f(y_k)$ 和 $g(y_k)$ 是由神经网络离线辨识的,那么能够得到足够近似精度的 $\hat{f}(y_k)$ 和 $\hat{g}(y_k)$,而且可以直接给出常规控制律

$$u_k=\frac{[y_{d,k+1}-\hat{f}(y_k)]}{\hat{g}(y_k)} \tag{6-7}$$

式中,$y_{d,k+1}$ 为在 $(k+1)$ 时刻的期望输出。

(2)神经网络模型参考自适应控制

基于神经网络的模型参考自适应控制也分为两类,即神经网络直接模型参考自适应控制和神经网络间接模型参考自适应控制。

①神经网络直接模型参考自适应控制。从图 6-5 的结构可知,直接模型参考自适应控制神经网络控制器力图维持受控对象输出与参考模型输出之间的差 $e_r(t) = y(t) - y^m(t) \to 0$。由于误差的反向传播需要知道受控对象的数学模型,因而给 NNC 的学习与修正带来了许多问题。

②神经网络间接模型参考自适应控制。该控制系统结构如图 6-6 所示,图中,首选由神经网络识别器(NNI)离线辨识受控对象的前馈模型,然后由 $e_i(t)$ 进行在线学习与修正。显然,NNI 能提供误差 $e_c(t)$ 或者其变化率的反向传播。

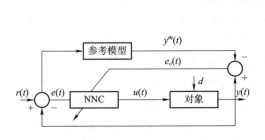

图 6-5　神经网络直接模型参考自适应控制　　图 6-6　神经网络间接模型参考自适应控制

4. 神经网络预测控制

预测控制是 20 世纪 70 年代发展起来的一种控制算法,是一种基于模型的控制,具有预测模型、滚动优化和反馈校正等特点。该控制方法对于非线性系统能够产生有希望的稳定性。图 6-7 表示神经网络预测控制的一种结构方案,图中,神经网络预测器 NNP 为神经网络模型,NLO 为非线性优化器。NNP 预测受控对象在一定范围内的未来响应。

$$y(t+j \,|\, t), \quad j = N_1, N_1 + 1, \cdots, N_2$$

式中,N_1 和 N_2 分别称为输出预测的最小级别和最大级别,是规定跟踪误差和控制增量的常数。

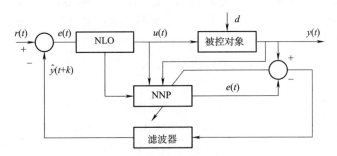

图 6-7　神经网络预测控制

如果在时刻$(t+j)$的预测误差定义为

$$e(t+j) = r(t+j) - y(t+j \,|\, t) \tag{6-8}$$

那么非线性优化器 NLO 将选择控制信号 $u(t)$ 使二次性能判据 J 为最小

$$J = \sum_{j=N_1}^{N_2} e^2(t+j) + \sum_{j=1}^{N_2} \lambda_j \Delta^2 u(t+j-1) \tag{6-9}$$

式中,$\Delta u(t+j-1) = u(t+j-1) - u(t+j-2)$,而 λ 为控制权值。

6.2　基于神经网络的系统辨识

6.2.1　原理与基础知识

系统辨识是 20 世纪 60 年代开始迅速发展起来的一门学科，它是现代控制理论的重要组成部分。数字计算机的快速发展为系统辨识提供了十分有效的计算工具。单变量线性系统的辨识理论和方法已趋成熟。然而，对于多变量线性系统辨识，包括多变量系统的结构辨识，近 10 年来受到了普遍重视。但由于在噪声背景下辨识问题的高度复杂性，多变量系统的辨识还有很多问题有待解决。与多变量系统辨识相比，非线性系统的辨识更加复杂，且研究进展十分缓慢。传统的非线性系统辨识都是基于如下三种基本结构模式：函数级数展开、方块图系统和非线性微分（或差分）方程模型。神经网络理论的出现为非线性系统辨识提供了新的思路。

所谓辨识，扎德（L. A. Zadeh）曾经下过这样的定义："辨识是在输入和输出数据的基础上，从一组给定的模型中，确定一个与所测系统等价的模型。"这个定义明确了辨识的三个基本要素：

①输入/输出数据：指能够测量到的系统输入/输出。

②模型类：指所考虑的系统的结构。

③等价准则：指辨识的优化目标。

由于实际上不可能找到一个与实际系统完全等价的模型，因此，从实用角度来看，辨识就是从一组模型中选择一个模型，按照某种准则，使之能最好地拟合所关心的实际系统动态或静态特性。

神经网络辨识就是从神经网络模型中选择一个模型来逼近实际系统模型。一旦确认系统具有非线性特征以后，系统辨识的任务就是选择适当模型来描述它。描述非线性系统的模型结构不同，其参数估计的方法也有所不同。由于非线性系统的复杂性，至今还没有一套适用于所有非线性系统模型参数估计的有效方法。神经网络系统本质上来说是一种非线性映射，它从某一输入空间通过网络变换，映射到输出空间，这种非线性逼近关系在系统控制中也是相当重要的。

使用非线性系统的输入/输出数据来训练神经网络可认为是非线性函数的逼近问题。逼近理论是一种经典的数学方法。大家知道，多项式函数和其他逼近方法都可以逼近任意的非线性函数，但由于其学习能力和并行处理能力不及神经网络，从而使得神经网络的逼近理论研究得到迅速发展。前面已提到，多层前向传播网络能够逼近任意 L^2 连续的非线性函数，因此对于多层前向传播神经网络逼近问题的关键在于如何确定隐含层和隐含激励神经元的个数，以便能最佳地逼近给定的非线性对象。Chester（1990）从实验观察和分析中给出了理论上的支持，认为双隐层的神经网络比单隐层的神经网络具备更高的逼近精度。至于对于 N 个变量的连续函数到底需要多少隐含层、多少隐含神经元，目前暂没有公认的结论。

神经网络用于系统辨识的实质就是选择一个适当的神经网络模型来逼近实际系统，即 $\hat{S}_M$ 为神经网络模型类，$\hat{P} \in \hat{S}_M$ 为神经网络。考虑到多层前向传播网络具备良好的学习算法，本章选择多层前向传播网络为 $\hat{S}_M$，模型类 $\hat{P}$ 为能充分逼近实际系统而又不过分复杂的多层网络。与传统基于算法的系统辨识一样，神经网络辨识同样也需首先考虑以下三大因素：

①模型的选择：模型只是在某种意义下对实际系统的一种近似描述，它的确定要兼顾精确性和复杂性。因为如果要求模型越精确，模型就会变得越复杂；相反，如果适当降低模型精度要求，只考虑主要因素而忽略次要因素，模型就可以简单些。所以，在建立实际系统模型时，存在着精确性和复杂性这一对矛盾。在神经网络辨识这一问题上主要表现为网络隐含层数的选择和隐含层内节点数的选择。由于神经网络隐含节点的最佳选择目前还缺乏理论上的指导，因此实现这一折中方案的唯一途径是进行多次仿真实验。

②输入信号的选择：为了能够精确有效地对未知系统进行辨识，输入信号必须满足一定的条件。从时域上来看，要求系统的动态过程在辨识时间内必须被输入信号持续激励，即输入信号必须充分激励系统的所有模态；从频域上来看，要求输入信号的频谱必须足以覆盖系统的频谱。通常在神经网络辨识中可选用白噪声或伪随机信号作为系统的输入信号。对于实际运行系统而言，选择测试信号需考虑对系统安全运行的影响。

③误差准则的选择：误差准则是用来衡量模型接近实际系统的程度的标准，它通常表示为一个误差的泛函，记作

$$E(W) = \sum_k f(e(k)) \tag{6-10}$$

式中，$f(\cdot)$ 是误差矢量 $e(k)$ 的函数，用得最多的是二次方函数，即

$$f(e(k)) = e^2(k) \tag{6-11}$$

这里的误差 $e(k)$ 指的是广义的误差，既可以表示输出误差又可以表示输入误差甚至是两种误差函数的合成。

神经网络的辨识在以上三大要素确定以后就归结为一个最优化问题。传统辨识算法是建立依赖于参数的系统模型，并把辨识问题转化为对模型参数的估计问题。与传统辨识方法不同，神经网络辨识具有以下五个特点：

①不要求建立实际系统的辨识格式。因为神经网络本质上已作为一种辨识模型，其可调参数反映在网络内部的权值上。

②可以对本质非线性系统进行辨识，而且辨识是通过网络外部的输入/输出来拟合系统的输入/输出，网络内部隐含着系统的特性。因此这种辨识是由神经网络本身实现的，是非算法式的。

③辨识的收敛速度不依赖于待辨识系统的维数，只与神经网络本身及其所采用的学习算法有关，传统的辨识方法随模型参数维数的增大而变得很复杂。

④由于神经网络具有大量的连接，这些连接之间的权值在辨识中对应于模型参数，通过调节这些权值使网络输出逼近系统输出。

⑤神经网络作为实际系统的辨识模型，实际上也是系统的一个物理实现，可以用于在线控制。

6.2.2　基于神经网络的系统辨识

系统辨识的原理如图 6-8 所示，给对象和辨识模型施加相同的输入，得到对象的输出 y 和

模型的输出 $\hat{y}$,两者的误差为 $e = y - \hat{y}$。系统辨识的原理就是通过调整辨识模型的结构来使 e 最小。

在神经网络系统辨识中,神经网络用作辨识模型,将对象的输入/输出状态 u,y 看作神经网络的训练样本数据,以 $J = \dfrac{1}{2}e^2$ 作为网络训练的目标,则通过用一定的训练算法来训练网络,使 J 足够小,就可以达到辨识对象模型的目的。

非线性动力学系统的神经网络建模问题根据模型的表示方式不同主要有两大类:前向建模法和逆模型法。前向建模法指的是利用神经网络来逼近非线性系统的前向动力学模型,其结构如图 6-9 所示。

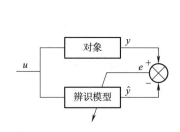

图 6-8　系统辨识的原理

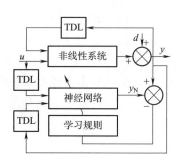

图 6-9　前向建模示意图

其中 TDL 表示延迟抽头。神经网络模型在结构上与实际系统并行。直接利用系统的实际输出作为网络训练的导师信号,即将系统的实际输出与神经网络输出的误差作为网络训练的信号。目前对于动态系统的建模有两种方法。一种是把系统动力学特性直接引入网络本身中,如回归网络模型和动态神经元模型;另一种是在网络输入信号中考虑系统的动态因素,即将输入/输出的滞后信号加到网络输入中,形成一种动态关系。由于多层前向传播网络具备良好的学习算法,因此动态系统的建模方法往往选择前向多层传播网络。不失一般性,考虑这样一类非线性离散动态系统。

$$y(k+1) = f(y(k), \cdots, y(k-n+1), u(k), u(k-1), \cdots, u(k-m+1)) \qquad (6-12)$$

当前 $k+1$ 时刻的系统输出依赖于过去时刻的 n 个输出值和过去时刻的 m 个控制值。比较直观的一种建模方法是选择的神经网络的输入/输出结构与系统的结构一致,即记 y_N 为神经网络的输出,则

$$y_N(k+1) = f(y(k), \cdots, y(k-n+1), u(k), u(k-1), \cdots, u(k-m+1)) \qquad (6-13)$$

式中,f 为神经网络的输入/输出非线性映射。

注意,网络的输入包括实际系统输出的过去值 $y(k), y(k-1), \cdots, y(k-n+1)$。式(6-13)表示的是一种通用的非线性动态系统模型。通常说来,针对同一非线性离散动态系统,用神经网络来辨识系统是相当复杂的,即可有多种神经网络结构来逼近此系统模型。前向建模的方法建立起来的神经网络模型表示的系统是从系统的输入 u 经过前向网络传播后输出 y。这种方法确实反映了系统动力学模型的输入/输出关系。然而,在大多数基于神经网络控制的非线性系统中,往往要考虑动态系统的逆模型,如何建立非线性系统的逆模型对于神经控制是至关

重要的。因此有必要先引入逆模型法。逆模型建立的最直接的方法是将系统输出作为网络的输入,网络输出与其期望输出即系统的输入进行比较得到误差作为此神经网络训练的信号,如图 6-10 所示。

但是这种逆模型法在实用上并不理想。其主要原因在于此方法存在以下缺陷:

①学习过程不一定是目标最优的。大家知道,如果要求神经网络准确地逼近给定的非线性函数,其训练的样本空间应尽量选择系统可能达到的大范围内的数据。然而,实际系统运行中的控制信号往往是针对某一过程而言的,这样用来训练神经网络模型的学习信号并不能完全表示整个非线性系统的特性,因此存在局部逼近的问题。

② 一旦非线性系统的对应关系不是一对一的,那么逆模型的建立可能会是不准确的。

克服缺陷①可以参考其他系统辨识的方法,适当地在稳定工作态下加入一个小幅值的随机输入信号,从而提高系统的可辨识能力。解决这一问题的另一途径是可采用图 6-11 所示的逆模型建模结构。在这种结构中,逆模型的输入可以遍及整个系统的输入空间。

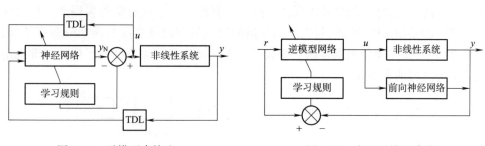

图 6-10　逆模型直接法　　　　图 6-11　实用逆模型建模

在系统理论中,相当一部分系统可以用矢量微分方程或矢量差分方程来描述。即可用以下两式分别表示:

$$\begin{cases} \dot{X}(t) = \Phi((X(t)),U(t)) \\ Y(t) = \Psi(X(t)) \end{cases} \tag{6-14}$$

式中,$X(t)$ 为状态矢量,$X(t) = (x_1(t),x_2(t),\cdots,x_n(t))^{\mathrm{T}}$;$U(t)$ 为控制输入矢量,$U(t) = (u_1(t),u_2(t),\cdots,u_p(t))^{\mathrm{T}}$;$Y(t)$ 为输出矢量,$Y(t) = (y_1(t),x_2(t),\cdots,y_m(t))^{\mathrm{T}}$;$\Phi$ 为静态非线性映射,$\boldsymbol{R}^n \times \boldsymbol{R}^m \to \boldsymbol{R}^n$;$\Psi$ 为静态非线性映射,$\boldsymbol{R}^n \to \boldsymbol{R}^m$。

或

$$\begin{cases} \dot{X}(k+1) = \Phi((X(k)),U(k)) \\ Y(k+1) = \Psi(X(k+1)) \end{cases} \tag{6-15}$$

式中,$X(k)$、$U(k)$、$Y(k)$ 分别为 n 维、p 维、m 维状态矢量序列。

神经网络系统辨识的基本思想是利用神经网络的非线性映射特性来逼近动态系统的非线性函数 Φ 和 Ψ。其最基本的辨识系统框图如图 6-12 所示。

由于前向传播网络具备良好的学习性能,因此其已被广泛地用于模式识别、图像处理、信号处理等领域。但是,对于一般控制系统而言,动态特性是最基本的。如何利用静态神经网络来描述动态系统一直是控制工程师们致力解决问题的方向。对于神经网络辨识而言,在通常情况下，神经网络模型会与其他一些如控制器、反馈环节等进行不同方式的连接构成一般性的神经网络结构。下面，在讨论动态系统的神经网络辨识问题之前，先介绍动态前向传播网络模型。

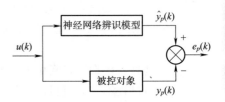

图6-12　神经网络辨识系统框图

1990 年，美国自适应控制专家 Narendra 教授和他的博士生共同在这一方面作了开拓性的工作。他们重点讨论了由非线性神经网络和线性的动态模型组成的四种典型非线性系统(见图6-13)的学习问题，其中 NN 表示多层前向传播网络，$W(z)$ 表示线性系统的传递函数。把它们组合起来即成为一个非线性动态系统。不难看出，在第三种结构中，当 $W(z) = 0$ 时，网络就退化为多层前向传播网络；而当 $W(z) = \text{diag}(z^{-1}, z^{-1}, \cdots, z^{-1})$，即对角线上全为单位时延算子的矩阵时，这一网络就是多层前向传播网络与 Hopfield 网络的结合。一旦 NN 退化为单层时，整个网络就变成纯 Hopfield 网络了。现在的问题是如何对这些动态网络结构进行训练。在这里，仍然借用误差反向传播算法。由于在通常的多层前向传播网络中该反向传播算法是静态的，因此，每次反向传播的误差只与网络当前的误差分布有关，而引入动态系统 $W(z)$ 后误差的传播则实质上变成了一个动态过程。动态反向传播的关键就是要找到反映该动态过程的关系式。

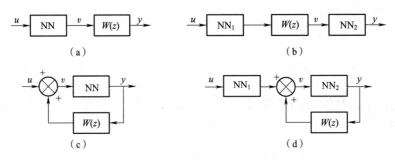

图6-13　非线性动态神经网络框图

设网络的观察输出 $Y = (y_1, y_2, \cdots, y_m)^{\mathrm{T}}$，目标输出 $T = (t_1, t_2, \cdots, t_m)^{\mathrm{T}}$，相应的输入模式为 $U = (u_1, u_2, \cdots, u_n)^{\mathrm{T}}$，设网络训练的指标为

$$J = \sum_j \|e_j\|^2 = \sum_j \|t_j - y_j\|^2 \tag{6-16}$$

当输入模式动态地在各采样时刻提供给网络时，指标函数也可以取作某一时间段内各误差的方均值，即取

$$J = \frac{1}{P} \sum_{j=k-P+1}^{k} \|e_j\|^2 \tag{6-17}$$

式中，P 为适当选取的整数。

动态反向传播算法仍然依据梯度法的思想，即

$$\Delta w_{ji} = -\eta \, \nabla J \,|\, w_{ji} = w_{ji\text{norm}} \tag{6-18}$$

式中，$w_{ji\text{norm}}$ 为 w_{ji} 的当前值。

同传统的 BP 学习算法一样，动态反向传播算法的关键问题在于计算 $\partial e / \partial w_{ji}$。下面针对以上四种非线性一般化神经网络动态模型结构分别给出相应的学习算法。

对于图 6-13(a)所示模型,有

$$
\begin{cases}
Y(z) = W(z)V(z) \\
\dfrac{\partial e}{\partial w_{ji}} = -\dfrac{\partial y}{\partial w_{ji}} = -W(z)\dfrac{\partial v}{\partial w_{ji}}
\end{cases}
\tag{6-19}
$$

用静态 BP 学习算法计算 $\partial v/\partial w_{ji}$,经过一个动态系统中 $W(z)$ 后得到当前时刻的 $\partial e/\partial w_{ji}$ 各个值。

对于图 6-13(b)所示模型,若针对神经网络 NN_2 的权系数训练,可直接套用 BP 学习算法,而对于神经网络 NN_1 的权系数训练,则可利用复合微分的规则得到

$$
\frac{\partial e}{\partial w_{ji}} = -\frac{\partial y}{\partial w_{ji}} = -\sum_k \frac{\partial y}{\partial v_k}\frac{\partial v_k}{\partial w_{ji}}
\tag{6-20}
$$

式中,$\partial v_k/\partial w_{ji}$ 可用图 6-13(a)所示模型的方法计算,$\partial y/\partial v_k$ 用静态 BP 学习算法计算。

对于图 6-13(c)所示模型

$$
\frac{\partial e}{\partial w_{ji}} = -\frac{\partial y}{\partial w_{ji}} = -\frac{\partial NN(v)}{\partial v}\Big[W(z)\frac{\partial y}{\partial w_{ji}}\Big] + \frac{\partial NN(v)}{\partial w_{ji}}
\tag{6-21}
$$

式中,$\partial NN(v)/\partial v$ 和 $\partial NN(v)/\partial w_{ji}$ 分别表示在当前点取值的 Jacobi 矩阵和矢量,它们可以在每一个时刻求出,作为这个线性差分方程的系数矩阵和矢量。

对于图 6-13(d)所示模型,NN_2 可用图 6-13(c)所示模型的方法训练,而对 NN_1 则有

$$
\frac{\partial e}{\partial w_{ji}} = -\frac{\partial y}{\partial w_{ji}} = -\frac{\partial NN(v)}{\partial v}\Big[W(z)\frac{\partial y}{\partial w_{ji}}\Big] + \frac{\partial NN(v)}{\partial w_{ji}}
\tag{6-22}
$$

从上面的分析可以看出,由于计算是反向进行的,前面的网络计算不受后面网络计算的影响,即对通用网络,反向传播方法对以单个 BP 网络为单元的情况也是适用的,这在结构复杂网络的训练中显得尤为重要。但动态反向传播一般总比静态反向传播要复杂得多,因此在选取辨识模型时应尽量利用静态反向传播算法。

前面介绍了通用动态神经网络的辨识问题。有了通用神经网络结构的学习算法以后,接下来就是如何解决单一神经元模型的辨识和学习问题。对于离散的非线性动态模型式 (6-15),如果系统是线性系统,具有未知的模型参数,且系统是可控可观的,则可以采用以下两种辨识模型:

$$
\hat{y}_P(k+1) = \sum_{i=0}^{n-1}\hat{\alpha}_i\,\hat{y}_P(k-i) + \sum_{j=0}^{m-1}\hat{\beta}_j u(k-j)
\tag{6-23}
$$

$$
\hat{y}_P(k+1) = \sum_{i=0}^{n-1}\hat{\alpha}_i y_P(k-i) + \sum_{j=0}^{m-1}\hat{\beta}_j u(k-j)
\tag{6-24}
$$

式中,$\hat{\alpha}_i(i=0,1,\cdots,n-1)$ 和 $\hat{\beta}_j(j=0,1,\cdots,m-1)$ 为可调参数。

式(6-23)和式(6-24)所表示的模型分别称为并联模型和串联模型。为产生稳定的自适应控制规律,并联模型比串联模型更可取,在这种情况下,自适应算法的一个典型形式为

$$
\hat{\xi}_i(k+1) = \hat{\xi}_i(k) - \eta\frac{e(k+1)y_P(k+1)}{1+\sum_{i=0}^{n-1}\hat{y}_P^2(k-i) + \sum_{j=0}^{m-1}u^2(k-j)}
\tag{6-25}
$$

式中,η 为步长,$\eta>0$;$\hat{\xi}$ 为辨识模型的可调参数矢量,$\hat{\xi}=[\hat{\alpha}_0,\hat{\alpha}_1,\cdots,\hat{\alpha}_{n-1},\hat{\beta}_0,\hat{\beta}_1,\cdots,\hat{\beta}_{m-1}]^\mathrm{T}$。

对于非线性系统,尽管有许多专家学者对诸如可控性、可观性、反馈稳定性以及观察器的设计等进行了一些研究,都没有得到像线性系统那样有效的结论。因此如何选择非线性系统的辨识模型和控制模型是个困难的问题。

由于实际上不可能寻找到一个与实际系统完全等价的模型,因此从更实用的观点来看,辨识就是从一组模型中选择一个模型,按照某种准则,使之能最好地拟合实际系统的动态或静态特性。图 6-14 给出了常见的神经网络辨识结构。

设系统的输入空间为 Ω_u,输出空间为 Ω_g,实际系统可以表示为一个从输入空间到输出空间的算子 $P:\Omega_u \rightarrow \Omega_g$。给定一个模型类 S_M,设 $P \in$

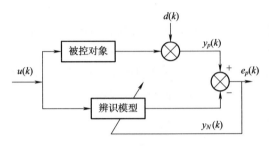

图 6-14　神经网络辨识结构

S_M,则辨识的目的就是确定一个 S_M 的子集类 $\hat{S}_M$,使其中存在 $\hat{P} \subset \hat{S}_M$,且 P 在给定的准则下,$\hat{P}$ 为 P 的一个最佳逼近。无论是静态或动态系统,实际系统的静动态特性必然表现在其变化着的输入/输出数据之中,而辨识只不过是利用数学的方法从这些数据序列中提炼出系统 P 的学习模型 $\hat{P}$ 而已。即确定 $\hat{P}$,使下式成立:

$$\|y_N - y_P\| = \|\hat{P}(u) - P(u)\| \leqslant \varepsilon \ \forall \, u \in \Omega \tag{6-26}$$

式中,ε 可预先由辨识准则给定,$\varepsilon > 0$。

6.3　神经网络控制器设计

6.3.1　神经网络直接逆模型控制

直接逆模型控制法是最直观的一种神经网络控制器实现方法,其基本思想就是假设被控系统可逆,通过离线建模得到系统的逆模型网络,然后直接用这一逆模型网络去控制被控对象。考虑单输入-单输出系统

$$y(k+1) = f(y(k), \cdots, y(k-n+1), u(k), u(k-1), \cdots, u(k-m)) \tag{6-27}$$

式中,y 为系统的输出变量;u 为系统的输入变量;n 为系统的阶数;m 为输入信号滞后阶;$f(\cdot)$ 为任意的线性或非线性函数。

如果已知系统阶次 n、m,并假设式(6-27)可逆,则存在函数 $g(\cdot)$,有

$$u(k) = g(y(k+1), \cdots, y(k-n+1), u(k-1), \cdots, u(k-m)) \tag{6-28}$$

对于式(6-28),若能用一个多层前向传播神经网络来实现,则网络的输入/输出关系为

$$u_N = \Pi(X) \tag{6-29}$$

式中,u_N 为神经网络的输出,它表示训练完成后神经网络产生的控制作用;Π 为神经网络的输入/输出关系式,它用来逼近被控系统的逆模型函数 $g(\cdot)$;X 为神经网络的输入矢量,即

$$X = (y(k+1), \cdots, y(k-n+1), u(k-1), \cdots, u(k-m))^{\mathrm{T}}$$

这样,神经网络共有 $n+m+1$ 个输入节点、1 个输出节点。神经网络的隐含节点数根据具体情况决定。可以知道,如果以上逆动力学模型可以用某个神经网络模型来逼近,则直接逆模型控

制法的目的在于产生一个期望的控制量使得在此控制作用下系统输出为期望输出。为了达到这一目的,只要将神经网络输入矢量 X 中的 $y(k+1)$ 用期望系统输出值 $y_d(k+1)$ 去代替就可以通过神经网络 Π 产生期望的控制量 u,即

$$X = (y_d(k+1),\cdots,y(k-n+1),u(k-1),\cdots,u(k-m))^{\mathrm{T}} \tag{6-30}$$

逆神经网络动力学模型的训练结构如图 6-15 所示。

定义训练的误差函数为

$$E(k) = \frac{[u(k)-u_N(k)]^2}{2} \tag{6-31}$$

为了实现有效的训练,对于离线训练的神经网络而言,通常采用批处理训练方式,即取被控系统实际输入/输出的数据序列

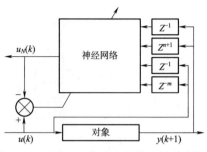

图 6-15 逆神经网络动力学模型的训练结构

$$[(y(k),u(k-1)),(y(k-1),u(k-2)),\cdots,(y(k-n-P+1),u(k-n-P))]$$

因此,有神经网络的输入矢量样本集

$$X(k,k) = (y(k+1),y(k),\cdots,y(k-n+1),u(k-1),u(k-2),\cdots,u(k-m))^{\mathrm{T}} \tag{6-32}$$

$$X(k,k-1) = (y(k),y(k-1),\cdots,y(k-n),u(k-2),u(k-3),\cdots,u(k-m-1))^{\mathrm{T}} \tag{6-33}$$

$$X(k,k-P) = (y(k-P+1),y(k-P),\cdots,y(k-n-P+1),u(k-p-1),\cdots,u(k-m-P))^{\mathrm{T}} \tag{6-34}$$

取目标函数

$$E(k,P) = \frac{1}{2}\sum_{p=0}^{P-1} \lambda_p [u(k-p)-u_N(k-p)]^2 \tag{6-35}$$

式中,λ_p 为常值系数,类似于系统辨识中的遗忘因子,且有 $0 \leqslant \lambda_0 \leqslant \lambda_1 \leqslant \cdots \leqslant \lambda_{p-1} \leqslant 1$。

利用误差准则式(6-35),不难推导出相应的 BP 学习算法如下:

①随机选取初始权系数阵 W_0,选定学习步长 η、遗忘因子 λ_p 和最大误差容许值 $E_{\max}$。

②按式(6-32)~式(6-34)构成神经网络输入矢量空间样本值。

③$l \leftarrow 0$。

④$W_{l+1} \leftarrow W_l$,计算神经网络各神经元的隐含层输出和神经网络的输出 u_N。

⑤计算误差 $E(k,P) = \frac{1}{2}\sum_{p=0}^{P-1} \lambda_p [u(k-p)-u_N(k-p)]^2$,判断 $E(k,P) < E_{\max}$ 是否成立,若是,则训练结束;否则继续下一步。

⑥求反向传播误差

$$\delta_j = \sum_{p=0}^{P-1} \lambda_p[u(k-p)-u_N(k-p)] (输出层) \tag{6-36}$$

$$\delta_j = (\sum_q \delta_q w_{qj})\Gamma'(\mathrm{Net}_j)(隐含层) \tag{6-37}$$

⑦调整权系数阵

$$\Delta w_{ji} = \eta \delta_j o_i, \quad w_{ji}(l) \leftarrow w_{ji}(l) + \Delta w_{ji} \tag{6-38}$$

⑧$l \leftarrow l+1$,转步骤④。

直接逆模型控制法是在被控系统的逆动力学神经网络模型训练完毕后直接投入控制系统的运行。在神经网络得到充分训练后,由于 $y_d(k)$ 与 $y(k)$ 基本相等,因此在控制结构中可以直接用 $y_d(k),y_d(k-1),\cdots,y_d(k-n+1)$ 来代替 $y(k),y(k-1),\cdots,y(k-n+1)$。直接逆模型控制法的结构如图 6-16 所示。

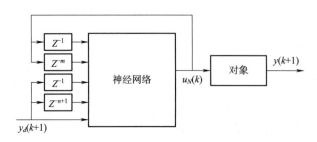

图 6-16 直接逆模型控制结构示意图

值得指出的是,直接逆模型控制法不进行在线学习。因此,这种控制器的控制精度取决于逆动力学模型的精度,并且在系统参数发生变化的情况下无法进行自适应调节。这种控制方式还有很大局限性。为了改善控制系统的性能,可在系统的外环增加一个常规的反馈控制。

6. 3. 2 神经网络自适应 PID 控制

对于复杂且参数慢时变并受随机干扰影响的系统,常规的 PID 控制的参数不易在线自调整,使其应用受到限制,而采用自适应控制算法,需要在线辨识过程或控制器参数,难以在线实时实现。Marsik 和 Strejc(1983)根据控制过程误差的几何特性建立性能指标,提出了无须辨识的自适应 PSD(比例、求和、微分)控制规律。这种方法不需辨识对象的参数,只要在线检测对象的实际输出与期望输出,就可以形成自适应闭环控制系统。

1. 传统 PID 控制器

传统的 PID 控制系统如图 6-17 所示。PID 控制器是针对系统偏差的一种比例、积分、微分调节规律,其方程式为

$$u(t) = K_p e(t) + K_i \int_0^t e(t)\,\mathrm{d}t + K_d \frac{\mathrm{d}e(t)}{\mathrm{d}t} \tag{6-39}$$

式中,K_p 为比例系数;K_i 为积分系数;K_d 为微分系数;$e(t)$ 为误差信号;$u(t)$ 为控制信号。

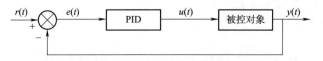

图 6-17 传统的 PID 控制系统

2. 单神经元自适应 PID 控制

用单神经元实现自适应 PID 控制的结构框图如图 6-18 所示。图中转换器的输入反映被控过程及控制设定的状态。设为 $y_r(k)$ 为设定值,$y(k)$ 为输出值,经转换器后转换为神经元的

输入量 x_1,x_2,x_3 等,其值分别为

$$x_1(k) = e(k)$$
$$x_2(k) = e(k) - e(k-1) = \Delta e(k)$$
$$x_3(k) = e(k) - 2e(k-1) + e(k-2) = \Delta^2 e(k)$$
$$z(k) = y_r(k) - y(k) = e(k)$$

设 $w_i(k)(k=1,2,3)$ 为对应于 $x_i(k)$ 输入的加权系数,K 为神经元的比例系数,$K>0$。单神经元自适应 PID 的控制算法为

$$\Delta u(k) = K\sum_{i=1}^{3} w_i(k)x_i(k) \tag{6-40}$$

权系数学习规则为

$$w_i(k+1) = (1-c)w_i(k) + \eta r_i(k) \tag{6-41}$$
$$r_i(k) = z(k)u(k)x_i(k) \tag{6-42}$$

式中,c 为常数,$c>0$;η 为学习速率,$\eta>0$;$r_i(k)$ 为递进信号,随过程进行缓慢衰减;$z(k)$ 为输出误差信号,是导师信号。

$$z(k) = y_r(k) - y(k)$$

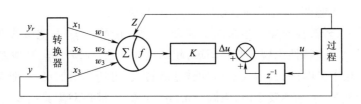

图 6-18 单神经元自适应 PID 控制系统

将式(6-42)代入式(6-41)中,有

$$\Delta w_i(k) = -c\left[w_i(k) - \frac{\eta}{c}z(k)u(k)x_i(k)\right] \tag{6-43}$$

式中,$\Delta w_i(k) = w_i(k+1) - w_i(k)$。

如果存在一个函数 $f_i[w_i(k),z(k),u(k),x_i(k)]$,使得

$$\frac{\partial f_i}{\partial w_i} = w_i(k) - \frac{\eta}{c}y_i[z(k),u(k),x_i(k)]$$

则式(6-43)可写为

$$\Delta w_i(k) = -c\frac{\partial f_i(\cdot)}{\partial w_i(k)} \tag{6-44}$$

上式表明,加权系数 $w_i(k)$ 的修正按函数 $f(\cdot)$ 对应于 $w_i(k)$ 的负梯度方向进行搜索。应用随机逼近理论可以证明,当 c 充分小时,使用上述算法,$w_i(k)$ 可以收敛到某一稳定值 w_i^*,并且它与期望值的偏差在允许范围内。为保证上述单神经元自适应 PID 控制学习算法的收敛性与健壮性,对学习算法进行规范化处理:

$$
\begin{cases}
u(k) = u(k-1) + k\displaystyle\sum_{i=1}^{3} w'_i(k)x_i(k) \\[2mm]
w'_i(k) = \dfrac{w_i(k)}{\displaystyle\sum_{i=0}^{3}|w_i(k)|} \\[4mm]
w'_1(k+1) = w'_1(k) + \eta_i z(k)u(k)x_1(k) \\[1mm]
w'_2(k+1) = w'_2(k) + \eta_p z(k)u(k)x_2(k) \\[1mm]
w'_3(k+1) = w'_3(k) + \eta_d z(k)u(k)x_3(k)
\end{cases}
\tag{6-45}
$$

式中,η_i,η_p,η_d分别为积分、比例、微分的学习速率。

$$
x_1(k) = e(k)
$$
$$
x_2(k) = e(k) - e(k-1) = \Delta e(k)
$$
$$
x_3(k) = e(k) - 2e(k-1) + e(k-2) = \Delta^2 e(k)
$$

单神经元自适应 PID 学习算法的运行效果与可调参数 K,η_i,η_p,η_d 的选取有关,下面将通过仿真与实验研究的选取规则归纳如下:

①对阶跃输入,若输出有大的超调,且多次出现正弦衰减现象,应减小 K,保持 η_i,η_p,η_d 不变;若上升时间长,无超调,应增大 K,保持 η_i,η_p,η_d 不变。

②对阶跃输入,若被控对象产生多次正弦衰减现象,应减小 η_p,其他参数不变。

③若被控对象响应特性出现上升时间短,超调过大现象,应减小 η_i,其他参数不变。

④若被控对象上升时间长,增大 η_i 又导致超调过大,可适当增加 η_p,其他参数不变。

⑤在开始调整时,η_d 选择较小值,当调整 η_i,η_p 和 K,使被控对象具有良好特性时,再逐渐增大 η_d,而其他参数不变,使系统输出基本无纹波。

⑥K 是系统最敏感的参数。K 值的变化,相当于 P,I,D 三项同时变化,应在第一步先调整 K,然后根据②~⑤项规则调整 η_i,η_p,η_d。

3. PSD 控制

类似于增量式 PID 控制规律,PSD 控制规律为

$$
\Delta u(t) = K(t)[e(t) + r_0(t)\Delta e(t) + r_1(t)\Delta^2 e(t)]
\tag{6-46}
$$

式中,$u(t)$ 是控制输入,$r_0(t),r_1(t)$ 分别为比例、微分系数。$e(t),\Delta e(t)$ 和 $\Delta^2 e(t)$ 分别是控制过程误差、误差的一次和二次差分。它们构成了控制器的输入信号,且分别为

$$
\begin{cases}
e(t) = r(t) - y(t) \\
\Delta e(t) = e(t) - e(t-1) \\
\Delta^2 e(t) = e(t) - 2e(t-1) + e(t-2)
\end{cases}
\tag{6-47}
$$

式中,$r(t)$ 和 $y(t)$ 分别为期望输出和对象的实际输出。PSD 增量控制规律设计成保证比例、求和、微分三项绝对平均值满足相等关系

$$
\overline{|e(t)|} = r_0(t)\,\overline{|\Delta e(t)|} = r_1(t)\,\overline{|\Delta^2 e(t)|}
\tag{6-48}
$$

由式(6-41)可推得

$$
r_0(t) = \frac{\overline{|e(t)|}}{\overline{|\Delta e(t)|}}, \quad r_1(t) = \frac{\overline{|e(t)|}}{\overline{|\Delta^2 e(t)|}}
\tag{6-49}
$$

若设
$$Te(t) = \frac{\overline{|e(t)|}}{|\Delta e(t)|}, \quad Tv(t) = \frac{\overline{|e(t)|}}{|\Delta^2 e(t)|}$$

则 $r_0(t) = Te(t)$

$$r_1(t) = \frac{\overline{|e(t)|}}{|\Delta^2 e(t)|} = \frac{\overline{|e(t)|}}{|\Delta e(t)|} \cdot \frac{\overline{|\Delta e(t)|}}{|\Delta^2 e(t)|} = Te(t)Tv(t) \tag{6-50}$$

Marsik 和 Strajc 推导出增量 $\Delta Te(t)$ 和 $\Delta Tv(t)$ 的迭代算法分别为
$$\Delta Te(t) = L^* \operatorname{sgn}[\,|e(t)| - Te(t-1)|\Delta e(t)|\,] \tag{6-51}$$
$$\Delta Tv(t) = L^* \operatorname{sgn}[\,|\Delta e(t)| - Tv(t-1)|\Delta^2 e(t)|\,] \tag{6-52}$$

式中, $0.05 \leqslant L^* \leqslant 0.1$。

$Te(t)$ 和 $Tv(t)$ 的最优比例值为 0.5, 即 $Te(t) = 2Tv(t)$, 因此控制规律变为
$$\Delta u(t) = K(t)[\,e(t) + 2Tv(t)\Delta e(t) + 2Tv^2(t)\Delta^2 e(t)\,] \tag{6-53}$$

Marsik 和 Strajc 给出增益的几种迭代算法:

① $$\Delta K(t) = \frac{1}{Tv(t-1)}CK(t-1) \tag{6-54}$$

式中, $0.025 \leqslant C \leqslant 0.05$, 这样 $K(t)$ 只能单调增加。因此, 当 $\operatorname{sgn}[e(t)] \neq \operatorname{sgn}[e(t-1)]$ 时, 取 $K(t) = 0.75K(t-1)$, 即 $K(t)$ 的增加速率反比于 $Tv(t)$, 但当控制误差变号时, $K(t)$ 下降到上一时刻的 75%。

② $$\Delta K(t) = \frac{0.1}{Tv(t-1)}K(t-1)\{\operatorname{sgn}[e(t-2)] \cdot \operatorname{sgn}[e(t) - 2e(t-2) + 4e(t-4)] + 0.3\} \tag{6-55}$$

③ $$\Delta K(t) = \frac{0.1}{Tv(t-1)}K(t-1)\{\,|\operatorname{sgn}[e(t)] + \operatorname{sgn}[e^2(t)]| - 0.6\,\} \tag{6-56}$$

④ $$\Delta K(t) = \frac{-0.1}{Tv(t-1)}K(t-1)\{\operatorname{sgn}[e(t)]\operatorname{sgn}[\Delta e(t)] + 0.3\} \tag{6-57}$$

4. 神经元自适应 PSD 控制算法

由单神经元构成的自适应 PSD 控制系统如图 6-19 所示, 神经元 PSD 控制器的输出可表示为
$$\Delta u(t) = \omega_1(t)x_1(t) + \omega_2(t)x_2(t) + \omega_3(t)x_3(t) \tag{6-58}$$
式中, $x_i(t)(i=1,2,3)$ 为神经元输入信号, 它们分别为 $x_1(t) = e(t)$, $x_2(t) = \Delta e(t)$, $x_3(t) = \Delta^2 e(t)$。$w_i(t)(i=1,2,3)$ 为对应于 $x_i(t)$ 输入的加权系数。

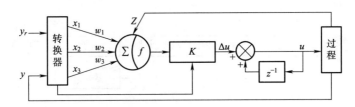

图 6-19 神经元 PSD 控制系统

在神经元学习过程中权系数 $w_i(t)$ 正比于递进信号 $r_i(t)$, 同时缓慢衰减, 其学习规则为

$$w_i(t+1) = (1-m)w_i(t) + \eta r_i(t) \tag{6-59}$$

式中，$m > 0$，η 是学习速率，$\eta > 0$，$r_i(t)$ 取为

$$r_i(t) = z(t)u(t)[e(t) + \Delta e(t)] \tag{6-60}$$

式中，$z(t)$ 是导师信号，这里取为 $e(t)$。

应用随机逼近理论，可以证明当 m 很小时，$\omega_i(t)$ 收敛到某一稳定值 w^*，使 w^* 与期望值的偏差达到允许的范围。实际应用中可取 m 为 0。为保证学习算法的收敛性和控制的健壮性，采用规范化学习算法以构成单神经元 PSD 控制律，即

$$\Delta u(t) = K \sum_{i=1}^{3} w'_i(t) x_i(t) \tag{6-61}$$

式中

$$w'_i(t) = w_i(t) / \sum_{i=1}^{3} |w_i(t)|$$

$$w_1(t+1) = w_1(t) + \eta_i z(t)u(t)[e(t) + \Delta e(t)]$$

$$w_2(t+1) = w_2(t) + \eta_p z(t)u(t)[e(t) + \Delta e(t)]$$

$$w_3(t+1) = w_3(t) + \eta_d z(t)u(t)[e(t) + \Delta e(t)]$$

若

$$\mathrm{sgne}(t) = \mathrm{sgne}(t-1)$$

则

$$K(t) = K(t-1) + CK(t-1)/Tv(t-1)$$

否则

$$Tv(t) = Tv(t-1) + L^* \mathrm{sgn}[|\Delta e(t)| - Tv(t-1)|\Delta^2 e(t)|]$$

这里 $K(t)$ 选择了第一种迭代算法 (6-54)，其中 $0.05 \leqslant L^* \leqslant 0.1$，$0.025 \leqslant C \leqslant 0.05$。

由于在 PSD 算法中引进了增益 K 的自调整方法，因而自学习、自组织能力和健壮性都有明显的提高。

6.3.3　神经网络内模控制

内模控制 (IMC Internal Model Control) 是由 E. Carlos 等于 1982 年提出的一种新型调节系统，这种控制属于模型预测控制 (MPC) 的一种形式。提出 IMC 的目的是希望综合各种不同的非约束 MPC 设计的优点，同时避免其缺点，即调节具有明显物理意义的参数，可使在线整定比较方便，而且不影响闭环的稳定性；系统品质好，采样间隔不出现纹波；能处理除阶跃外的其他输入信号。IMC 控制系统适用于纯滞后、多变量、非线性等系统。

IMC 系统的结构如图 6-20 所示。其中 P 为被控对象，M 是对象模型，C 为内模控制器，F 为滤波器。$r, u, y, \hat{y}$ 分别为给定输入、控制量、对象输出和模型输出，d 为外界干扰。IMC 系统具有下述三个特性：

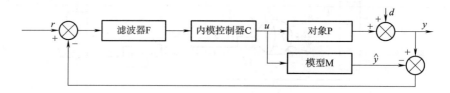

图 6-20　内模控制结构

①当模型精确时，对象和控制器同时稳定就意味着闭环系统稳定。

②当闭环系统稳定时,若控制器取为模型逆,则不论有无外界干扰 d,均可实现理想控制 $y = r$。

③当闭环系统稳定时,只要控制器和模型的稳态增益乘积为1,则系统对于阶跃输入及阶跃干扰均不存在输出静差。

神经网络内模控制系统如图 6-21 所示。它是分别用两个神经网络取代图 6-20 中的 C 和 M。前者为神经网络控制器,后者为神经网络状态估计器,在神经网络控制器前串有一线性滤波器。这种结构形式被 K. J. Hunt 等于 1991 年应用于非线性系统的控制。

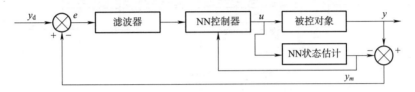

图 6-21　神经网络内模控制系统

图 6-21 中的神经网络状态估计器用于充分逼近被控对象的动态模型,神经网络控制器不是直接学习被控对象的逆动态模型,而是以充当状态估计器的神经网络模型(内部模型)作为训练对象,间接地学习被控对象的逆动态特性。这样就回避了要估计 $\partial y(k+1)/\partial u(k)$ 而造成的困难。在上述系统中,NN 状态估计器作为被控对象的近似模型与实际对象并行设置,它们的差值用于反馈作用,同期望的给定值之差经线性滤波器处理后,送给 NN 控制器。经过多次训练,它将间接地学习到对象的逆动态特性,此时系统误差将趋于零。

6.4　神经网络控制器设计举例

6.4.1　石灰窑炉神经内模控制器设计

对神经控制系统和神经控制器的设计,在许多情况下可以采用设计计算工具,如 MAT-LAB 工具箱等。但在实际应用中,根据受控对象及其控制要求,人们可以应用神经网络的基本原理,采用各种控制结构,设计出许多行之有效的神经控制系统。从已有的设计情况看来,神经控制系统的设计一般应包括(但不是全部)下列内容:

①建立受控对象的数学计算模型或知识表示模型。

②选择神经网络及其算法,进行初步辨识与训练。

③设计神经控制器,包括控制器结构、功能表示与推理。

④控制系统仿真试验,并通过试验结果改进设计。

下面分别以石灰窑炉的神经内模控制系统和神经模糊自适应控制器为例,讨论神经控制系统的设计问题。

1. 石灰窑炉的数学模型

石灰窑炉的生产流程示意图如图 6-22 所示。该窑炉是一个长长的金属圆柱体,其轴线与水平面稍作倾斜,并能绕轴线旋转,所以又名回转窑。含有大约 30% 水分的 $CaCO_3$(碳酸钙),泥浆由左端输入回转窑。由于窑炉的坡度和旋转作用,泥浆在炉内从左向右慢慢下滑,而燃油和空气由右端上方喷入窑内燃烧,形成热气流由右向左流动,以使泥浆干燥、加热,并发生分解反应。回转窑从左到右可分为干燥段、加热段、燃烧段和冷却段。最终生成的石灰由右端下方输出,而废气由左端下方排出。

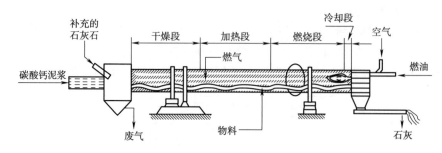

图 6-22　石灰窑炉示意图

窑炉内发生的物理化学变化,可根据传热、传质过程来建立其数学模型。该石灰窑是一个分布参数的非线性动态系统,可以用二组偏微分方程来描述其数学模型,即

$$\frac{1}{V_s}\frac{\partial X_i}{\partial t} + \frac{\partial X_i}{\partial z} = S_i, i = 1,2,3,4 \tag{6-62}$$

$$\frac{1}{V_g}\frac{\partial Y_j}{\partial t} + \frac{\partial Y_j}{\partial z} = G_j, j = 1,2,3,4,5 \tag{6-63}$$

式中,X_i 是固体的第 i 个状态变量;V_s 是固体沿轴线的运动速度;S_i 是与空间、固体的状态变量、气体的状态有关的一个非线性函数。z 代表沿轴方向的位置;t 代表时间;而 Y_j,V_g,G_j 分别是气体的状态变量、速度和非线性函数。该系统具有分离的边界条件,也就是说,固体状态变量的值在入料处(冷端)是已知的,而气体状态变量的值在出料处(热端)是已知的,即已知

$$X_i(z = 0,t), i = 1,2,3,4$$
$$Y_j(z = L,t), j = 1,2,3,4,5$$

式中,L 是窑炉的长度。初始条件是系统在扰动前正常工作时状态变量的值,即

$$X_i(z,t = 0), i = 1,2,3,4$$
$$Y_j(z,t = 0), j = 1,2,3,4,5$$

因为固体的状态变化慢而气体的状态变化快,所以可以忽略气体状态的变化而把式(6-57)简化为

$$\frac{\partial Y_j}{\partial z} = G_j, j = 1,2,3,4,5$$

这些方程中有很多参数,必须通过机理分析、假设或大量实验来确定。应用该数学模型还需要测量所有的状态变量,而这在实际中是很难做到的。

2. 石灰窑的神经网络模型

上述通过机理分析建立数学模型的方法需要弄清系统内部的物理化学变化规律,并用严格的数学方程加以描述。从过程控制的角度看,这种建模方法不仅是很难实现的,而且也不是十分必要的。因为大多采用系统辨识方法,将对象看作一个"黑箱",不去分析其内部的反应机理,而只研究对象主要控制变量和输出变量之间的相互关系。神经网络系统辨识方法就是

其中的一种。

对石灰窑炉来说,主要的控制量有两个:一个是燃料流速 u_1;另一个是风量流速 u_2。这是生产中的主要调节手段。把窑炉的热端温度 y_1 和冷端温度 y_2 作为受控量。因为这两点的温度决定了炉内的温度分布曲线,而温度分布曲线又是影响产品质量和能耗的关键因素。从实现的角度看,这四个变量是容易实时测量的。因此,石灰窑可近似为一个二输入二输出的非线性动态系统,其中 y_1 和 y_2 是相关的。

应用神经网络辨识方法,石灰窑的非线性自回归移动平均模型(NARMA)为

$$y^p(k) = f(y^p(k-1), \cdots, y^p(k-n); u(k-1), \cdots, u(k-m)) \tag{6-64}$$

式中

$$y(k) = [y_1(k), y_2(k)]^T$$
$$u(k) = [u_1(k), u_2(k)]^T$$

采样周期为 1. 125 min,根据经验和试验结果,选择 $n = m = 2$ 已能足够精确地描述系统的动态特性。神经网络模型的结构与系统的结构相同,可表示为

$$y^M(k) = f(y^p(k-1), y^p(k-2); u(k-1), u(k-2))$$

定义系统输出与模型输出之间的误差向量为

$$e(k, \theta) = y^p(k) - y^M(k, \theta) \tag{6-65}$$

则系统辨识的指标函数是

$$J(\theta) = \frac{1}{2T} \sum_{k=1}^{T} e^T(k, \theta) e(k, \theta) \tag{6-66}$$

神经网络选为有两个隐含层的四层前馈网络,即 $N^4(8, 20, 10, 2)$,隐含层的节点数是根据实验确定的,隐含层各神经元的激发函数均为

$$\tan h(x) = (1 - e^{-x})/(1 + e^{-x})$$

图 6-23 给出了用神经网络辨识石灰窑模型的系统结构。

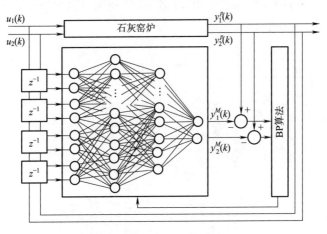

图 6-23　石灰窑的神经网络系统辨识

训练和检验神经网络模型需要大量能充分反映非线性系统的特性输入/输出样本,样本是在已验证的机理模型上做仿真实验得到。训练要做到全覆盖系统的工作范围,本次训练对系

统分别输入正弦信号,阶跃信号和伪随机的二进制信号,得到 4000 组输入/输出数据。再将这些数据归一化,使它们处于 $[-1,1]$ 范围内。再用 BP 学习算法训练神经网络,直到均方根误差 RMS 小于 0.01。RMS 定义如下

$$\text{RMS} = \left\{ \frac{1}{2N} \sum_{k=1}^{N} \left[y^{P}(k) - y^{M}(k) \right]^{\text{T}} \left[y^{P}(k) - y^{M}(k) \right] \right\}^{\frac{1}{2}} \tag{6-67}$$

这里的样本长度 $N = 4000$。对这组样本迭代了 261 382 次,达到 RMS = 0.009。用另外 4000 组输入/输出样本作为检验集,对训练好的神经网络进行检验,得到 RMS = 0.0065。这说明该神经网络模型具有良好的泛化能力。

3. 石灰窑炉的内模控制

下面将讨论石灰窑炉的内模控制问题,并将着重介绍逆模型的辨识、内模控制的设计及控制仿真实验结果。

(1)逆模型的辨识

由于把石灰窑炉看作二输入二输出的非线性动态系统。根据式(6-58)可用下面的 NARMA 方程描述

$$y^{P}(k) = f[y^{P}(k-1), y^{P}(k-2); u^{P}(k-1), u^{P}(k-2)] \tag{6-68}$$

式中,$y(k) = [y_1(k), y_2(k)]^{\text{T}}$,$u(k) = [u_1(k), u_2(k)]^{\text{T}}$;$y_1$ 为窑炉热端温度;y_2 为窑炉冷端温度;u_1 为燃料流速;u_2 为风量流速。石灰窑炉的逆模型可以用下面的 NARMA 方程描述

$$u(k) = \hat{f}^{-1}[r(k+1); y^{M}(k), y^{M}(k-1); u(k-1)] \tag{6-69}$$

这里用 $r(k+1)$ 来代替 $y^{M}(k+1)$,因为 $y^{M}(k+1)$ 是 $u(k)$ 的作用结果,在 k 时刻尚不知道,$y^{M}(k)$ 表示神经网络已辨识的石灰窑炉的正模型输出结果。

用间接法训练石灰窑炉逆模型的系统结构如图 6-24 所示,神经内模控制结构如图 6-25 所示。为了克服间接法可能会使系统不稳定的缺点,在此之前先用直接法训练逆模型获得较好的初值,逆模型仍采用两个隐层的前馈网络,其结构为 $N^4(8,20,10,2)$,激励函数仍为 $\tanh(x)$,学习算法也与训练正模型相同。

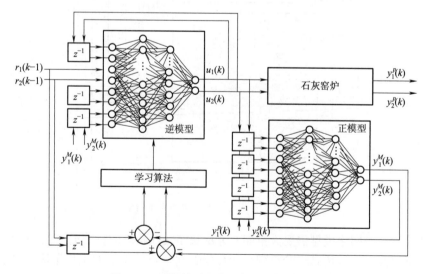

图 6-24   用间接法训练石灰窑炉的逆模型

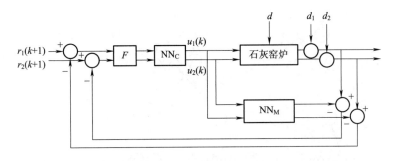

图 6-25　神经内模控制结构图

6.4.2　模糊神经网络控制

　　神经网络可以由神经元构成任意形式的拓扑结构,因此可以用神经网络在结构上直接模拟模糊推理,而后通过神经网络的学习能力来优化模糊推理的参数。整个神经网络模型分成五个层次,其中第一层节点为输入节点(语言节点),用来表示语言变量;最后一层是输出层,每个输出变量有两个语言节点,一个用于在训练神经网络时需要的期望输出信号的馈入,另一个表示模糊神经网络推理控制的输出信号节点;第二层和第四层的节点称为项节点,用来表示相应语言变量语言值的隶属度函数。

　　实际上第二层的节点既可以用单一的神经元函数(如三角形函数、钟形函数等)来表示隶属度函数,也可以用一个子网络来表示较复杂的隶属度函数特性。第三层节点称为规则节点,用来实现模糊逻辑推理。这样,整个模糊神经网络结构需要五个层次来实现模糊逻辑推理的功能。第三层与第四层节点之间的连接模型实现了连接推理过程,从而避免了传统模糊推理逻辑的规则匹配推理方法。其中,第三层与第四层节点之间的连接系数定义规则节点的结论部、第二层与第三层节点之间的连接系数定义规则节点的条件部。

　　这样,对于每一个规则节点,至多只有一个语言变量的语言值与之相连。这一点对于第三层与第四层节点之间的连接、第三层与第二层节点之间的连接都是成立的。而第二层和第五层节点语言变量与其相应语言值节点之间是全连接的。图 6-26 中,箭头方向表示系统信号的走向,从下到上,表示模糊神经网络训练完成以后的正常信号流向,而从上到下,表示模糊神经网络训练时所需期望输出的反向传播信号流向。

　　下面定义神经网络中每一层中各个节点的基本功能和函数关系。一个典型的神经元函数通常是由一个神经元输入函数和激励函数组合而成的。神经元输入函数的输出是与其相连的有限个其他神经元的输出和相连接系数的函数,通常可表示为

$$\mathrm{Net} = f(u_1^k, u_2^k, \cdots, u_p^k, w_1^k, w_2^k, \cdots, w_p^k) \tag{6-70}$$

式中,上标 k 表示所在的层次,u_i^k 表示与其相连接的神经元输出,w_i^k 表示相应的连接权系数,$i = 1, 2, \cdots, p$。

　　神经元的激励函数是神经元输入函数响应 f 的函数,即

$$\mathrm{output} = o_i^k = a(f) \tag{6-71}$$

式中,$a(\cdot)$ 表示神经元的激励函数。

　　最常用的神经元输入函数和激励函数是

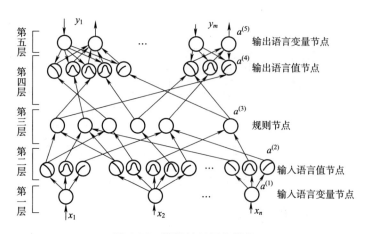

图 6-26　模糊神经网络结构

$$f_i = \sum_{i=1}^{p} w_{ji}^{k} u_i^{k}, \quad a_j = \frac{1}{1 = e^{-f_j}}$$

但是由于模糊神经网络的特殊性，为了满足模糊化计算、模糊逻辑推理和精确化计算，对每一层的神经元函数应有不同的定义。下面给出一种满足要求的各层神经元节点的函数定义。

第一层，这一层的节点只是将输入变量值直接传送到下一层。所以

$$f_j^{(1)} = u_j^{(1)}, \quad a_j^{(1)} = f_j^{(1)}$$

且输入变量与第一层节点之间的连接系数 $w_{ji}^{(1)} = 1$，$u_j^{(1)} = x_j$，$j = 1, \cdots, n$。

第二层，如果采用一个神经元节点而不是一个子网络来实现语言值的隶属度函数变换，则这个节点的输出就可以定义为隶属度函数的输出。如钟形函数就是一个很好的隶属度函数

$$f_j^{(2)} = M_{X_i}^{j}(m_{ji}^{(2)}, \sigma_{ji}^{(2)}) = -\frac{(u_i^{(2)} - m_{ji}^{(2)})^2}{(\sigma_{ji}^{(2)})^2}, a_j^{(2)} = e^{f_j^{(2)}} \tag{6-72}$$

式中，m_{ji} 和 σ_{ji} 分别表示第 i 个输入语言变量 X_i 的第 j 语言值隶属度函数的中心值和宽度。

因此，可以将函数 $f(\cdot)$ 中的参变量 m_{ji} 看作是第一层神经元节点与第二层神经元节点之间的连接系数 $w_{ji}^{(2)}$，将 σ_{ji} 看作是与 Sigmoid 函数相类似的一个斜率参数。

第三层，这一层的功能是完成模糊逻辑推理条件部的匹配工作。因此，由最大、最小推理规则可知，规则节点实现的功能是模糊"与"运算，即

$$f_j^{(3)} = \min(u_1^{(3)}, u_2^{(3)}, \cdots, u_p^{(3)}), \quad a_j^{(3)} = f_j^{(3)} \tag{6-73}$$

且第二层节点与第三层节点之间的连接系数 $w_{ji}^{(3)} = 1$。

第四层，在这一层次上的节点有两种操作模式：一种是实现信号从上到下的传输模式；另一种是实现信号从下到上的传输模式。在从上到下的传输模式中，此节点的功能与第二层中的节点完全相同，只是在此节点上实现的是输出变量的模糊化，而第二层节点实现的是输入变量的模糊化。这一节点的主要用途是为了使模糊神经网络的训练能够实现语言化规则的反向传播学习。在从下到上的传输模式中，此节点实现的是模糊逻辑推理运算。根据最大、最小推理规则，这一层上的神经元实质上是模糊"或"运算，用来集成具有同样结论的所有激活规则

$$f_j^{(4)} = \min(u_1^{(4)}, u_2^{(4)}, \cdots, u_p^{(4)}), a_j^{(4)} = f_j^{(4)} \tag{6-74}$$

或

$$f_j^{(4)} = \sum_{i=1}^{p} u_i^{(4)}, \quad a_j^{(4)} = \min(1, f_j^{(4)}) \tag{6-75}$$

且第三层节点与第四层节点之间的连接系数 $w_{ji}^{(4)} = 1$。

第五层，在这一层中有两类节点。第一类节点执行从上到下的信号传输方式，实现了把训练数据反馈到神经网络中去的目的，提供模糊神经网络训练的样本数据。对于这类节点，其神经元节点函数定义为

$$f_j^{(5)} = y_j^{(5)}, \quad a_j^{(5)} = f_j^{(5)} \tag{6-76}$$

第二类神经元节点执行从下到上的信号传输方式，它的最终输出就是此模糊神经网络的模糊推理控制输出。在这一层上的节点主要实现模糊输出的精确化计算。如果设 $m_{ji}^{(5)}, \sigma_{ji}^{(5)}$ 分别表示输出语言变量各语言值的隶属度的中心位置和宽度，则下列函数可以用来模拟重心法的精确化计算方法

$$f_j^{(5)} = \sum_i w_{ji}^{(5)} u_i^{(5)} = \sum_i (m_{ji}^{(5)} \sigma_{ji}^{(5)}) u_i^{(5)}, a_j^{(5)} = \frac{f_j^{(5)}}{\sum_i \sigma_{ji}^{(5)} u_i^{(5)}} \tag{6-77}$$

即第四层节点与第五层节点之间的连接系数 $w_{ji}^{(5)}$ 可以看作 $w_{ji}^{(5)} \sigma_{ji}^{(5)}$。$i$ 遍及第 j 个输出变量的所有语言值。

至此，已经得到了模糊神经网络结构和相应神经元函数的定义，下面的问题是如何根据提供的有限的样本数据对此模糊神经网络进行训练。在对被控对象的先验知识了解较少的情况下，选用混合学习算法是解决问题的有效途径之一。

2. 模糊神经网络的学习算法

模糊控制引入神经网络的目的在于实现模糊控制规则的自组织和自适应。针对以上提出的模糊神经网络结构，采用混合学习算法是非常有效的。混合学习算法分为两大部分：自组织学习阶段和有导师指导下学习阶段。在第一阶段，使用自组织学习方法进行各语言变量语言值隶属度函数的初步定位以及尽量发掘模糊控制规则的存在性（即可以通过自组织学习删除部分不可能出现的规则）；在第二阶段，利用有导师指导下的学习方法来改进和优化期望输出的各语言值隶属度函数。

要实现混合学习算法，必须首先确定和提供：①初始模糊神经网络结构；②输入/输出样本训练数据；③输入/输出语言变量的模糊分区（如每一输入/输出变量语言值的多少等）。

模糊神经网络混合学习算法第一阶段的主要任务是进行模糊控制规则的自组织和输入/输出语言变量各语言值隶属度函数参数的预辨识，以得到一个符合该被控对象合适的模糊控制规则和初步的隶属度函数分布。在对系统的模糊控制规则了解较少的条件下，初始的规则节点可以与所有的输出语言值节点相联系。模糊神经网络的自组织学习阶段任务之一就是利用样本数据对不必要的推理输出连接进行删除或重组，以便获取更加简练的模糊神经网络控制结构。

如果规定一个语言变量中只有一个语言值与某一规则节点相连，则对于 n 个输入语言变量 x_i 共有 $\prod_{i=1}^{n} |T(x_i)|$ 个规则节点。这里 $|T(x_i)|$ 表示语言变量 x_i 的语言值个数。因此，初始模糊神经网络结构中首先选择 $|T(x_1)| \times |T(x_2)| \times \cdots \times |T(x_n)|$ 个能够表示所有前提条件

的规则节点,而且规则节点与每一输出语言变量的所有语言值节点全部连接。这也意味着输出的结论部在初始模糊神经网络结构中没有反映出来,只有通过自组织学习才能将与最合适语言值节点的连接关系保留下来。模糊神经网络混合学习算法第二阶段的主要任务是优化隶属度函数的参数以满足更高精度的要求。

(1)自组织学习阶段

自组织学习问题可以这样来描述:给定一组输入样本数据 $x_i(t)(i=1,2,\cdots,n)$,期望的输出值为 $y_i(t)(i=1,2,\cdots,m)$,模糊分区 $|T(x)|$ 和 $|T(y)|$ 以及期望的隶属度函数类型(即三角形、钟形等),则学习的目的是找到隶属度函数的参数和系统实际存在的模糊逻辑控制规则。在这一学习阶段,神经网络输入/输出节点都工作在信息输入状态,即第四层节点处于从上到下的信息传输方式。这样,输入/输出数据即从两边馈入神经网络内供网络训练用。

自组织学习方法类似于统计分类方法,首先通过估计覆盖在已有训练样本数据上的隶属度函数域来确定现有配制的模糊神经网络结构中各语言值的隶属度函数的中心位置(均值)和宽度(方差)。隶属度函数中心值 m_i 的估计算法采用 Kohonen 的自组织映射法,宽度值 σ_i 则与重叠参数 r 以及中心点 m_i 邻域内分布函数值相关。大家知道,由于 Kohonen 神经网络能够实现自组织映射,因此,当输入样本足够多时,输入样本与 Kohonen 输出节点之间的连接权系数经过一段时间的学习后,其分布可以近似地看作输入随机样本的概率密度分布。如果输入的样本有几种类型,则它们会根据各自的概率分布集中到输出空间的各个不同区域内。Kohonen 自组织学习算法计算隶属度函数中心值 m_i 的公式为

$$\|x(t)-m_{\text{closest}}(t)\|=\min_{1\leqslant i\leqslant k}\{\|x(t)-m_i(t)\|\} \tag{6-78}$$

式中,初始的 $m_i(0)$ 为一个小的随机数。

$$m_{\text{closest}}(t+1)=m_{\text{closest}}(t)+\alpha(t)[x(t)-m_{\text{closest}}(t)] \tag{6-79}$$

$$m_i(t+1)=m_i(t),当 m_i(t)\neq m_{\text{closest}}(t) \tag{6-80}$$

式中,$\alpha(t)$ 是一个单调递减的标量学习因子。

这一自组织公式对于每一个输入/输出语言变量都可独立地进行各自隶属度函数的中心值估计计算。至于选择哪一个 m_i 作为 m_{closest} 则是经过有限时间训练学习后由 Winner-take-all 学习方法决定。

一旦隶属度函数的中心点找到,则此语言变量语言值所对应的宽度 σ_i 的计算是通过求下列目标函数的极小值来得到,即

$$E=\frac{1}{2}\sum_{i=1}^{N}\left[\sum_{j\in N_{\text{nearest}}}\left(\frac{m_i-m_j}{\sigma_i}\right)^2-r\right]^2 \tag{6-81}$$

式中,r 为重叠参数;N 为最近邻域法的阶数。

通常,由于这里的自组织学习法只是找到语言变量的初始分类估计值,其精确的中心值和宽度值 σ_i 会在第二阶段的有导师指导下的学习中得到进一步校正,因此没有必要得出非常精确的估计值,一般可以采用一阶最近邻域法来计算,即

$$\sigma_i=\frac{|m_i-m_{\text{closest}}|}{r} \tag{6-82}$$

在完成了隶属度函数的训练以后,下面的任务是确定模糊逻辑推理规则,即确定第三层规则节点和第四层输出语言值节点之间的连接关系。因为规则节点只能与同一输出语言变量中

的一个语言值节点相连,所以在这里自组织学习的目的是寻找一组最合适的连接关系规则。达到这一目的的学习方法是竞争学习法(Competitive learning algorithm)。已知,一旦输入/输出变量各语言值的隶属度函数确定后,输入/输出信号就可经过这些神经元到达第二层和第四层,从而为规则的自组织学习提供必要的条件。

进一步,注意到第二层输入语言值节点的输出经过初始权系数 $w^{(3)}$ 传递到第三层规则节点。这样可以得出每一个规则节点的激励强度。如果记 $o_i^{(3)}(t)$ 为规则节点的激励强度,$o_i^{(4)}(t)$ 为第四层输出语言值节点输出,则可以通过对样本数据的竞争学习得出其模糊推理规则。如前所述,在模糊逻辑推理规则完全未知的条件下,可以通常将规则节点的输出与输出语言变量的所有语言值节点相连,即实现全连接。然而,模糊逻辑控制的推理输出只可能有一个输出结论,因此现在讨论的规则学习过程实质上是要找到一组合适的规则,换句话说是删除一些不必要的连接关系,从而实现一个规则节点只与一个语言变量的语言值节点相连。再记 w_{ij} 为第 i 个规则节点与第 j 个输出语言值节点的连接权系数,则对于每一个样本数据权值的更新公式为

$$\Delta w_{ij}(t) = o_j^{(4)}\left(-w_{ij}(t) + o_j^{(3)}\right) \tag{6-83}$$

在极端的情况下,即如果第四层的神经元是一个阈值函数,则上述算法就退化为只有胜者才能学习的一个简单学习公式,而其余没有输出样本响应的连接权系数都不进行学习更新。通过对样本数据的竞争学习后,规则节点与输出变量语言值节点之间连接权系数就反映了相应规则存在的强度。因为模糊逻辑推理规则的输出对于一个输出语言变量而言只能有一个语言值与之对应。

所以,模糊规则的选取就是将此规则节点与同一输出语言变量的所有语言值节点的连接系数最大的那个连接关系保留下来,而将其余的连接关系删除,从而保证模糊逻辑推理的合理性。此外,当某一规则节点与某一输出语言变量所有语言值节点之间的连接系数都非常小时,所有的连接关系都可以删除。这也意味着该规则节点与该输出语言变量没有或很少有联系。如果某一规则节点与第四层中的所有节点的连接系数都很少而被删除,则该规则节点对输出节点不产生任何影响。因此,该规则节点可以删除。

通过以上规则的竞争学习和规则处理以后,已经得到了由神经网络实现的该模糊控制系统的模糊推理规则(即结论部)。为了进一步简化神经网络的结构,可以再通过规则结合的办法来减少系统总的规则数,也即减少第三层的规则节点数。可以对一组节点进行规则节点合并的条件如下:

①该组节点具有完全相同的结论部(如图 6-27 中输出变量 y_i 中的第二个语言值节点)。

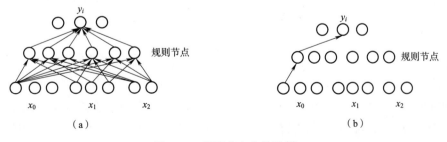

图 6-27　规则节点合并示例

②在该组规则节点中某些条件部是相同的(如图 6-27 中输入变量 x_0 中的第一个语言值节点的输出与该组规则节点全部相连)。

③该组规则节点的其他条件输入项包含了所有其他输入语言变量的某一语言值节点的输出。

如果存在一组规则节点满足以上三个条件,则可以将具有唯一相同条件部的一个规则节点来代替这一组规则节点。图 6-27 给出了规则节点合并的一个例子。

(2)有导师指导下的学习阶段

通过自组织学习阶段的学习,已经确定了模糊神经网络的规则节点数以及与输出节点之间的连接关系,换句话说,也就是确定了模糊逻辑控制规则。此外,输入/输出语言变量各语言值隶属度函数的粗略估计也由 Kohonen 自组织学习法得到。因此,有导师指导下的学习阶段主要完成的是利用训练样本数据实现输入/输出语言变量各语言值隶属度函数的最佳调整。同时,它也为模糊神经网络的在线学习提供了保证。

有导师指导下的学习的模糊神经网络训练问题可以这样来描述:给定的训练样本数据为 $x_i(t)(i=1,2,\cdots,n)$,期望的输出样本值为 $y_i(t)(i=1,2,\cdots,m))$,模糊分区 $|T(x)|$ 和 $|T(y)|$ 以及模糊逻辑控制规则。有导师指导下的学习过程实质上是最优地调整隶属度函数的参数 $(m_{ji}^{(2)},\sigma_{ji}^{(2)},m_{ji}^{(5)},\sigma_{ji}^{(5)})$ 的过程。模糊控制规则的获取可以直接通过专家给出。

实际上,对于一些问题由专家给出的规则库会更合适一点。比如,"温度太高、快速关小"这样一条控制规则,很容易取自于控制经验,且有明确的物理含义。当然,对于一些更加复杂的控制问题,当专家经验也难以获取时,利用竞争学习法来组织模糊控制规则也不失为一种非常有效的办法。在模糊控制规则确定以后,也即模糊神经网络的结构确定后,学习的任务就是调整隶属度函数的参数以满足更高精度的要求。如前所述,这里采用的模糊神经网络结构是多层前向传播网络。因此,有导师指导的学习算法也可以套用传统的反向传播学习算法(BP)的思想。取寻优的指标函数为期望输出与实际输出的误差二次方和极小,即

$$E=\frac{1}{2}\big[y(t)-\hat{y}(t)\big]^2=\min \tag{6-84}$$

式中,$y(t)$ 是当前时刻的期望系统输出;$\hat{y}(t)$ 是当前时刻的模糊神经网络实际输出。

对于每一个样本数据对,从输入节点开始通过前向传播计算出各节点的输出值,然后再从输出节点开始利用偏导 $\dfrac{\partial E}{\partial y}$,并使用反向传播计算出所有隐含节点的偏导数。假设 w 是某一节点的调整参数(如隶属度函数的中心值),则广义学习规则应为

$$\Delta w\propto -\frac{\partial E}{\partial w} \tag{6-85}$$

$$w(t+1)=w(t)+\eta\left(-\frac{\partial E}{\partial w}\right) \tag{6-86}$$

式中,η 为学习因子。

模糊神经网络混合学习流程如图 6-28 所示,由于混合学习算法在第一阶段已经进行了大量的自组织学习训练,因此第二阶段有导师指导下学习的 BP 学习算法通常比常规的 BP 学习算法收敛要快。最后要指出的是,上面推导出来的学习算法是针对第二层中用单一神经元来

实现语言值的隶属度函数,但它可以很容易地扩展到用子神经网络
逼近的隶属度函数的情形。如果子神经网络也是前向传播神经网
络,则利用反向传播的思想,可以将输出误差信号反传到子网络中
去,从而实现子网络参数的学习和调整。

3. 设计举例

河北科技大学的和朋飞利用模糊神经网络对石灰窑炉进行了
温度控制。双腔石灰窑分为腔 1 和腔 2 两个燃烧腔,一腔燃烧的同
时另外一腔预热。煤粉经由喷枪进入窑体,助燃风经由助燃风管道
进入窑体,冷却风为石灰冷却使用,从窑体下方进入经过燃烧腔经
过通道。煤粉为窑体燃料,通过调节助燃风与煤粉配比来调节燃烧
火焰长短,进而控制燃烧带的长短。

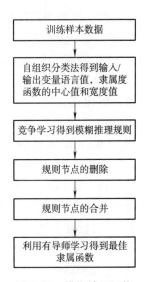

图 6-28　模糊神经网络
混合学习流程

为保证燃烧正常,煤粉压力大于助燃风压力,燃烧腔压力大于
非燃烧腔压力。在换向的时候,喷枪停止煤气供应的瞬间,喷枪自
动冲入一段时间氮气,当换向闸板等完成窑炉换向准备后,双腔燃
烧状态互换,燃烧腔变化预热腔,上周期的预热腔变为燃烧腔。
图 6-29 为腔 1 作为燃烧腔窑体气体的流向图,燃烧的废气最后通过腔 2 进入除尘器后净化排
除。当腔 2 作为燃烧腔时,燃烧规则相同,气体流向正好相反。

石灰窑炉是具有多输入量和多个输出量的复杂控制系统,其输入量主要为煤粉量、助燃风
量,输出量主要是炉腔温度、炉腔压力,而且变量间存在着相互影响。窑炉系统的设备如果要
保证稳定安全运行,且达到比较好的燃烧效果,就必须将各个参数都保持在一个安全的正常范
围中。

图 6-29 显示了窑炉燃烧过程气体流向。在温度控制中,
采用模糊神经网络控制对 PID 参数进行整定。用神经网络来
实现模糊控制器的隶属函数以及权值,而且用其来更新模糊规
则。模糊神经网络控制系统的控制速度快、稳定性和可靠性
高、精确度高,而且能够对比较粗糙且难以获取比较准确数学
模型的系统实现相对比较好的控制效果。

窑炉温度控制系统中,助燃风量与喷枪风量的变化不仅会
对窑炉温度造成影响,同时也会引起炉腔压力的变化,所以必
须保证喷枪风量与助燃风量的合理调配。而且窑炉系统存在
非线性、时变性与不确定性的问题。窑炉控制系统是一个双输
入双输出的控制系统,变量之间均存在相互耦合关系。其中助
燃风量、燃料量是控制系统的两个输入量,炉腔温度、炉腔压力
是控制系统的两个输出量。利用神经网络进行解耦,然后用模
糊神经网络来进行温度控制,即神经网络来模拟模糊控制系统
中的模糊化处理、模糊推理以及反模糊化的过程,将神经网络
的学习能力引入模糊控制中。石灰窑炉的模糊控制网络结构
如图 6-30 所示。

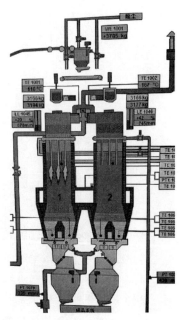

图 6-29　窑炉燃烧过程气体流向

模糊神经网络系统是两个输入变量,其中每个变量均对应 7 个模糊变量,也就是说一共存在 14 个模糊变量,相应的到模糊推理层就会有 49 条模糊规则与之对应。模糊神经网络在解模糊化之后输出变量仅有一个。输入的模糊偏差 E 和偏差变化率 E_C 的论域设置为 $[0.6,0.6]$。输入量偏差以及偏差变化量分为 7 个模糊子集,其隶属函数同样采用三角函数的方法。根据工艺经验,在仿真编辑器中设置量化因子和动量因子的值分别为 0.4 和 0.02,同时设置比例因子和学习率分别是 1.2 和 0.2,权系数初始值在 $[0.6,0.6]$ 中间任意取值,副控制器参数则为 24。

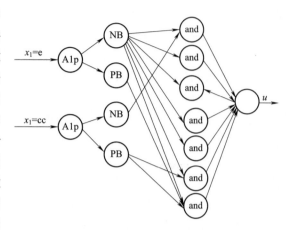

图 6-30 模糊神经网络结构

仿真结果如图 6-31 所示,可以看出,采用模糊神经网络进行控制,调节时间较短,超调量较小。

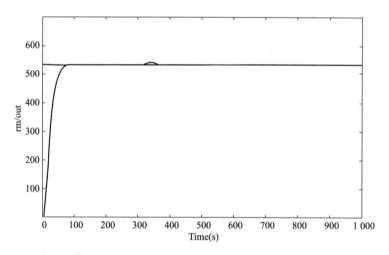

图 6-31 满负载时模糊神经网络有扰动的阶跃响应曲线

习 题

6-1 什么是神经网络控制?其基本思想是什么?

6-2 神经网络在控制系统中有哪些作用?

6-3 神经网络控制系统可以分为几类?举例说明三种神经网络控制系统的结构。

6-4 辨识的基本要素是什么?神经网络辨识与传统辨识相比,有什么特点?

6-5 神经网络 PID 控制与基本 PID 控制有何不同?

6-6 PID 神经控制器的参数如何整定?

第7章　智能优化算法

7.1　遗传算法

7.1.1　遗传算法工作原理

1. 问题编码策略

（1）编码原则

用遗传算法解决问题时,首先要对待解决问题的模型结构和参数进行编码,一般用字符串表示。编码机制是遗传算法的基础。遗传算法不是对研究对象直接进行讨论,而是通过某种编码机制把对象统一赋予由特定符号(字符)按一定顺序排成的串。串的集合构成总体,个体就是串。对遗传算法的编码串可以有十分广泛的理解。对于优化问题,一个串对应一个可能解。对于分类问题,一个串可解释为一个规则,即串的前半部分为输入或前件,后半部分为输出或后件、结论等。

目前还没有一套严密、完整的理论及评价准则来帮助设计编码方案。作为参考,De. Jong提出两条操作性较强的实用编码原则。这两条原则仅仅给出了设计编码方案的指导性大纲,并不适合于所有问题。原则一(有意义积木块编码原则):应使用能易于产生与所求问题相关的且具有低阶、短定义长度模式的编码方案。原则二(最小字符集编码原则):应使用能使问题得到自然表示或描述的具有最小编码字符集的编码方案。原则一中,模式是指具有某些基因相似性的个体的集合。具有短定义长度、低阶且适应度较高的模式称为构造优良个体的积木块或基因块。原则一可以理解为应使用易于生成适应度高的个体编码方案。原则二说明了人们为何偏爱使用二进制编码方法。理论分析表明,与其他编码字符集相比,二进制编码方案能包含最大的图式数,从而使得遗传算法在确定规模的群体中能够处理最多的图式。

（2）编码方法

遗传算法中的编码方法可分为三大类,即二进制编码、浮点数编码和符号编码。

①二进制编码。二进制编码方案是遗传算法中最常用的一种编码方法。它所构成的个体基因型是一个二进制编码符号串。二进制编码符号串的长度与问题求解精度有关。设某一参数的取值范围是 $[U_{\min}, U_{\max}]$,则二进制编码的编码精度为

$$\delta = \frac{U_{\max} - U_{\min}}{2^l - 1} \tag{7-1}$$

假设某一个体的编码是 $x = [b_l b_{l-1} b_{l-2} \cdots b_2 b_1]$,则其对应的解码公式为

$$x = U_{\min} + \left(\sum_{i=1}^{l} b_i 2^{i-1} \right) \frac{U_{\max} - U_{\min}}{2^l - 1} \tag{7-2}$$

例如,对于 $x \in [0, 255]$,若用8位长的编码表示该参数。则符号串 x:0 0 1 0 1 0 1 1

就可表示一个个体。它所对应的参数值是 $x = 43$。此时编码精度为 $\delta = 1$。

二进制编码方法有如下优点:

- 编码、解码操作简单易行。
- 交叉、变异等遗传操作便于实现。
- 符合最小字符集编码原则。
- 便于利用图式(模式)定理对算法进行理论分析。

②格雷码编码。普通二进制编码不便于反映所求问题的结构特征。对于一些连续函数的优化问题,由于遗传算法的随机特性而使其局部搜索能力较差。为改进这个弱点,人们提出用格雷码(Gray Code)对个体进行编码。格雷码的编码方法是:连续两个整数所对应的编码值之间仅仅有一个码位是不相同的,其余码位都完全相同。格雷码编码是二进制编码方法的一种变形,其编码精度与同长度的自然二进制编码精度一样。十进制数与其自然二进制码和格雷码见表7-1。

表7-1 十进制数与其自然二进制码和格雷码

十进制数	自然二进制码	格雷码
0	0000	0000
1	0001	0001
2	0010	0011
3	0011	0010
4	0100	0110
5	0101	0111
6	0110	0101
7	0111	0100
8	1000	1100
9	1001	1101

假设有一个 m 位自然数二进制码为 $B = b_m b_{m-1} \cdots b_2\, b_1$,其对应的格雷码为 $G = g_m g_{m-1} \cdots g_2\, g_1$,则由自然二进制编码到格雷码的转换公式为

$$\begin{cases} g_m = b_m \\ g_i = b_{i+1}\,\text{XOR}\, b_i, i = m-1, m-2, \cdots, 1 \end{cases} \tag{7-3}$$

由格雷码到二进制码的转换公式为

$$\begin{cases} b_m = g_m \\ b_i = b_{i+1}\,\text{XOR}\, g_i, i = m-1, m-2, \cdots, 1 \end{cases} \tag{7-4}$$

格雷码有这样一个特点:任意两个整数之差是这两个整数所对应格雷码间的海明距离。这也是遗传算法中使用格雷码进行个体编码的主要原因。自然二进制码单个基因组的变异可能带来表现型的巨大差异(如从 127 变到 255 等)。而格雷码编码串之间的一位差异对应的参数值(表现型)也只是微小的差别。这样就增强了遗传算法的局部搜索能力,便于对连续函数进行局部空间搜索。

③浮点数编码。浮点数编码方法是指个体的每个基因值用某一范围内的一个浮点数来表示,个体的编码长度等于其决策变量的个数。这种编码方法使用决策变量的真实值,所以浮点数编码也称真值编码方法。例如,若某一个优化问题含有 5 个变量 $x_i(i=1,2,\cdots,5)$。每个变量都有其对应的上下限,则 x:[5.80 6.90 3.50 3.80 5.00] 就表示了一个个体的基因型。

对于一些多维、高精度要求的连续函数优化问题,使用二进制编码表示个体有一些不利之处。首先,二进制编码存在离散化所带来的映射误差,精度会达不到要求。若提高精度,则要加大二进制编码长度,大大增加了搜索空间。其次,二进制编码不便于反映所求问题的特定知识,不便于处理非平凡约束条件。最后,当用多个字节来表示一个基因值时,交叉运算必须在两个基因的分界字节处进行,而不能在某个基因的中间字节分隔处进行。在浮点数编码方法中,必须保证基因值在给定的区间限制范围内。遗传算法中所使用的交叉、变异的遗传算子必须保证其运算结果所产生的新个体的基因值也在区间限制范围内。

浮点数编码方法有下面几个优点:

- 适合于在 GA 中表示范围较大的数。
- 适合于精度要求较高的 GA。
- 便于较大空间的遗传搜索。
- 改善了 GA 的计算复杂性,提高了运算效率。
- 便于 GA 与经典优化方法的混合使用。
- 便于设计针对问题的专门知识的知识型遗传算子。
- 便于处理复杂的决策变量约束条件。

④符号编码。符号编码方法是指个体编码串中的基因值取自一个无数值含义,只有代码含义的符号集。这个符号集可以是一个字母表,如 $\{A,B,C,D,\cdots\}$;也可以是一个数字序号表,如 $\{1,2,3,\cdots\}$;还可以是一个代码表,如 $\{C_1,C_2,C_3,\cdots\}$ 等。对于使用符号编码的遗传算法,需要认真设计交叉、变异等遗传运算操作方法,以满足问题的各种约束要求。

符号编码的主要优点是:

- 符合有意义积木块编码原则。
- 便于在 GA 中利用所求解问题的专门知识。
- 便于 GA 与相关近似算法之间的混合使用。

⑤多参数级联编码方法。一般常见的优化问题中往往含有多个决策变量。例如,六峰值驼背函数就含有两个变量。对这种含有多个变量的个体进行编码的方法就称为多参数编码方法。多参数编码最常用和最基本的一种方法是:将各个参数分别以某种编码方法进行编码,然后将它们的编码按一定顺序连接在一起就组成了表示全部参数的个体编码,这种编码方法称为多参数级联编码方法。在进行多参数级联编码时,每个参数的编码方式可以是二进制编码、格雷码、浮点数编码或符号编码等任一种编码方式。每个参数可以具有不同的上下界,也可以具有不同的编码长度和编码精度。

2. 遗传算子

(1)选择算子

选择算子就是从种群中选择出生命力强的、较适应环境的个体。这些选中的个体用于产生新种群。故这一操作也称再生(Reproduction)。由于在选择用于繁殖下一代的个体时,根据个体对环境的适应度而决定其繁殖量,所以还称为非均匀再生(Differential Reproduction)。选择的依据是每个个体的适应度。适应度越大被选中的概率就越大,其子孙在下一代产生的个数就越多。其作用在于根据个体的优劣程度决定它在下一代是被淘汰还是被复制。一般地,通过选择算子将使适应度大(即优良)的个体有较大的存在机会;而适应度小(即低劣)的个体继续存在的机会较小。常见的选择方法有比例法、最优保存策略、无回放随机选择和排序法。

①比例法。比例法(Proportional Model)是一种回放式随机采样方法,也称赌轮选择法。其基本思想是:每个个体被选中的概率与其适应度大小成正比。由于随机操作的原因,这种选择方法的选择误差比较大。有时甚至连适应度比较高的个体也选择不上。设群体大小为 n,个体 i 的适应度为 f_i,则个体 i 被选中的概率 P_i 为

$$P_i = \frac{f_i}{\sum_{i=1}^{n} f_i} \tag{7-5}$$

②最优保存策略。在进化过程中将产生越来越多的优良个体。但是由于选择、交叉、变异等遗传操作的随机性,优良个体也有可能被破坏掉,这会降低种群的平均适应度,并对遗传算法的运行效率、收敛性都有不利影响,希望适应度最好的个体要尽可能地保留到下一代种群中。为了达到这个目的,可以使用最优保存策略(Elitist Model)来进行优胜劣汰操作,即当前群体中适应度最高的一个个体不参与交叉运算和变异运算,而是用它来替换掉本代群体中经过遗传操作后产生的适应度最低的个体。

最优保存策略可保证迄今所得的最优个体不会被遗传运算破坏。这是遗传算法收敛性的一个重要保证条件。但是,它也容易使得某个局部最优个体不易被淘汰掉反而快速扩散,从而使得算法的全局搜索能力不强,所以该方法一般要与其他选择操作方法配合使用,以取得良好效果。最优保存策略可以推广,即在每一代的进化过程中保留多个最优个体不参加遗传运算,而直接将它们复制到下一代群体中,这种选择方法也称稳态复制。

③无回放随机选择。这种选择方法也称期望值选择方法(Expected Value Model)。它的基本思想是:根据每个个体在下一代群体中的生存期望值来进行随机选择。其具体操作过程如下:

计算群体中的每个个体在下一代群体中的生存期望数目 n_i,即

$$n_i = n \frac{f_i}{\sum_{i=1}^{n} f_i} \tag{7-6}$$

若某一个体被选中参与交叉运算,则它在下一代中的生存期望数目就会减去 0.5。若某一个体未被选中,则它在下一代中的生存期望数目就减去 1.0。随着选择过程的进行,若某个体的生存期望数目小于 0,则该个体就不再有机会被选中。这种选择操作方法能够降低选择误差,但操作不太方便。

④排序法。以上选择的操作方法都要求每个个体的适应度取非负值,这样就必须对负的适应度进行变换处理。而排序法(Ranked Based Model)的主要着眼点是个体适应度之间的大小关系,对个体适应度是否取正值或负值以及个体适应度之间的数值差异程度并无特别要求。

排序法的主要思想是:对群体中的所有个体按其适应度大小进行排序,按照排序结果来分

配每个个体被选中的概率。其具体操作过程是：对群体中的所有个体按其适应度大小进行降序排序，根据具体求解问题，设计一个概率分配表，将各个概率值按上述排列次序分配给各个个体。以各个个体所分配的概率值作为其遗传概率，基于这些概率值用比例法（赌轮）来产生下一代群体。由于使用了随机性较强的比例选择方法，所以排序法仍具有较大的选择误差。

（2）交叉算子

遗传算法的有效性主要来自选择和交叉操作，尤其是交叉算子在遗传算法中起着核心作用。如果只有选择算子，那么后代种群就不会超出初始种群，即第一代的范围。因此还需要其他算子，常用的有交叉算子和变异算子。交叉算子就是在选中用于繁殖下一代的个体（染色体）中，对两个不同染色体相同位置上的基因进行交换，从而产生新的染色体。所以交叉算子又称重组（Recombination）算子。当许多染色体相同或后代的染色体与上一代的染色体没有多大差别时，则可通过染色体重组来产生新一代染色体。染色体重组分两个步骤：首先进行随机配对；然后再执行交叉操作。

交叉算子的设计和实现与所研究的问题密切相关，其主要考虑两个问题：如何确定交叉点的位置以及如何进行部分基因交换。一般要求交叉算子既不要过分破坏个体编码中表示优良性状的优良图式，又要能够有效地产生出一些较好的新个体图式。另外，交叉算子的设计要和个体编码设计统一起来考虑。交换算子有多种形式，包括单点交叉、双点交叉、多点交叉和算术交叉等。

①单点交叉。单点交叉（Single Point Crossover）最简单，是简单遗传算法使用的交换算子。单点交叉从种群中随机取出两个字符串。假设串长为 L，然后随机确定一个交叉点，它在 $1 \sim L - 1$ 间的正整数中取值。于是将两个串的右半段互换再重新连接得到两个新串，如图 7-1 所示。

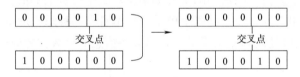

图 7-1　单点交叉

交叉得到的新串不一定都能保留至下一代，可以仅仅保留适应度大的那个串。单点交叉的特点是：若邻接基因座之间的关系能提供较好的个体性状和较高的个体适应度，则这种单点交叉操作破坏这种个体性状和较低个体适应度的可能性最小。但是，单点交叉操作有一定的使用范围，故人们发展了其他一些交叉算子。例如，双点交叉、多点交叉和算术交叉等。

②双点交叉。双点交叉（Two Point Crossover）是指在个体编码串中随机设置了两个交叉点，然后再进行部分基因交换，即交换两个交叉点之间的基因段，如图 7-2 所示。

③多点交叉。将单点交叉和双点交叉的概念加以推广，可得到多点交叉（Multi-Point Crossover）的概念，即在个体编码串中随机设置了多个交叉点，然后进行基因交换。多点交叉又称广义交叉，如图 7-3 所示。

多点交叉算子一般不常使用。因为它有可能破坏一些好图式。事实上，随着交叉点数的增多，个体的结构被破坏的可能性也逐渐增大。这样就很难有效地保存较好的图式，从而影响遗传算法的性能。

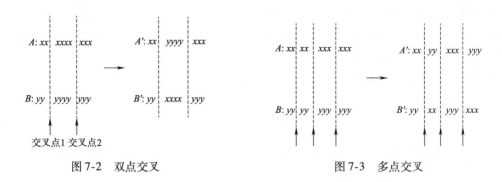

图 7-2 双点交叉   图 7-3 多点交叉

④算术交叉。算术交叉（Arithmetic Crossover）是指由两个个体的线性组合而产生出的两个新个体。为了能够进行线性组合运算，算术交叉的操作对象一般是由浮点数编码所表示的个体。假设在两个个体X_A^t，X_B^t之间进行算术交叉，则交叉运算后所产生的两个新个体是

$$\begin{cases} X_A^{t+1} = \alpha X_B^t + (1-\alpha) X_A^t \\ X_B^{t+1} = \alpha X_A^t + (1-\alpha) X_B^t \end{cases} \tag{7-7}$$

式中，α 为一个参数。它可以是一个常数，此时所进行的交叉运算称为均匀算术交叉。它也可以是一个由进化代数所决定的变量，此时所进行的交叉运算称为非均匀算术交叉。

（3）变异算子

变异也称突变，就是在选中的染色体中，对染色体中的某些基因执行异向转化。选择和交叉算子基本上完成了遗传算法的大部分搜索功能。而变异算子则增加了遗传算法找到全局最优解的能力。变异算子以很小的概率随机改变字符串某个位置上的值。在二进制编码中就是将 0 变成 1，将 1 变成 0。变异发生的概率极低。它本身是一种随机搜索，但与选择、交叉算子结合在一起，就能避免由复制和交叉算子引起的某些信息的永久性丢失，从而保证遗传算法的有效性。

一般认为变异算子的重要性次于交叉算子，但其作用不能忽视。例如，若在某个位置上初始群体的所有串都取 0。但最优解在这个位置上却取 1。这样只通过交叉达不到 1，而突变则可做到。交叉算子可以接近最优解，但是无法对搜索空间的细节进行局部搜索。使用变异算子来调整个体中的个别基因，就可以从局部的角度出发使个体更加逼近最优解。在遗传算法中使用变异算子的目的主要有两点：改善遗传算法的局部搜索能力；维持种群多样性，防止出现早熟现象。

变异算子的设计包括两个主要问题：如何确定变异点的位置和如何进行基因值替换。最简单的变异算子是基本位变异算子，其他方法有均匀变异、非均匀变异和高斯变异等。

①基本位变异。基本位变异（Simple Mutation）是指对个体编码串中以变异概率 P_m 随机指定某一位或某几位基因座上的基因值进行变异运算。基本位变异操作改变的只是个体编码串中的个别几个基因座上的基因值，并且变异发生的概率也比较小，所以其发挥的作用比较慢，作用的效果也不明显。

②均匀变异。均匀变异（Uniform Mutation）是指分别用符合某一范围内均匀分布的随机数，以某一较小的概率来替换个体编码中各个基因座上的原有基因值，即对每一个基因都以一

定概率进行变异,变异的基因值为均匀概率分布的随机数。均匀变异操作特别适合应用于遗传算法的初期运行阶段。它使得搜索点可以在整个搜索空间内自由地移动,从而可以增加群体的多样性,使算法能处理更多的图式。例如,某变异点的新基因值可为

$$x_k' = U_{min}^k + r(U_{max}^k - U_{min}^k) \tag{7-8}$$

式中,$[U_{min}^k, U_{max}^k]$ 为基因值的取值范围;r 为 $[0,1]$ 上的均匀随机数。

③非均匀变异。均匀变异可使得个体在搜索空间内自由移动。但是,它却不便于对某一重点区域进行局部搜索。为此,对原有基因值作一个随机扰动,以扰动后的结果作为变异后的新基因值。对每个基因座都以相同的概率进行变异运算之后,相当于整个解向量在解空间中做了一个轻微的变动,这种变异操作方法就是非均匀变异(Non-uniform Mutation)。非均匀变异的具体操作过程与均匀变异相类似,但它重点搜索原个体附近的微小区域。某变异点的新基因值可为

$$x_k' = x_k \pm \Delta(t) \tag{7-9}$$

式中,$\Delta(t)$ 是非均匀分布的一个随机数,要求随着进化代数 t 的增加,$\Delta(t)$ 接近于 0 的概率也逐渐增加。非均匀变异可使得遗传算法在其初始阶段(较小时)进行均匀随机搜索,而在其后期运用阶段(t 比较大时)进行局部搜索。所以它产生的新基因值比均匀变异所产生的基因值更接近于原有基因值。故随着算法的运行,非均匀变异就使得最优解的搜索过程更加集中在某一最有希望的重点区域中。

④高斯变异。高斯变异(Gaussian Mutation)是改进遗传算法对重点搜索区域的局部搜索性能的另一种方法。所谓高斯变异操作,是指进行变异操作时,用一个符合均值为 μ、方差为 δ^2 的正态分布随机数来替换原有基因值。高斯变异的具体操作过程与均匀变异相类似。

7.1.2　遗传算法的研究

下面介绍遗传算法应用中需注意的几个问题。

1. 编码策略

编码策略应用是遗传算法的第一个关键步骤,针对不同问题应该结合其特点设计合理有效的编码策略。只有正确表示了问题的各种参数,考虑到了所有约束,遗传算法才有可能有最优结果;否则将直接导致错误结果或者算法失败。编码的串长度及编码形式对遗传算法收敛影响极大。

2. 适应函数

适应函数(Fitness Function)是问题求解品质的测量函数,是对生存环境的模拟。一般可以把问题的模型函数作为适应函数,但有时需要另行构造。

3. 控制参数

种群容量、交叉概率和变异概率直接影响遗传算法的进化过程。种群容量 n 太小时难以求出最优解,太大则增长收敛时间。一般情况下 $n = 30 \sim 160$。交叉概率 P_c 太小时难以向前搜索,太大则容易破坏高适应值的结构。一般取 $P_c = 0.25 \sim 0.9$。变异概率 P_m 太小时难以产生新的基因结构,太大则使遗传算法成了单纯的随机搜索。一般取值为 $100 \sim 500$。遗传算法的进化代数也会影响结果。一般取值为 $100 \sim 500$。

4. 对收敛的判断

遗传算法中采用较多的收敛依据有以下几种:根据进化代数和每一代种群中的新个体数目;根据质量来判断,即连续几次进化过程中的最好解没有变化;根据种群中最好解的适应度与平均适应度之差对平均值的比来确定。

5. 防止早熟

遗传算法的早熟现象(Premature)就是演化过程过早收敛,表现为在没有完全达到用户目标的情况下,程序却判断为已经找到优化解而结束遗传算法循环。这是遗传算法研究中的一个难点。其原因有多种,最可能的原因是对选择方法的安排,提高变异操作的发生概率能尽量避免由此导致的过早收敛出现。

6. 防止近缘杂交

同自然界的生物系统一样,近缘杂交(Inbreeding)会产生不良后代。因此有必要在选择过程中加入双亲资格判断程序。例如,从赌轮法得到的双亲要经过一个比较,若相同则再次进入选择过程。当选择失败次数超过一个阈值时,就强行从一个双亲个体周围选择另一个个体,然后进入交叉操作。

7.1.3 用遗传算法解决 TSP 问题

TSP(Traveling Salesman Problem)是旅行商问题的英文缩写,TSP 是一个经典的 NP 问题。NP 问题用穷举法不能在有效时间内求解,所以只能使用启发式搜索。遗传算法是求解此类问题比较实用、有效的方法之一。TSP 的数学表述为:在有限城市集合 $V = \{v_1, v_2, v_3, \cdots v_n\}$ 上,求一个城市访问序列 $T = (t_1, t_2, \cdots t_n, t_{n+1})$,其中 $t_i, t_j \in V, i \neq j (i, j = 1, 2, \cdots n)$,并且 $t_{n+1} = t_1$,使得该序列对应的城市距离之和最小,即

$$\min(L) = \sum_{i=1}^{n} d(t_i, t_{i+1}) \tag{7-10}$$

1. 编码策略

TSP 最直观的编码方式:每一个城市用一个码(数字或者字母)表示,则城市访问序列就构成一个码串。例如,用 $[1, n]$ 上的整数分别表示 n 个城市,即

$$
\begin{array}{ccccc}
v_1 & v_2 & v_3 & \cdots & v_n \\
\downarrow & \downarrow & \downarrow & \downarrow & \downarrow \\
1 & 2 & 3 & \cdots & n
\end{array} \tag{7-11}
$$

则编码串 $T = (1, 2, 3, 4 \cdots n)$ 表示一个 TSP 路径。这个编码串对应的城市访问路线是:从城市 v_1 开始,依次经过 $v_2, v_3, v_4, \cdots, v_n$,最后返回出发城市 v_1。对于 TSP 而言,这种编码方法是最自然的一种方式。但是与这种编码方法所对应的交叉运算和变异运算实现起来比较困难。因为常规的运算会产生一些不满足约束或者无意义的路线。

为了克服上述编码方法的缺点,基于对各个城市的访问顺序,Grefenstette 等提出一种新编码方法,该方法能够使得任意的基因型个体都能够对应于一条具有实际意义的巡回路线。对于一个城市列表 V,假定对各个城市的一个访问顺序为 $T = (t_1, t_2, \cdots, t_n, t_{n+1})$。规定每访问一个城市,就从未访问城市列表 $W = V - \{t_1, t_2, \cdots, t_{i-1}\} (i = 1, 2, 3, \cdots n)$ 中将该城市去掉。然后用第 i 个所访城市 t_i 在未访问城市列表 W 中的对应位置序号 $g_i (1 \leqslant g_i \leqslant n - i + 1)$ 表示具体访

问哪个城市。如此进行一直处理完 V 中所有的城市,将全部 g_i 顺序排列在一起所得的一个列表 $G = (g_1 \ g_2 \ g_3 \cdots g_n)$ 就表示一条巡回路线。

例 7-1 设有 7 个城市分别为 $V = (a, b, c, d, e, f, g)$。对于如下两条巡回路线:

$$T_x = (a, d, b, f, g, e, c, a)$$
$$T_y = (b, c, a, d, e, f, g, b)$$

用 Grefenstette 等所提出的编码方法,其编码为

$$G_x = (1313321)$$
$$G_y = (2211111)$$

2. 遗传算子

TSP 对遗传算子的要求:对任意两个个体的编码串进行遗传操作之后,得到的新编码必须对应合法的 TSP 路径。对于 TSP 使用 Grefenstette 编码时,个体基因型和个体表现型之间具有一一对应的关系,也就是它使得经过遗传运算后得到的任意的编码串都对应于一条合法的 TSP 路径,所以可以用基本遗传算法来求解 TSP。于是交叉算子可以使用通常的单点或者多点交叉算子。变异运算也可使用常规的一些变异算子,只是基因座 $g_i (i = 1, 2, 3, \cdots, n)$ 所对应的等位基因值应从 $\{1, 2, 3, \cdots, n - i + 1\}$ 中选取。

例 7-2 例 7-1 中的两个 TSP 个体编码经过单点交叉之后可得两个新个体:

$$G_x = (1313321) \xrightarrow{\text{单点交叉}} G_x' = (1313\overline{111})$$
$$G_y = (2211111) \qquad G_y' = (221132\overline{1})$$

对它们进行解码处理后,可得到两条新的巡回路线:

$$T_x' = (a, d, b, f, c, e, g, a)$$
$$T_y' = (b, c, a, d, g, f, e, b)$$

在设计遗传算子时,一般希望它能够有效遗传个体的重要表现性状。对于 TSP 使用 Grefenstette 编码时,编码串中前面基因座上的基因值改变,会对后面基因座上的基因值产生不同解释。所以这里使用单点交叉算子,个体在交叉点之前的性状能够被完全继承下来,而在交叉点之后的性状就改变得相当大。

3. 适应函数

TSP 的解要求路径总和越小越好。而遗传算法中的适应度一般要求越大越好。所以,TSP 适应函数可以简单地取路径总和的倒数。例如,$F(T) = n / \text{Length}(T)$,其中,$T$ 表示一条完整的 TSP 路径;$\text{Length}(T)$ 表示路径 T 的总长度;n 表示城市总数目。

7.2 粒子群优化算法

粒子群算法是一种群智能算法,群智能是由昆虫群体或其他动物社会行为机制而激发设计出的算法或分布式解决问题的策略。生物学家研究表明,在这些群居生物中,虽然每个个体的智能不高,行为简单,也不存在集中的指挥,但由这些单个个体组成的群体,似乎在某种内在规律的作用下,却表现出异常复杂而有序的群体行为。这些个体有两个特点:①个体行为受到群体行为的影响,趋利避害。就是说个体之间是存在信息交流的;②群体有着很强的生存能

力,但是这种能力不是个体行为的叠加。

群智能的基本原则:①邻近原则(Proximity Principle):群体能够进行简单的空间和时间计算;②质量原则(Quality Principle):群体不仅能够对时间和空间因素作出反应,而且能够响应环境中的质量因子(如事物的质量或位置的安全性);③多样性反应原则(Principle of Diverse Response):群体不应将自己获取资源的途径限制在过分狭窄的范围内;④稳定性原则(Stability Principle):群体不应随着环境的每一次变化而改变自己的行为模式;⑤适应性原则(Adaptability Principle):当改变行为模式带来的回报与能量投资相比是值得的时,群体应该改变其行为模式。

群智能的特点:①分布式的控制,不存在中心控制;②群体中的每个个体都能够改变环境,这是个体之间间接通信的一种方式,这种方式被称为"激发工作"(Stigmergy);③群体中每个个体的能力或遵循的行为规则非常简单,因而群智能的实现比较方便,具有简单性的特点;④群体表现出来的复杂行为是通过简单个体的交互过程突现出来的智能(Emergent Intelligence),因此群体具有自组织性。

粒子群算法源于复杂适应系统(Complex Adaptive System,CAS)。CAS理论于1994年正式提出。CAS中的成员称为主体。比如研究鸟群系统,每个鸟在这个系统中就称为主体。主体有适应性,它能够与环境及其他主体进行交流,并且根据交流的过程"学习"或"积累经验"改变自身结构与行为。整个系统的演变或进化包括新层次的产生(小鸟的出生)、分化和多样性的出现(鸟群中的鸟分成许多小的群)、新的主题的出现(鸟寻找食物过程中,不断发现新的食物)。

7.2.1 粒子群算法工作原理

粒子群算法(Particle Swarm Optimization, PSO)最早是由Eberhart和Kennedy于1995年提出,它的基本概念源于对鸟群觅食行为的研究。设想这样一个场景:一群鸟在随机搜寻食物,在这个区域里只有一块食物,所有的鸟都不知道食物在哪里,但是它们知道当前的位置离食物还有多远。鸟找到食物的最优策略是搜寻目前离食物最近的鸟的周围区域。三个简单的行为准则:

①冲突避免:群体在一定空间移动,个体有自己的移动意志,但不能影响其他个体移动,避免碰撞和争执。

②速度匹配:个体必须配合中心移动速度,不管在方向、距离与速率都必须互相配合。

③群体中心:个体将会向群体中心移动,配合群体中心向目标前进。

PSO算法从这种生物种群行为特性中得到启发并用于求解优化问题。在PSO中,每个优化问题的潜在解都可以想象成d维搜索空间上的一个点,称为"粒子"(Particle),所有的粒子都有一个被目标函数决定的适应值(Fitness Value),每个粒子还有一个速度决定它们飞翔的方向和距离,然后粒子们就追随当前的最优粒子在解空间中搜索。Reynolds对鸟群飞行的研究发现。鸟仅仅是追踪它有限数量的邻居,但最终的整体结果是整个鸟群好像在一个中心的控制之下,即复杂的全局行为是由简单规则的相互作用引起的。

PSO算法就是模拟一群鸟寻找食物的过程,每个鸟就是PSO中的粒子,也就是需要求解问题的可能解,这些鸟在寻找食物的过程中,不停改变自己在空中飞行的位置与速度。鸟群在寻找食物的过程中,开始鸟群比较分散,逐渐这些鸟就会聚成一群,这个群忽高忽低、忽左忽右,直到最后找到食物。

PSO 的几个核心概念:

①粒子(particle):一只鸟。类似于遗传算法中的个体。

②种群(population):一群鸟。类似于遗传算法中的种群。

③位置(position):一个粒子(鸟)当前所在的位置。

④经验(best):一个粒子(鸟)自身曾经离食物最近的位置。

⑤速度(velocity):一个粒子(鸟)飞行的速度。

⑥适应度(fitness):一个粒子(鸟)距离食物的远近。与遗传算法中的适应度类似。

将上述过程转化为一个数学问题。寻找函数 $y = 1 - \cos(3x) * \exp(-x)$ 的在 $[0,4]$ 最大值。在 $[0,4]$ 之间放置了两个随机的点,这些点的坐标假设为 $x_1 = 1.5, x_2 = 2.5$;这里的点是一个标量,但是经常遇到的问题可能是更一般的情况——x 为一个矢量的情况,如二维的情况 $z = 2x_1 + 3x_{22}$。这个时候的每个粒子为二维,记粒子 $P_1 = (x_{11}, x_{12})$,$P_2 = (x_{21}, x_{22})$,$P_3 = (x_{31}, x_{32})$,$\cdots$,$P_n = (x_{n1}, x_{n2})$。这里 n 为粒子群群体的规模,也就是这个群中粒子的个数,每个粒子的维数为 2。更一般的是粒子的维数为 q,这样在这个种群中有 n 个粒子,每个粒子为 q 维。

由 n 个粒子组成的群体对 q 维(就是每个粒子的维数)空间进行搜索。每个粒子表示为 $x_i = (x_{i1}, x_{i2}, x_{i3}, \cdots, x_{iQ})$,每个粒子对应的速度可以表示为 $v_i = (v_{i1}, v_{i2}, v_{i3}, \cdots, v_{iQ})$,每个粒子在搜索时要考虑两个因素:

①粒子本身搜索到的历史最优值 p_i,$p_i = (p_{i1}, p_{i2}, p_{i3}, \cdots, p_{iQ})$,$i = 1, 2, 3, \cdots, n$。

②全部粒子搜索到的最优值 p_g,$p_g = (p_{g1}, p_{g2}, p_{g3}, \cdots, p_{gQ})$,注意这里的 p_g 只有一个。下面给出粒子群算法的位置速度更新公式:

$$\begin{cases} v_{id}^{k+1} = wv_{id}^k + c_1\xi(p_{id}^k - x_{id}^k) + c_2\eta(p_{gd}^k - x_{id}^k) \\ x_{id}^{k+1} = x_{id}^k + rv_{id}^{k+1} \end{cases} \tag{7-12}$$

从物理原理上来解释这个速度更新公式,将该公式分为三个部分(以 + 间隔):第一部分是惯性保持部分,粒子沿着当前的速度和方向惯性飞行,不会偏移,直来直去(牛顿运动学第一定理)。第二部分是自我认知部分,粒子受到自身历史最好位置的吸引力,有回到自身历史最好位置的意愿(牛顿运动学第二定理)。第三部分是社会认知部分,粒子处在一个社会中(种群中),社会上有更好的粒子(成功人士),粒子受到成功人士的吸引力,有去社会中成功人士位置的意愿。(牛顿运动学第二定理)。

速度更新公式的意义就是粒子在自身惯性和两种外力作用下,速度和方向发生的改变。注意这三部分都有重要含义。没有惯性部分,粒子们将很快向当前的自身最优位置和全局最优粒子位置靠拢,变成一个局部算法。有了惯性,不同粒子将有在空间中自由飞行的趋势,能够在整个搜索区域内寻找食物(最优解)。而没有自我认知部分,粒子们将向当前的全局最优粒子位置靠拢,容易陷入局部最优。没有社会认知部分,粒子们各自向自身最优位置靠拢,各自陷入自身最优,整个搜索过程都不收敛了。

w 是保持原来速度的系数,所以称为惯性权重。如果 $w = 0$,则速度只取决于当前位置和历史最好位置,速度本身没有记忆性。假设一个粒子处在全局最好位置,它将保持静止,其他粒子则飞向它的最好位置和全局最好位置的加权中心。粒子将收缩到当前全局最好位置。加上第一部分后,粒子有扩展搜索空间的趋势,这也使得的作用表现为针对不同的搜索问题,调整算法的全局和局部搜索能力的平衡。如果 w 较大,则粒子的全局寻优能力强,局部寻优能力弱;反之,粒子局部寻优能力强,全局寻优能力弱。也就是说,如果 w 过大,则容易错过最优解;如果 w 过小,则算法收敛速度慢或是容易陷入局部最优解。当问题空间较大时,为了在搜索速度和搜索精度之间达到平衡,通常的做法是使算法在前期有较高的全局搜索能力以得到合适的种子,而在后期有较高的局部搜索能力以提高收敛精度。

由于较大的权重因子有利于跳出局部最小点,便于全局搜索,而较小的惯性因子则有利于对当前的搜索区域进行精确局部搜索,以利于算法收敛,因此针对 PSO 算法容易早熟以及算法后期易在全局最优解附近产生振荡现象,可以采用线性变化的权重,让惯性权重从最大值 $w_{\max}$ 线性减小到最小值 $w_{\min}$。因此有以下动态惯性权重公式:

$$w = w_{\max} - (w_{\max} - w_{\min})\frac{\mathrm{run}}{\mathrm{run}_{\max}} \tag{7-13}$$

式中,$w_{\max}$ 表示最大惯性权重;$w_{\min}$ 表示最小惯性权重;run 表示当前迭代次数;$\mathrm{run}_{\max}$ 表示算法最大迭代总次数。随着迭代次数的增加,w 不断减小,从而使算法在初期有较强的全局收敛能力,而晚期有较强的局部收敛能力。

c_1 是粒子跟踪自己历史最优值的权重系数,它表示粒子自身的认识,所以称为"认知",通常设置为 2。c_2 是粒子跟踪群体最优值的权重系数,它表示粒子对整个群体知识的认识,所以称为"社会知识",经常称为"社会",通常设置为 2。c_1,c_2 具有自我总结和向优秀个体学习的能力,从而使微粒向群体内或领域内的最优点靠近。c_1,c_2 分别调节微粒向个体最优或者群体最优方向飞行的最大步长,决定微粒个体经验和群体经验对微粒自身运行轨迹的影响。学习因子较小时,可能使微粒在远离目标区域内徘徊;学习因子较大时,可使微粒迅速向目标区域移动,甚至超过目标区域。

因此,c_1 和 c_2 的搭配不同,将会影响到 PSO 算法的性能。过大或过小的 c_1,c_2 都将使优化过程陷入局部最优解中:c_1,c_2 过小时,自身经验和社会经验在整个寻优过程中所起的作用小,使得寻优过程过于随机。c_1,c_2 过大时,调整的幅度过大,容易陷入局部最优中。c_1 相对小,c_2 相对大时,将盲目地向 gbest 快速聚集,收敛速度加快的同时,盲目性使得粒子容易错过更好解,陷入局部最优中。c_1 相对大,c_2 相对小时,粒子路线趋于多样化。粒子行为分散,而且进化速度慢,导致收敛速度慢,有时可能难以收敛。

如果令 $c_1 = c_2 = 0$,粒子将一直以当前速度的飞行,直到边界,很难找到最优解。Suganthan 的实验表明:c_1 和 c_2 为常数时可以得到较好的解,但不一定必须等于 2。Clerc 引入收敛因子 (constriction factor)K 来保证收敛性,并可取消对速度的边界限制。

$$\begin{cases} v_i = K[v_i + \varphi_1 \mathrm{rand}(\ )(p_{id} - x_i) + \varphi_2 \mathrm{rand}(\ )(p_{gd} - x_i)] \\ K = \dfrac{2}{|2 - \varphi - \sqrt{\varphi^2 - 4\varphi}|},\varphi = \varphi_1 + \varphi_2,\varphi > 4 \end{cases} \tag{7-14}$$

通常取 φ 为 4.1,则 $K = 0.729$。实验表明,与使用惯性权重的 PSO 算法相比,使用收敛因子的 PSO 有更快的收敛速度。其实只要恰当的选取 w 和 c_1,c_2,两种算法是一样的。因此使用收敛因子的 PSO 可以看作使用惯性权重 PSO 的特例。ξ,η 是 $[0,1]$ 区间内均匀分布的随机数。r 是对位置更新的时候,在速度前面加的一个系数,这个系数称为约束因子,通常设置为 1。

p_{id}表示第 i 个变量的个体极值的第 d 维;p_{gd}表示全局最优解的第 d 维。维度过小,算法早熟,陷入局部最优;维度过大,求解精度提高,但算法速度慢,比较耗时。公式表明粒子的速度和其先前速度、p_{id}、p_{gd}三者都有关系,因此可将公式分为三部分解读:第一部分为粒子先前速度;第二部分为"认知"部分,表示粒子自身的思考,是粒子 i 当前位置与自己最佳位置之间的距离;第三部分为"社会部分",表示粒子间的信息共享与合作,是粒子 i 当前位置与群体最佳位置之间的距离。总的来说,粒子的速度是三个方向速度的加权矢量和。最大速度 v_{max}:v_{max}过大,粒子运动速度快,微粒探索能力强,但容易越过最优的搜索空间,错过最优解;v_{max}较小,容易进入局部最优,可能会使微粒无法运动足够远的距离以跳出局部最优,从而也可能找不到最优解。种群规模 sizepop:种群规模过小,算法收敛速度快,但是容易陷入局部最优;种群规模过大,算法收敛速度较慢;导致计算时间增加,而且群体数目增加到一定数目时,再增加微粒数目不再有显著的效果。

下面对整个基本的粒子群算法的过程给一个简单的流程图表示,如图 7-4 所示。

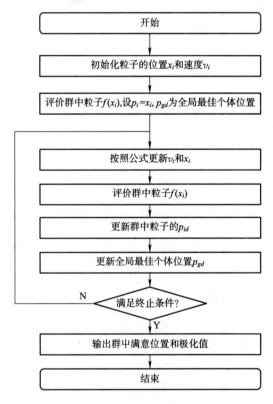

图 7-4 基本粒子群算法流程

(1)初始化
初始化粒子群(粒子群共有 n 个粒子):给每个粒子赋予随机的初始位置和速度。
(2)计算适应值
根据适应度函数,计算每个粒子的适应值。

（3）求个体最佳适应值

对每一个粒子,将其当前位置的适应值与其历史最佳位置(p_{id})对应的适应值比较,如果当前位置的适应值更高,则用当前位置更新历史最佳位置。

（4）求群体最佳适应值

对每一个粒子,将其当前位置的适应值与其全局最佳位置(p_{gd})对应的适应值比较,如果当前位置的适应值更高,则用当前位置更新全局最佳位置。

（5）更新粒子位置和速度

根据公式更新每个粒子的速度与位置。

（6）判断算法是否结束

若未满足结束条件,则返回步骤(2),若满足结束条件则算法结束,全局最佳位置(p_{gd})即全局最优解。

注意:这里的粒子是同时跟踪自己的历史最优值与全局(群体)最优值来改变自己的位置与速度的,所以又称全局版本的标准粒子群优化算法。

标准粒子群优化算法伪代码如下:

```
1 For each particle
2       Initialize particle
3 END
4 Do
5       For each particle
6              Calculate fitness value
7              If the fitness value is better than the best fitness value (pBest) in history
8                     set current value as the new pBest
9       End
10      Choose the particle with the best fitness value of all the particles as the gBest
11      For each particle
12             Calculate particle velocity according equation (a)
13             Update particle position according equation (b)
14      End
15 While maximum iterations or minimum error criteria is not attained
```

在全局版的标准粒子群算法中,每个粒子的速度更新是根据两个因素来变化的,这两个因素是:①粒子自己历史最优值p_i;②粒子群体的全局最优值p_g。如果改变粒子速度更新公式,让每个粒子的速度的更新根据以下两个因素更新:其一是粒子自己历史最优值p_i;其二是粒子邻域内粒子的最优值pn_k。其余保持跟全局版的标准粒子群算法一样,这个算法就变为局部版的粒子群算法。

一般而言,一个粒子i的邻域随着迭代次数的增加而逐渐增加,开始第一次迭代,它的邻域为0,随着迭代次数邻域线性变大,最后邻域扩展到整个粒子群,这时就变成全局版本的粒子群算法了。经过实践证明:全局版本的粒子群算法收敛速度快,但是容易陷入局部最优。局部版本的粒子群算法收敛速度慢,但是很难陷入局部最优。现在的粒子群算法大都在平衡收敛速度与摆脱局部最优这两者之间的矛盾。

局部 PSO 模型：

D 维搜索空间中，有 N 个粒子组成一群体。

粒子 i 位置：$X_i = (x_{i1}, x_{i2}, \cdots, x_{iD})$；

粒子 i 历史最佳位置：$P_i = (p_{i1}, p_{i2}, \cdots, p_{iD})$；

粒子群的邻居最佳位置：$L_i = (L_{i1}, L_{i2}, \cdots, L_{iD})$；

粒子 i 飞行速度：$V_i = (v_{i1}, v_{i2}, \cdots, v_{iD})$；

更新公式（7-15），即

$$
\begin{cases}
v_{ij}(t+1) = wv_{ij}(t) + c_1 \times \text{Rand}(\ ) \times (p_{ij}(t) - x_{ij}(t)) + c_2 \times \text{Rand}(\ ) \times (l_{ij}(t) - x_{ij}(t)) \\
x_{ij}(t+1) = x_{ij}(t) + v_{ij}(t+1) \\
L_i(t+1) = \underset{n \in \text{Neighbor}(i)}{\arg} \min f(P_n(t))
\end{cases}
\tag{7-15}
$$

注意：和全局 PSO 模型相比，局部粒子群的最佳位置改成了邻居最佳位置，这样局部 PSO 就可以形成多个比较好的解。在后面速度的更新公式也只是第三部分改成邻居最佳位置减去现有的位置向量，其他都不变。局部 PSO 算法流程图如图 7-5 所示。

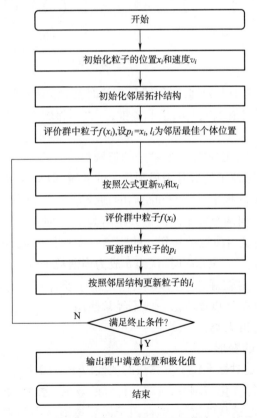

图 7-5　局部 PSO 算法流程图

根据取邻域的方式的不同，局部版本的粒子群算法有很多不同的实现方法。

第一种方法：按照粒子的编号取粒子的邻域，取法有（a）环形取法、（b）随机环形取法、（c）轮形取法、（d）随机轮形取法四种，如图 7-6 所示。

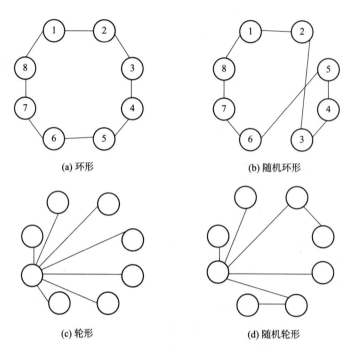

(a) 环形　　　　　　　　　　　　(b) 随机环形

(c) 轮形　　　　　　　　　　　　(d) 随机轮形

图 7-6　粒子领域的取法

以轮形进行说明,以粒子 1 为例,当邻域是 0 的时候,邻域是它本身,当邻域是 1 时,邻域为 2,8;当邻域是 2 时,邻域是 2,3,7,8;依此类推,一直到邻域为 4,这个时候,邻域扩展到整个例子群体。

第二种方法:按照粒子的欧式距离取粒子的邻域。

在第一种方法中,按照粒子的编号来得到粒子的邻域,但是这些粒子其实可能在实际位置上并不相邻,于是 Suganthan 提出基于空间距离的划分方案,在迭代中计算每一个粒子与群中其他粒子的距离。记录任何两个粒子间的最大距离为 d_m。对每一粒子按照 $\|x_a - x_b\|/d_m$ 计算一个比值。其中 $\|x_a - x_b\|$ 是当前粒子 a 到 b 的距离。而选择阈值 frac 根据迭代次数而变化。当另一粒子 b 满足 $\|x_a - x_b\|/d_m <$ frac 时,认为 b 成为当前粒子的邻域。

这种办法经过实验取得较好的应用效果,但是由于要计算所有粒子之间的距离,计算量大,且需要很大的存储空间,所以该方法一般不经常使用。

粒子群算法主要分为四大类:

(1)标准粒子群算法的变形

在这个分支中,主要是对标准粒子群算法的惯性因子、收敛因子(约束因子)、"认知"部分的 c_1、"社会"部分的 c_2 进行变化与调节,希望获得好的效果。惯性因子的原始版本是保持不变的,后来有人提出随着算法迭代的进行,惯性因子需要逐渐减小的思想。算法开始阶段,大的惯性因子可以使算法不容易陷入局部最优,到算法的后期,小的惯性因子可以使收敛速度加快,使收敛更加平稳,不至于出现振荡现象。但是递减惯性因子采用什么样的方法呢?人们首先想到的是线性递减,这种策略的确很好,但是是不是最优的呢?

于是有人对递减的策略作了研究,研究结果指出:线型函数的递减优于凸函数的递减策略,但是凹函数的递减策略又优于线性的递减。对于社会与认知的系数 c_2,c_1 也有人提出:c_1 先大后小,而 c_2 先小后大的思想,因为在算法运行初期,每个鸟要有大的自己的认知部分而又比较小的社会部分,这个与一群人找东西的情形比较接近,因为在人们找东西的初期,基本依靠自己的知识去寻找,而后来,人们积累的经验越来越丰富,于是大家开始逐渐达成共识(社会知识),这样人们就开始依靠社会知识来寻找东西了。

2007 年,希腊的两位学者提出将收敛速度比较快的全局版本的粒子群算法与不容易陷入局部最优的局部版本的粒子群算法相结合的办法,利用的公式是

$$\begin{cases} 速度更新:v = nv_G + (1 - n)v_L \\ 位置更新:w_{(k+1)} = w_{(k)} + v \end{cases} \tag{7-16}$$

式中,v_G 表示全局版本;v_L 表示局部版本。

(2)粒子群算法的混合

这个分支主要是将粒子群算法与各种算法相混合,有人将它与模拟退火算法相混合,有人将它与单纯形方法相混合。但是最多的是将它与遗传算法的混合。根据遗传算法的三种不同算子可以生成三种不同的混合算法。

粒子群算法与选择算子的结合,这里相混合的思想是:在原来的粒子群算法中,选择粒子群群体的最优值作为 p_g,但是相结合的版本是根据所有粒子的适应度的大小给每个粒子赋予一个被选中的概率,然后依据概率对这些粒子进行选择,被选中的粒子作为 p_g,其他情况都不变。这样的算法可以在算法运行过程中保持粒子群的多样性,但是致命的缺点是收敛速度缓慢。粒子群算法与杂交算子的结合,结合的思想与遗传算法的基本一样,在算法运行过程中根据适应度的大小,粒子之间可以两两杂交,比如用一个很简单的公式:

$$w_{new} = nw_1 + (1 - n)w_2 \tag{7-17}$$

式中,w_1 与 w_2 就是这个新粒子的父辈粒子。这种算法可以在算法的运行过程中引入新的粒子,但是算法一旦陷入局部最优,那么粒子群算法将很难摆脱局部最优。粒子群算法与变异算子的结合,结合的思想是:测试所有粒子与当前最优的距离,当距离小于一定的数值的时候,可以拿出所有粒子的一个百分比(如 10%)的粒子进行随机初始化,让这些粒子重新寻找最优值。

(3)二进制粒子群算法

最初的 PSO 是从解决连续优化问题发展起来的,Eberhart 等提出 PSO 的离散二进制版,用来解决工程实际中的组合优化问题。他们在提出的模型中将粒子的每一维及粒子本身的历史最优、全局最优限制为 1 或 0,而速度不作这种限制。用速度更新位置时,设定一个阈值,当速度高于该阈值时,粒子的位置取 1,否则取 0。二进制 PSO 与遗传算法在形式上很相似,但实验结果显示,在大多数测试函数中,二进制 PSO 比遗传算法速度快,尤其在问题的维数增加时。

(4)协同粒子群算法

协同 PSO 将粒子的 D 维分到 D 个粒子群中,每个粒子群优化一维向量,评价适应度时将这些分量合并为一个完整的向量。例如,第 i 个粒子群,除第 i 个分量外,其他 $D-1$ 个分量都设为最优值,不断用第 i 个粒子群中的粒子替换第 i 个分量,直到得到第 i 维的最优值,其他维相同。为将有联系的分量划分在一个群,可将 D 维向量分配到 m 个粒子群优化,则前 $D \bmod$

m 个粒子群的维数是 D/m 的向上取整。后 $m-(D \bmod m)$ 个粒子群的维数是 D/m 的向下取整。协同 PSO 在某些问题上有更快的收敛速度,但该算法容易被欺骗。

7.2.2 粒子群优化算法的研究

首先总结一下 PSO 算法的一些优点:

①它是一类不确定算法。不确定性体现了自然界生物的生物机制,并且在求解某些特定问题方面优于确定性算法。

②是一类概率型的全局优化算法。非确定算法的优点在于算法能有更多机会求解全局最优解。

③不依赖于优化问题本身的严格数学性质。

④是一种基于多个智能体的仿生优化算法。粒子群算法中的各个智能体之间通过相互协作来更好地适应环境,表现出与环境交互的能力。

⑤具有本质并行性。包括内在并行性和内含并行性。

⑥具有突出性。粒子群算法总目标的完成是在多个智能体个体行为的运动过程中突现出来的。

⑦具有自组织和进化性以及记忆功能,所有粒子都保存优解的相关知识。

⑧都具有稳健性。稳健性是指在不同条件和环境下算法的实用性和有效性,但是现在粒子群算法的数学理论基础还不够牢固,算法的收敛性还需要讨论。

从中可以看出 PSO 具有很大的发展价值和发展空间,算法能够用于多个领域并创造价值,在群智能算法中具有重要的地位,同时也能够在相关产业创造价值,发挥作用。

计算智能的算法,往往结合大数据平台,包括 GPU 运算、并行计算、HPC、多模式结合等手段,来完成更加复杂多变的需求。

7.2.3 粒子群优化算法的应用

下面具体分析 PSO 算法在产业中的作用:

①模式识别和图像处理。PSO 算法已在图像分割、图像配准、图像融合、图像识别、图像压缩和图像合成等方面发挥作用。

②神经网络训练。PSO 算法可完成人工神经网络中的连接权值的训练、结构设计、学习规则调整、特征选择、连接权值的初始化和规则提取等。但是速度没有梯度下降优化的好,需要较大的计算资源。一般都算不动。

③电力系统设计。例如,日本的 Fuji 电力公司的研究人员将电力企业某个著名的 RPVC (Reactive Power and Voltage Control)问题简化为函数的最小值问题,并使用改进的 PSO 算法进行优化求解。

④半导体器件综合,半导体器件综合是在给定的搜索空间内根据期望得到的器件特性来得到相应的设计参数。

⑤还有其他一些相关产业。包括自动目标检测、生物信号识别、决策调度、系统识别以及游戏训练等方面。

由于 PSO 操作简单、收敛速度快,因此在函数优化、图像处理、大地测量等众多领域都得到了广泛的应用。随着应用范围的扩大,PSO 算法存在早熟收敛、维数灾难、易于陷入局部极值等问题需要解决,主要有以下几种发展方向:

①调整 PSO 的参数来平衡算法的全局探测和局部开采能力。如 Shi 和 Eberhart 对 PSO 算法的速度项引入了惯性权重,并依据迭代进程及粒子飞行情况对惯性权重进行线性(或非线性)的动态调整,以平衡搜索的全局性和收敛速度。2009 年张玮等在对标准粒子群算法位置期望及方差进行稳定性分析的基础上,研究了加速因子对位置期望及方差的影响,得出了一组较好的加速因子取值。

②设计不同类型的拓扑结构,改变粒子学习模式,从而提高种群的多样性,Kennedy 等研究了不同的拓扑结构对 SPSO 性能的影响。针对 SPSO 存在易早熟收敛、寻优精度不高的缺点,于 2003 年提出一种更为明晰的粒子群算法的形式:骨干粒子群算法(Bare Bones PSO,BBPSO)。

③将 PSO 和其他优化算法(或策略)相结合,形成混合 PSO 算法。如曾毅等将模式搜索算法嵌入 PSO 算法中,实现了模式搜索算法的局部搜索能力与 PSO 算法的全局寻优能力的优势互补。

④采用小生境技术。小生境是模拟生态平衡的一种仿生技术,适用于多峰函数和多目标函数的优化问题。例如,在 PSO 算法中,通过构造小生境拓扑,将种群分成若干个子种群,动态地形成相对独立的搜索空间,实现对多个极值区域的同步搜索,从而可以避免算法在求解多峰函数优化问题时出现早熟收敛现象。Parsopoulos 提出一种基于"分而治之"思想的多种群 PSO 算法,其核心思想是将高维的目标函数分解成多个低维函数,然后每个低维的子函数由一个子粒子群进行优化,该算法对高维问题的求解提供了一个较好的思路。

不同的发展方向代表不同的应用领域,有的需要不断进行全局探测,有的需要提高寻优精度,有的需要全局搜索和局部搜索相互之间的平衡,还有的需要对高维问题进行求解。这些方向没有谁好谁坏的可比性,只有针对不同领域的不同问题求解时选择最合适的方法的区别。

由于粒子群优化算法结构简单、需要调节的参数少、需要的专业知识少、实现方式容易,它一经提出,研究者就开始尝试将它应用于各种自然科学和工程问题中去。如今,它已经被广泛地应用于函数优化、多目标优化、求解整数约束和混合整数约束优化问题、神经网络训练、信号处理等实际问题中。

有人提出了一种新的混沌搜索策略,并将它引入粒子群算法中用于求解非线性整数和混合整数约束规划问题。实验结果表明,新算法大大提高了算法的收敛速度和健壮性。有人将粒子群算法进行了改进并应用到了人脸识别系统中;有人用粒子群算法来实现锌电解优化调度;有人提出了基于协同进化的粒子群算法,建立了相应的惩罚因子算法评价机制,并将它用于求解比较复杂的高维梯级水库短期发电优化调度,实验结果证明了该方法的可行性和高效性,从而为求解此类问题提供了一种新的途径。

有人将自然界中的自然选择机制引入粒子群算法中,形成基于自然选择的粒子群算法。其核心思想为,当算法更新完所有的粒子后,计算粒子的适应度值并对粒子进行适应度值排序。然后根据排序结果,用粒子群体中最好的一半粒子替换粒子群体中最差的一半粒子,但是保留原来粒子的个体最优位置信息。实验结果表明,自然选择机制的引入增强了粒子的全局寻优能力,提高了解的精度。

基于模拟退火的粒子群算法是将模拟退火机制、杂交算子、高斯变异引入粒子群算法中，以便更好地优化粒子群体。算法的基本流程是首先随机的初始一组解，通过粒子群算法的公式来更新粒子，然后对所有粒子进行杂交运算和高斯变异运算，最后对每个粒子进行模拟退火运算。算法随着迭代的不断进行，温度逐渐下降，接受不良解的概率逐渐下降，从而提高了算法的收敛性。实验结果表明，改进的混合算法不仅保存了标准粒子群算法结构简单、容易实现等优点，而且由于模拟退火的引入，提高了算法的全局搜索能力，加快了算法的收敛速度，大大提高了解的精度。

近 20 年来，国内外学者对 PSO 算法进行了深入的研究。PSO 算法的研究现状是在全局 PSO（Global PSO，GPSO）、局部 PSO（Local PSO，LPSO）、综合学习粒子群算法（Comprehensive Learning PSO，CLPSO）或正交学习粒子群算法（Orthogonal Learning PSO，OLPSO）算法的基础上进行自适应多策略的探索。所谓多策略是指采用多种策略分别实现保持多样性、逃脱停滞/局部极值、加速收敛和局部搜索等目的，而自适应是指根据算法的演化状态动态地更新算法各策略中用到的关键参数以及恰当地进行策略的调用、转换和设置。自适应多策略的目的是让算法高效地寻找到最优解或者一个令人满意的次优解。

有人提出自适应 GPSO 算法；算法基于每个粒子与所有其他粒子之间的距离分布实时地识别出种群的演化状态；然后根据种群的演化状态自适应地更新惯性权重和加速系数以加速收敛；算法利用高斯扰动给全局最佳位置施加适当的动量以帮助逃脱停滞/局部极值。

有人提出面向中值（Median Value）的 GPSO 算法；算法对每个粒子 p 采用独立的加速系数；算法在更新 p 的飞行速度时有意将 p 远离种群的中值位置，并且基于 p 的适应度值、种群的最差适应度值和种群的中值适应度值自适应地更新 p 对应的加速系数以实现逃脱停滞/局部极值和加速收敛。有人引入衰老机制以实现保持多样性，提出基于衰老领导者（Aging Leader）和挑战者（Challengers）的 GPSO 算法；算法根据全局最佳适应度、个体最佳适应度以及领导者的适应度值的历史改进情况自适应地分析领导者的领导能力，并且通过均匀变异算子生成挑战者取代不合格的领导者。

有人提出增广多种自适应方法的 GPSO 算法；算法将非均匀变异和自适应次梯度（Subgradient）法轮换作用于全局最佳位置；非均匀变异有助于保持多样性，而自适应次梯度法有助于局部搜索；算法在某个随机选择的粒子上进行柯西变异操作；由于变异会阻碍种群的收敛，算法针对每个粒子采用不同的惯性权重和加速系数，并且将参数控制定义成最小化各粒子与全局最佳位置之间的距离之和以自适应地设置参数实现加速收敛。

有人基于灰色相关分析（Grey Relational Analysis）计算每个粒子与全局最佳位置之间的距离分布情况，并且根据该计算结果在 GPSO 算法中自适应地更新惯性权重和加速系数。有人提出自适应变异 GPSO 算法：在算法中，柯西、利维和高斯三种变异算子具有独立的选择概率；柯西和利维变异比高斯变异的变异尺度更大，适用于保持多样性，而高斯变异可用于帮助局部搜索；每种变异算子的选择概率根据对应算子的成功概率自适应地进行设置。

有人提出自适应时变拓扑连接度（Connectivity）LPSO 算法：算法根据每个粒子 p 对全局最佳适应度的历史贡献情况和 p 的拓扑连接度陷入阈值的历史情况自适应地改变 p 在社交拓扑中的连接度；算法通过邻域搜索技术帮助个体最佳适应度值在当前迭代步停止改进的粒子逃脱停滞。有人提出在收缩空间中进行禁忌检测和局部搜索的 GPSO 算法：算法将搜索空间的

各维 d 分割成 7 块大小相同的子区域;算法每隔若干次连续迭代步根据所有粒子的个体最佳适应度排序和每个粒子的个体最佳位置在各维 d 上的子区域分布计算维 d 上各子区域的"优秀"程度;在维 d 上,算法根据 $G_{\text{best}\,d}$ 所属的子区域的优秀程度恰当地从其他子区域中随机生成一个可能的替代值帮助逃脱局部极值;算法当全局最佳位置在维 d 上落入某个子区域内足够长的连续迭代步后,会将维 d 上的搜索空间缩小到 $G_{\text{best}\,d}$ 所属的子区域以加速收敛;此外,算法通过差分学习策略实现局部搜索。

有人提出基于燕八哥(Starling)集合响应机制的 GPSO 算法:算法当全局最佳适应度停滞改进一定的连续迭代步时对每个粒子 p 根据 p 的 7 个最近邻进行飞行轨迹的更新以帮助实现逃脱停滞/局部极值。有人提出所谓的多策略自适应 GPSO 算法:算法将种群的最差适应度值和种群的最佳适应度值所构成的区间分割成多个大小相同的子区间,计算所有粒子落入每个适应度子区间的概率,并且通过熵值法得出种群的适应度多样性指标,根据该指标自适应地更新惯性权重;算法在全局最佳位置和靠近全局最佳位置的其他粒子上实施变异操作。

有人提出一种改进的 GPSO 和人工蜂群融合算法:算法对于粒子群采用改进的反向学习策略,以增强种群的多样性;蜂群中的跟随蜂根据个体停滞次数自适应地改变进化策略;同时,算法交替共享两个种群的全局最优位置,通过相互引导获得更好的寻优能力。有人提出自适应子空间高斯学习 LPSO 算法:算法基于适应值离散度和子空间高斯学习自适应地调整参数和搜索策略,帮助粒子逃离局部最优;此外,算法动态构建每个粒子 p 的领域以增强种群的多样性。

有人将人工蜂群算法的保持多样性机制引入别人提出的自适应 GPSO 算法。有人提出十字形(Crisscross)GPSO 算法:算法通过纵向交叉(Crossover)算子增强种群的多样性和横向交叉算子加速收敛。有人在 GPSO 算法中根据每个粒子 p 的适应度在当前迭代步的改进情况和 Pos_p 在搜索空间各维 d 上与 $P_{\text{best}\,p}$ 之间的距离自适应地设置 p 在各维 d 上使用的独立惯性权重和加速系数以实现加速收敛。

在 CLPSO 算法中,每个粒子 p 对应的学习概率控制 p 的探测(Exploration)/开采(Exploitation)搜索能力。有人提出基于历史学习的自适应 CLPSO 算法;每隔若干次连续迭代步 T,算法根据过去采样时段 T 中种群的历史最佳学习概率值(即实现了个体最佳位置的最大改进)通过高斯分布自适应地调整每个粒子的学习概率。

有人提出结合模因(Memetic)方案的 CLPSO 算法:模因方案通过混沌(Chaotic)局部搜索算子让在连续多次迭代步都无法改进个体最佳适应度的粒子逃脱停滞并且通过模拟退火方法对个体最佳适应度在连续多次迭代步持续改进并且个体最佳位置是全局最佳位置的粒子进行细粒度的局部搜索。有人在 CLPSO 算法中,根据当前迭代步适应度有改进的粒子数的相对比率自适应地设置惯性权重,此外根据所有粒子在当前迭代步的适应度改变值相对于空间位置改变值的比率之和自适应地设置加速系数。

有人提出免疫(Immune)OLPSO 算法:算法通过引入免疫机制以进一步增强种群的多样性。有人提出基于优秀解(Superior Solution)引导的 CLPSO 算法:在算法中,优秀解集不仅包括每个粒子的个体最佳位置,也包括其他适应度较好的历史经验位置;算法利用非均匀变异实现逃脱停滞/局部极值以及通过局部搜索技术(如 BFGS 拟牛顿法、DFP 拟牛顿法、模式搜索法和 NM 纯流形法)提高解的精度;算法在两个条件同时满足时才激活每个粒子 p 上的变异操作,第一个条件是 p 的个体最佳适应度是否停滞改进了一定的连续迭代步,而第二个条件是 p 在当前迭代步的空间位置与以前若干次迭代步的空间位置之间的平均距离是否小于一个阈值。

有人提出增强(Enhanced) CLPSO 算法:算法构建了所谓的"规范"(Normative) 界限,即所有粒子的个体最佳位置在搜索空间各维上的下界和上界;算法认为当某维的规范界限足够小(即小于搜索空间在该维上区间的 1% 和绝对值 2)时,该维处于开采搜索阶段(即已经定位到最优解在该维所处的可能子区域,可以将搜索集中到该子区域以改进解的精度),反之该维仍处于探测搜索阶段(即仍在搜索该维上的不同子区域);算法根据所有粒子的个体最佳适应度值的排序和进入开采搜索阶段的维数自适应地更新各粒子的学习概率;此外,算法通过高斯扰动对进入搜索阶段的各维进行局部搜索。

有人提出异构(Heterogeneous) CLPSO 算法:整个种群被划分成两个子种群,分布专注于探测搜索和开采搜索。有人提出多策略 OLPSO 算法:算法基于正交设计和四种辅助策略生成适当的范本位置以帮助实现保持多样性、逃脱停滞/局部极值、加速收敛和局部搜索;此外,算法在全局最佳位置上实施变异以增强全局搜索能力。

PSO 算法涉及种群、粒子、维、飞行速度、空间位置和适应度。PSO 算法通过多个粒子组成的种群实现对搜索空间的并行搜索,从而具备较强的全局搜索能力。粒子之间的距离分布情况,有人计算的每个粒子与其他所有粒子之间的平均距离以及计算的每个粒子与全局最佳位置之间的距离,能够反映种群的搜索状态。一般而言,当粒子之间距离分布较分散时,种群处于探测搜索状态;而当粒子之间距离分别较集中时,种群处于开采搜索状态。种群在搜索空间中的位置分布多样性往往也会导致种群在适应度上的取值多样性。粒子适应度的历史改进情况有助于判断粒子是否陷入停滞/局部极值。

有人指出 PSO 算法在搜索空间各维上的搜索进度往往不一致,对 PSO 算法的种群/粒子在各维上使用统一的策略和参数可能会在某些维上影响搜索效率。因此,有必要结合种群/粒子在维和更小尺度上的搜索经验知识,即基于种群/粒子在各维和更小尺度上的距离分布情况和各粒子适应度分布和历史改进情况进行自适应多策略的研究。但是研究种群在各维 d 和更小尺度上的距离分布情况不能只是已有文献研究工作的简单延展,如计算每个粒子与其他所有粒子之间在维 d 上的平均距离、每个粒子与全局最佳位置之间在维 d 上的距离或每个粒子与个体最佳位置在维 d 上的距离依次自适应地设置惯性权重和加速系数等参数,有人计算所有粒子的个体最佳位置在各维 d 的上界和下界依次快速判断种群在维 d 上的搜索状态和计算已进入开采搜索阶段的维数依次自适应地更新最大学习概率,以及有人将各维 d 分成多块相同大小的子区域,根据全局最佳位置和每个粒子的个体最佳位置在维 d 上各子区域的分布实施禁忌检测和收缩那样进行更为深入的研究。

在 PSO 算法中,每个粒子 p 在各维 d 根据当前飞行速度、当前空间位置和单个或多个范本位置的线性组合更新飞行轨迹。在运行初期,算法需要通过选择合适的范本位置将种群中的粒子引导到搜索空间不同的区域进行探索以定位最优解可能处于的希望区域。CLPSO 算法和 OLPSO 算法鼓励粒子在进行飞行轨迹的更新时在不同的维上向不同的范本学习。在一些人的研究中,每个粒子向某一范本向量学习一定的连续迭代步,当种群/粒子的适应度历史改进情况不够理想时会重新确定范本向量。

有人建议粒子在更新飞行轨迹时不应该只考虑自身和其他粒子的个体最佳位置,也应该参考其他位置经验信息。若粒子陷入停滞/局部极值,可以通过实施变异、扰动、重新初始化或混沌搜索将粒子引导到搜索空间的其他区域。变异和扰动算子也可以用于实现局部搜索。有些人展开的研究工作在探测搜索阶段仅仅基于种群/粒子的适应度情况选择范本,没有考虑到范本的作用是为了将种群中的粒子引导到搜索空间不同的区域进行探索。有些人展开的研究工作仅仅在种群/粒子的适应度历史改进情况不够理想时会重新确定范本向量。

未来需要研究如何根据种群/粒子在维度更小尺度的距离分布情况和各粒子的适应度分布以及历史改进情况进行范本的选择和更新以及变异、扰动、重新初始化或混沌搜索策略帮助实现逃脱停滞/局部极值。有人认为在搜索空间各维上实现开采搜索需要在比原搜索区间更小的区域内进行。未来需要研究如何在各维 d 上更有效且高效地从探测搜索阶段进入开采搜索阶段。

7.3　蚁群算法

7.3.1　蚁群算法的工作原理

蚂蚁群体,或者是具有更普遍含义的群居昆虫群体,都可以被认为是一个分布式系统。虽然系统中的个体都比较简单,但是整个系统却呈现出一种结构高度化的群体组织。正是这些组织的存在,蚂蚁群体才能完成一些远远超出单只蚂蚁能力的复杂工作。在蚂蚁算法的研究中,它的模型源于对真实蚂蚁行为的观测,此模型对于各种优化问题、分布控制问题和对新类型的算法研究都有一定的启发。研究者们旨在通过学习真实蚂蚁高度协作的自组织原理(Self-organizing Principle)行为,来实现一群人工 Agent 协作解决一些 NP 难问题。蚁群在某些不同方面的行为特性已经启发了研究者建立若干种模型,如觅食行为、劳动分配、孵化分类和协作运输。

然而,很多种类的蚂蚁所具有的视觉感知系统都是发育不全的,甚至有些蚂蚁是没有视觉的。实际上,关于蚂蚁早先的研究表明,群体中的个体与个体之间以及个体与环境之间传递信息大部分是依靠蚂蚁产生的化学物质进行的,蚂蚁通过"介质"来协调它们活动。比如,一个正在寻找食物的蚂蚁在经过的地面上释放一种化学物质,其目的就是增加其他蚂蚁走同一条路的概率。人们把这些化学物质称为信息素(Pheromone)。对于某些蚂蚁来说,在它们的群居生活中,最重要的是路径信息素的使用,标记地面的路径,比如从食物源到蚁穴之间的路径等。蚂蚁算法正是以此观点作为依托,以一种人工媒介的形式来调节个体之间的协同,从而实现一种优化的功能。

目前,已经有学者对某些种类的蚂蚁通过信息素浓度选择路径的行为进行过可监控的实验。其中一种最为巧妙的实验由 Deneubourg 以及同事设计和完成的。他们使用一个双桥来连接蚂蚁的蚁穴和食物源(见图7-7),并在实验的过程中测试了一组不同长度比例的两条路径:$r = \dfrac{l_1}{l_2}$,其中 r 是双桥上两个分支之间的长度比。

在第一个实验中,桥上的两个分支的长度是相同的($r = 1$)。开始的时候,蚂蚁可以自由

地在蚁穴和食物源之间来回移动,实验目的就是观察蚂
蚁随时间选择两条分支中某一条的百分比。实验的最
终结果显示,尽管最初蚂蚁随机选择某一条分支,但是
最后所有蚂蚁都会选择同一分支,这个实验结果可以用
以下方法进行解释。

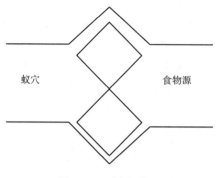

蚁穴　　　　　　食物源

由于刚开始两条分支都不存在信息素,因此蚂蚁对
这两条分支的选择就不存在任何偏向性,以大致相同的
概率在这两条路径之间选择。然而,由于波动的出现,
选择某一条分支的蚂蚁的数量可能会比另外一条多。
正是因为蚂蚁在移动的过程中会释放信息素,那么当有

图 7-7　双桥实验

更多的蚂蚁选择某条分支时会导致这条分支上的信息素总量比另一条多,而更多浓度的信息
素将会促进更多的蚂蚁再次选择这一条分支,这个过程一直进行,直到最后所有蚂蚁都集中到
某一条分支上。这就是自我催化或者称正反馈的过程,实际上就是蚂蚁实现自组织行为的一
个例子。

在第二个实验中,两条分支的长度比例设定为 $r=2$,因此较长的那条分支的长度是较短
的那条的两倍。在这种设置条件下,大部分实验结果显示,经过一段时间后所有的蚂蚁都会选
择较短的那条分支。与第一个实验一样,蚂蚁离开蚁穴探索环境,会达到一个决策点,在这里
它们需要在两条分支之间做出选择。一开始,对蚂蚁来说两条分支都是一样的,因为它们会随
机选择两条中的一条。正因为这样,有时会由于一些随机摆动而使得某一些分支比另一条分
支上的蚂蚁数量多,但平均而言,仍然期望会有一半的蚂蚁选择较短的分支,而另外一半选择
较长的分支。

然而,此实验采取了一个与先前的实验完全不同的设置:由于一条比另外一条分支短,选
择了较短分支的那些蚂蚁会首先达到食物源,并返回它们的巢穴。当返回的蚂蚁需要再次在
短分支和长分支之间做出选择时,短分支的高浓度信息素将会影响蚂蚁的决定。正因为短分
支上的信息素积累速度要比长分支快,根据先前提到的自身催化过程,最终所有的蚂蚁都会选
择较短的那条分支。

与两条分支长度相同的实验对比,在本实验中初始随机波动的影响大大减少,起作用的主
要是媒介质,自身催化和差异路径长度等机制。据观察,虽然较长的分支时短分支长度的两
倍,但是并不是所有的蚂蚁都会使用较短的分支,相反有很小比例蚂蚁会选择较长的路径。

Dorigo 便是受到上述实验的启发,提出了非常著名的蚁群算法。他充分利用蚂蚁的生物
特性,将其转化为复杂的数学模型,实现了对多种 NP 难问题的优化。

7.3.2　TSP 问题

TSP 问题直观地说,就是商人在经商过程中遇到的问题,商人从自己所在的城市出发,希
望找到一条既能经过给定顾客所在的城市,又能在回家前访问每一个城市一次的最短路径。
TSP 问题可以用一个带权完全图 $G=(N,A)$ 来表示,其中 N 是带有 $n=|N|$ 个点(城市)的集
合,A 是完全连接这些点的集合(如果该图不是一个完全图,那么可以向该图添加边直到得到
一个完全图,并且两者的最优解是相同的。这只需要向所有附加的边赋予一个足够大的权值

以保证它们不会出现在任何优化解中就可以做到）。每一条边 $(i,j) \in A$ 都分配一个权值（长度），d_{ij} 代表城市 i 和城市 j 之间的距离大小。在非对称 TSP 中，一对节点 i,j 之间的距离与该边的方向有关，也就是说，至少存在一条边 (i,j)，有 $d_{ij} \neq d_{ji}$。在对称 TSP 中，集合 A 中所有边都必须要满足 $d_{ij} = d_{ji}$。TSP 的目标就是寻找图中一条具有最小成本的哈密尔回路，这里的哈密尔回路是指一条访问图 G（G 含有 $n = |N|$ 个节点）中的每一个节点一次且仅有一次的闭合路径。这样，TSP 的一个最优解就对应节点标号为 $\{1,2,\cdots,n\}$ 的一个排列 x，并且使得长度 $f(x)$ 最小。$f(x)$ 的定义为

$$f(x) = \sum_{i=1}^{n-1} d_{x(i)x(i+1)} + d_{x(n)x(1)} \tag{7-18}$$

7.3.3 基于 TSP 问题的蚂蚁系统（AS）

在 1991 年，Dorigo 受到蚂蚁觅食行为的启发，提出了蚂蚁系统（Ant System，AS）并运用解决 TSP 问题。AS 算法模拟了自然界中蚂蚁之间通过信息素的交流方式，如信息素的释放与信息素的挥发，增强了 AS 算法的正反馈性能，最优解上会被释放更多的信息素，同时其他解的路径上信息素会随着迭代次数的增加而缓慢挥发。由于蚂蚁更倾向于信息素浓度高的路径，故该路径被选择的概率也会增大，这种此消彼长的方式极大加快了算法收敛速度，提高了算法收敛性；禁忌表的加入使蚂蚁无法经过已经通过的城市或者节点，避免算法产生不必要的时间复杂度，提高算法在 TSP 问题等 NP 难问题中的求解效率。

1. 启发式信息

启发式搜索又称有信息搜索，它利用所求问题当中的启发信息，引导算法进行搜索并构造解，从而达到缩小算法搜索范围、降低整个问题复杂度的目的。启发式信息在不同的算法、不同的问题中是不同的。这里以 TSP 问题为例，旅行商需要从一个城市出发，遍历所有的节点城市，找到一条最短路径并回到起点，形成一条闭合的回路。从 TSP 问题的特点可以看出，要想选择一条最短的路径，在每一次节点选择的时候，为了降低算法的复杂度，就需要加入贪婪原则作为启发式信息。故 TSP 问题的启发式信息便是每个城市之间的距离。当城市之间距离相对较大，则被选择的概率较小；距离相隔较小的城市被选择的概率较大。

启发式根据公式

$$\eta_{ij} = \frac{1}{d_{ij}} \tag{7-19}$$

式中，η_{ij} 表示城市 i 到 j 城市的启发式信息，d_{ij} 表示两城市之间的直线距离。从式(7-19)可以看出，随着城市之间距离变大，启发式的值就会越小，即蚂蚁在城市 i 时，选择 j 城市作为下一选择的概率就会相对小。启发式信息作为一种前置先验信息，在算法的前中后期都保持不变。启发式信息在算法的前期可以引导蚂蚁快速构建出相对较好的解，同时提高了算法的收敛速度。

2. 路径构造算子

结合启发式信息，Dorigo 将信息素因子与启发式信息结合，引入城市的选择环节中，即

$$P_{ij} = \begin{cases} \dfrac{\tau_{ij}^{\alpha}\eta_{ij}^{\beta}}{\sum\limits_{k \in \text{alloewed}_k} \tau_{ik}^{\alpha}\eta_{ik}^{\beta}}, & j \in \text{allowed}_k \\ 0, & \text{其他} \end{cases} \tag{7-20}$$

式中，P_{ij}表示i城市到j城市的转移概率，τ_{ij}代表了从i城市到j城市的信息素浓度，η_{ij}则是城市之间的启发式信息，allowed_k是蚂蚁在i城市时可供选择的城市集（在 TSP 问题中，城市只可被访问一次，allowed 为还没有被访问的城市）。α 和 β 分别指代信息素和启发式的影响程度。如果 $\beta = 0$，即启发式为 0 时，只有信息素发挥作用，会让算法收敛速度很慢，解也十分不好；当 $\alpha = 0$，即没有信息素的导向作用，会让整个蚁群算法成为一种贪心算法，算法易陷入局部最优而无法跳出。

由于每次蚂蚁发现较优解的时候，会释放信息素从而引导其他蚂蚁进行路径选择，但是在算法的初始阶段，每个城市之间信息素浓度差距较小且浓度较低的情况下，启发式的信息所在的权重就会变相增加，距离较近的城市被选择的概率就会增加；当算法进入中后期，随着城市之间信息素浓度的不断增加，启发式的信息所占的权重就会降低。

3. 三种信息素更新方式

AS 中，蚂蚁经过的路径会进行信息素的更新，如式（7-21）~式（7-23）。在 AS 算法中，每只蚂蚁经过的路径都会释放信息素。故信息素更新时，每只蚂蚁经过的路径都会进行更新，从而影响其他蚂蚁和下一次迭代蚂蚁的路径选择。AS 算法这种信息素更新方式可以称为局部信息素更新。它体现了所有蚂蚁对路径构建的作用，每只蚂蚁的路径选择后都影响下一次迭代蚂蚁的城市选择，只有被蚂蚁经过的路径上才会增加信息素，从而使这些路径被选择的概率增大。

$$\tau_{ij} = (1 - \rho)\tau_{ij} + \Delta\tau_{ij} \tag{7-21}$$

$$\Delta\tau_{ij} = \sum_{k=1}^{m} \Delta\tau_{ij}^{k} \tag{7-22}$$

$$\Delta\tau_{ij}^{k} = \begin{cases} Q/L_k & (i,j) \in \text{tour described by tabu} \\ 0 & \text{其他} \end{cases} \tag{7-23}$$

式中，ρ 表示信息素蒸发率；$\Delta\tau$ 代表了城市之间信息素增量，当被蚂蚁经过时，其值计算方式如式（7-22）和式（7-23）所示；当该路径没有被蚂蚁选择经过时，$\Delta\tau$ 等于 0。L_k 代表一只蚂蚁遍历所有城市所形成的一个环形的总距离。除上述信息素更新方式外，还存在两种信息素增量更新的方式，如式（7-24）和式（7-25）所示。

$$\Delta\tau = Q \tag{7-24}$$

$$\Delta\tau = \frac{Q}{d_{ij}} \tag{7-25}$$

$$\Delta\tau = \frac{Q}{L_k} \tag{7-26}$$

式中，Q 是信息素强度；d_{ij}是城市 i 到城市 j 之间的距离；L_k 代表每只蚂蚁完成一次巡游后的路径长度。由公式之间的参数关系可知，式（7-24）与式（7-25）都是使用局部信息素更新，但是式（7-24）突出一种"平等"的思想，即所有的路径都以相同浓度进行信息素更新；式（7-25）通过不同城市间的路径长度的差异，使蚂蚁释放的信息素与城市之间距离形成一定的线性关系，即距离越近，信息素增量越大，这其中有贪心法则的思想，增加相对较短的城市被选择的概率。

式（7-26）使用全局信息进行信息素更新，每只蚂蚁完成一次巡游以后，在其巡游的路径上增加相同数量的信息素，所以蚂蚁找到的路径越短，信息素增量就会越多。通过实验与理论分析可以证明,式(7-26)的更新方式所构造的解最优。故在本章中 AS 算法的信息素更新方式都是式(7-26)。

4. 算法的停滞行为

然而,通过式(7-26)释放信息素也同样有一个比较严重的问题。在 AS 中,蚂蚁经过的路径会释放信息素,使得该路径上的信息素稳定增加,但是信息素挥发却发生在所有路径之上。由于信息素释放的数量是大于挥发的数量的,这就造成了蚂蚁经过的路径上的信息素会逐渐增多,而那些没有被经过的路径上的信息素会越来越少,到后期后,所有蚂蚁遍历的路径会逐渐收敛到某一路径。在这种情况下,蚂蚁选择其他路径的概率接近为 0,这就是算法的停滞行为。

7.3.4 基于 TSP 的蚁群系统(ACS)

为了解决 AS 易于陷入局部最优以及停滞的问题,Dorigo 在其基础上又提出蚁群系统(Ant Colony System,ACS),它成为蚁群算法当中改进效果最好的算法之一,给研究人员很大的启迪,给整个蚁群算法带来了深远的影响。

1. 路径构造函数

ACS 中通过式(7-27)进行路径构建:

$$s = \begin{cases} \text{argmax}_{\mu \in \text{allowed}_k} \{ [\tau_{i\mu} \cdot \eta_{i\mu}^{\beta}] \}, & q \leqslant q_0 \\ S, & \text{其他} \end{cases} \tag{7-27}$$

式中,s 代表将要被选择的下一城市节点;S 表示通过 AS 算法中式(7-20)的方式进行解的构建;q 是由算法随机生成的数,q_0 是一个定常数,且 $q_0 \in [0,1]$;allowed_k 代表可选的城市集,即还没有被经过的城市集。

由式(7-27)可以看出,当随机数 q 小于算法设定的定常数 q_0 时,蚂蚁会将城市之间信息素浓度与启发式因子综合起来考虑,选择结果最大的城市,否则就按照 AS 算法中的轮盘赌策略式(7-20)进行下一城市选择。多种路径构建方式的引入提高了 ACS 路径选择的可能性,增加了算法的多样性;同时参数 q_0 可以用来制约两种构建方式,使蚂蚁可以按照先验信息行动,增加算法多样性;也可以跳出当前多种信息的制约,探索之前可能没有经过的路径,增加整个算法构造解的广度。由此可以得出,q_0 的值设定可以平衡整个算法的多样性与收敛性,当 q_0 越小时,收敛性会逐渐减弱,同时多样性越好。

2. 局部信息素更新

鉴于 AS 算法中多样性比较差的缺陷,ACS 同时引入局部信息素更新策略,用于制约与平衡全局信息素更新策略,增加非最优路径的被选择概率。蚂蚁每走一步就会对信息素实时更新,所经过路径上的信息素将依照式(7-28)进行改变。

$$\tau_{ij} = (1 - \partial) \cdot \tau_{ij} + \partial \cdot \tau_0 \tag{7-28}$$

式中,∂ 表示局部信息素挥发率;τ_0 代表初始信息素量,值为 $1/(n L_{nn})$,L_{nn} 根据贪婪法则(每次进行下一节点选择时,选择最近的城市点)得到的路径长度,而 n 则是当前测试集的城市数。由此可知,在初始阶段 τ_0 是个远小于 $\Delta \tau_{ij}$ 的值,它们之间至少有 n 倍的差距。

这里将两种信息素更新方式相结合,从公式来进行分析,当算法刚开始进行第一次迭代,此时 $\tau_{ij} = \tau_0$,$\Delta \tau_{ij} = 1/L_{gb}$,$L_{gb}$ 为第一次迭代所找的最优路径长度,将式(7-28)展开,公式变成

$\tau_{ij} = \tau_{ij} - \rho(\tau_0 - \Delta\tau_{ij})$，由于 $\tau_0 < \Delta\tau_{ij}$，可以看出第一次迭代以后最优路径上信息素 τ_{ij} 明显增加，依此类推都可得出，以后每一次迭代，当前最优解路径上的信息素都会增加，且在前期增加更加明显；同理，根据式（7-28），局部信息素更新是减少信息素浓度的过程，由于全局信息素更新增加当前最优解的信息素，所以蚂蚁选择它们的概率较大，然而经过它们的次数就越高，局部信息素更新就会将当前最优解上的信息素一次次的降低，越到后期，减少越明显。它使得全局最优路径上的信息素不至于积累过多，减少算法停滞的可能性。

局部信息素更新保证了算法的多样性，它结合了全局信息素更新策略，平衡整个算法的多样性以及收敛性，改善了 AS 在算法后期容易停滞的问题。

3. 全局信息素更新

除了两种路径构建的方式外，ACS 同样修改了信息素的更新方式，将信息素更新分为两种：全局信息素更新和局部信息素更新，用来强调当前最优路径和非最优路径的区别，提高算法的整体收敛性。

在 ACS 中，全局信息素的更新方式如式（7-29）和式（7-30）所示。

$$\tau_{ij} = (1-\rho) \cdot \tau_{ij} + \rho \cdot \Delta\tau_{ij} \tag{7-29}$$

$$\Delta\tau_{ij} = \frac{1}{L_{gb}}, \quad (i,j) \in 全局最优路径 \tag{7-30}$$

式中，ρ 为全局信息素挥发率；$\Delta\tau_{ij}$ 为每次迭代信息素增量；L_{gb} 为当前最优路径长度。ACS 的全局信息素更新策略，即在最优路径释放信息素，使全局最优解对以后的路径构建成正反馈作用，增加整个算法的收敛速度。在当前迭代中的所有蚂蚁都完成一次巡游并构造好路径以后，便进行全局信息素更新。比较每一只蚂蚁所构建的路径长度，找出最优路径，对该路径进行信息素更新。

全局信息素更新策略当中，使用当代最优解还是当前最优解去更新信息素存在一定差异。当代最优解为此次迭代中，蚂蚁找出的最优解可以理解为某一个时刻；当前最优解表示从算法开始到此次迭代中，蚂蚁所找到的最优解可以理解为一段时间。通过实验分析，发现这两种更新方式对解的结果影响很小，但是考虑到算法的全局影响力，选择当前全局最优于更新信息素更具有说服力同时能说明信息素的持续引导力。这使当前最优路径上的信息素得到加强，并对下一代迭代产生影响，提高整个算法的收敛性。算法会对当前最优路径上的信息素持续更新，直到找到一条更优路径。

习　题

7-1　对于编码长度为 7 的二进制编码，判断以下编码的合法性。

(1) [1 0 2 0 1 1 0]

(2) [1 0 1 1 0 0 1]

(3) [0 1 1 0 0 1 0]

(4) [0 0 0 0 0 0 0]

(5) [2 1 3 4 5 7 6]

7-2 简述三个遗传算子。

7-3 运用粒子群算法计算函数 $f(x) = \sum_{i=1}^{n} x_i^2 (-20 \leq x_i \leq 20)$ 的最小值,其中个体 x_i 的维数 $n=10$。

7-4 下列关于蚁群算法说明错误的是( )。

A. 信息素的积累是正反馈过程,信息素的挥发是负反馈过程

B. TSP 问题中禁忌列表是为了防止同一城市出现多次

C. 概率转换规则中参数 α 越小,蚁群算法的随机性越强

D. 概率转换规则中参数 β 越大,蚁群算法的随机性越强

7-5 简述蚁群算法的特点。

第8章 智能控制中的深度学习

8.1 机器学习和深度学习概述

深度学习是一种机器学习方法,会根据输入数据进行分类或回归。机器学习是人工智能中的一个新的研究领域。通过机器学习,机器人或计算机等机器可以通过经验(学习)自动获得动作参数。现在机器学习的广义概念是指从已知数据中获得规律,并利用规律对未知数据进行预测的方法。机器学习可以用于自然语言处理、图像识别、生物信息以及风险预测等,已在工程学、经济学以及心理学等多个领域得到成功的应用。

机器学习是一种统计学习方法,需要使用大量数据进行学习,主要分为有监督学习和无监督学习两种。有监督学习需要基于输入数据及其期望输出,通过训练从数据中提取通用信息或特征信息(特征值),以此得到预测模型。这里的特征值是指根据颜色和边缘等人为定义的提取方法从训练样本中提取的信息。无监督学习无须期望输出,算法会自动从数据中提取特征值。无论是有监督学习还是无监督学习,都需要使用大量数据训练网络,实现对给定数据进行分类或回归。机器学习的方法模型如图8-1所示,从数学的角度来说,用机器学习的模型模拟 $F(I)$ 函数,其中 I 为输入,可以是图像、文本或音频等,y 是输出,可以是离散值或连续值。如果是离散值,该类机器学习为分类问题;如果是连续值,该类机器学习为回归问题。

机器学习的算法模型如图8-2所示,算法模型学习要完成特征提取和分类的功能。当然,特征提取可以进行封装和迁移。深度学习属于机器学习的分支,是一个多层网络结构,和人脑的认知结构相似。

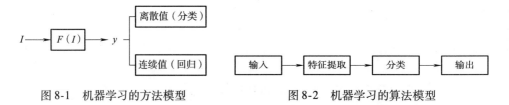

图8-1 机器学习的方法模型　　　　　图8-2 机器学习的算法模型

有公司开发的自动学习方法通过深度学习实现了猫脸识别。有公司提出的自动学习方法在设置游戏任务后,机器能够自动学习如何操作才能得到高分。目前用于图像识别的数据集中包含了数百万张图像。为了提升性能,人们提出了 Dropout 等防止过拟合的方法,为了使训练过程顺利收敛,人们又提出了激活函数和预训练方法。

以往的机器学习都是人类手动设计特征值。例如,在进行图像分类时,需要实现确定颜色、边缘及范围,再进行机器学习;而深度学习则是通过学习大量数据自动确定需要提取的特征信息来自动学习特征。深度学习一般是指具有多层结构的网络,不过对于网络的层数没有严格的定义,网络生产的方法也是多种多样的。深度学习的模型结构如图8-3所示,它包括输入层、隐含层和输出层,输出层可以产生 m 个分类。深度学习在多层感知器的基础上加入了类似人类视觉皮质的结构而得到的卷积神经网络。总之,人工智能的范围是最广的,机器学习可以看作人工智能的一部分,而深度学习可以看作机器学习的一部分。

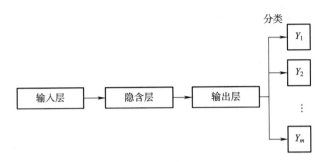

图 8-3　深度学习的神经网络分类的模型

2012 年,利用深度学习技术,人工智能从视频中识别出了猫。2014 年,苹果公司将 Siri 的语音识别系统变更为使用深度学习技术的系统。2016 年,利用深度学习技术,AlphaGo 与世界顶级棋手对决中取得了胜利。2016 年,奥迪、宝马等公司将深度学习技术运用到了汽车的自动驾驶中。

8.2　深度学习图像识别的原理

要训练一个模型去判断一张图像中的动物是猫还是狗,那么在大部分情况下要提前为这个模型提供大量的猫狗图像并明确告诉它每张图像中的动物是什么,这样模型才能根据它所学到的东西对新提供的图像进行分类。训练一个识别手写数字的分类器,那么当提供一张手写数字的图片时,还要告诉分类器该图片上的数字是多少,这就是有监督学习。大部分分类和回归算法都是有监督学习的算法。分类算法的标签是类别,而回归算法的标签是数值。比如,用分类算法去训练一个手写数字识别的分类器,手写数字的标签是类别,一般而言类别都是1、2、3 这样的整数;用回归算法去训练一个房价预测、股票预测的模型。

神经网络是机器学习算法中的一个重要分支,通过叠加网络层模拟人类大脑对输入信号的特征提取,根据标签和损失函数的不同,即可以进行分类任务,又可以进行回归任务。深度学习就是基于神经网络发展而来的,所谓"深度",一方面是指神经网络越来越深,另一方面是指学习能力越来越强,越来越深入。神经网络是有多个层搭建起来的,层的类型是多样的,而且层与层之间的联系复杂多变。深度学习的深度主要就是来描述神经网络中层的数量,目前神经网络可以达到成百上千层,整个网络的参数量从万到亿不等,所以深度学习并不是非常深奥的概念,其本质上是神经网络。

开源的深度学习框架封装了大部分底层操作,支持 GPU 加速,并为用户提供了各种语言的接口,以方便用户使用。用户可以像搭积木一样灵活地搭建想要的网络,然后训练网络得到结果,这也大大加快了算法的产出。

如图 8-4 所示,在计算机视觉领域,基础网络层主要包含卷积层、BN 层、激活函数层、池化层、Dropout 层、批量归一化层、全连接层等。由于尺寸较大的卷积核带来的计算量较大,因此目前常用的卷积核的尺寸是 5×5、3×3 和 1×1。BN 层的全称是 Batch Normalization（归一化层），可以有效提高模型的收敛速度。激活层目前常用 ReLU，主要用来对特征做非线性变换。池化层一般用来对特征图做降采样操作，这样做一方面可以减少后续的计算量，另一方面也不会影响对物体特征的提取。常用的池化层的类型是均值池化和最大池化。池化层在图像分类领域的应用较多，但是在目标检测、图像分割领域的应用则较少。其主要原因在于这两个领域需要获取物体的具体位置信息，而池化层容易丢失这样的信息。全连接层可用来对特征做线性变换。

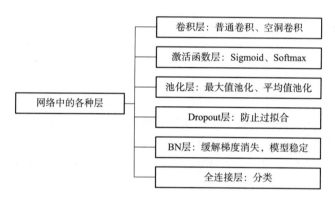

图 8-4　卷积网络中的各种层

最近几年，网络设计逐渐向深度和宽度扩展，如从十几层的 VGGNet 到数百层的 ResNet，后续也有研究人员训练数千层甚至更深的神经网络。除了在网络深度和宽度层面进行优化之外，有些研究人员还在思考如何才能更有效地利用网络提取到的特征，如GoogleNet、DenseNet 等。另外一个研究方向是网络结构向小型、快速方向发展，主要考虑到模型运行在手机端或者是 CPU 上，因此对速度和模型大小的要求很高，如 MobileNet、ShuffleNet 等，不同的网络设计往往来源于网络 Backbone，图 8-5 显示了一些经典的网络Backbone。

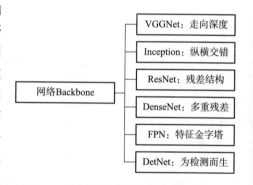

图 8-5　卷积神经网络的经典 Backbone

卷积层是使用频率非常高的网络层，主要用来提取特征。可以毫不夸张地说，在大部分广泛使用的网络结构中，卷积层占据了半壁江山。另外，卷积层也是超参数较多的网络层，不同的参数设置往往得到完全不同的输出结果。卷积操作可以看作二维卷积核在二维特征图上通过一定步长进行滑动计算，并累加所有输入特征图的结果得到的。BN 层是用来对网络层的输入进行归一化和线性变换的层，其能够有效加快模型的收敛。

激活层是一种广泛应用于模型搭建的网络层，通过激活函数对输入特征图进行逐点变换得到输出特征图，经常与卷积层及 BN 层搭配使用。池化层可以用来缩小特征图的尺寸，降低后续网络层的计算开销，主要包括最大池化和均值池化两种类型。

全连接层一般放在网络结构的高层，执行的是对输入的线性变换。在一个完整的网络结构中,全连接层的数量一般只有几层,有些任务,如图像分割中,甚至不添加全连接层,主要原因在于全连接层并不像卷积层一样扮演着特征提取的角色,很多时候全连接层只是起到变换作用。另外,在常规使用中,全连接层的参数量远大于卷积层,因此全连接层也成了模型压缩领域主要关注的对象。

图像分类任务中常采用交叉熵损失函数。通道合并层通过将输入特征图在通道维度上进行合并,以达到特征融合的目的,目前在多种图像任务中都有广泛应用。逐点相加层是对输入特征图在宽、高维度进行逐点相加得到输出特征图的网络层,也是一种特征融合操作。逐点相加层进行的是逐点相加操作,所以,输入特征图的各维度尺寸必须相同,否则会报错。另外,该层可以同时计算多个输入的融合结果,而不只是局限于两个输入。

AlexNet 是深度学习领域非常重要的一个网络,是深度学习算法首次超越传统图像算法的例子,因此一般把 AlexNet 看作深度学习在图像领域的开山之作。VGG 是一个非常经典的网络,在 ILSVRC – 2014 的图像分类任务中获得了亚军。VGG 网络将神经网络的深度延伸到十几层,并且大量采用小尺寸的卷积层, 整体上网络结构简洁有效。因此,虽然 VGG 网络已经发表数年,但目前仍有广泛的应用。VGG 网络最大的特点是采用大量卷积核尺寸为 3 ×3 的卷积层,小尺寸的卷积核可以大大减少计算量。

GoogleNet 与 VGG 是同时期的作品,该算法在 ILSVRC – 2014 的图像分类任务中获得了冠军。从 Inception 结构可以看出其有多条分支,每条分支采用不同尺寸卷积核的卷积层。这样设计的主要思想在于:既然不确定什么样尺寸的卷积核最适合于提取特征,那就把几种不同尺寸的卷积核提取到的特征合并在一起,让网络自己去学习哪部分特征对效果帮助最大。

ResNet 是 ILSVRC – 2015 的图像分类任务冠军,也是 CVPR2016 的最佳论文,目前应用十分广泛。ResNet 的重要性在于将网络的训练深度延伸到了数百层,而且取得了非常好的效果。ResNet 通过引入了残差结构使得深层网络的训练能够顺利进行,主要原因在于残差结构的堆叠能够有效地回传梯度。

DenseNet 是 CVPR2017 的最佳论文。网络结构的设计思想简洁有效,出发点是尽可能多地利用网络提取到的特征。dense block 中包含五个网络层,每一层的输入特征都是前面几层输出特征的集合。DenseNet 是由 dense block 组成的,每个 dense block 之间会添加一些卷积层或池化层做连接。

MobileNet 在模型加速和压缩方面是比较著名的网络结构,MobileNet 主要是用深度可分卷积代替传统的卷积层实现加速和压缩。深度可分卷积则由两层卷积层构成,第一层是带组操作,且组参数与输入特征的通道数相同的卷积层,即逐深度卷积。第二层是卷积核尺寸为 1 ×1 的卷积层,即逐点卷积。整体上 MobileNet 与 VGG 网络类似,只不过 MobileNet 将几乎所有的卷积核尺寸为 3 ×3 的卷积层都拆分成了逐深度卷积和逐点卷积的组合。

ShuffleNet 也是模型加速和压缩方面的网络,该算法通过引入逐深度卷积、逐点卷积和 channel shuffle 的思想,达到模型加速和压缩的目的。逐点组卷积只不过是带组操作的逐点卷积而已。

最近几年,随着深度学习算法的不断发展,深度学习领域涌现出了许多优秀的算法。从历史的角度分析这些算法,AlexNet 是深度学习算法在图像领域取得突破性进展的标志,由此引发了最近几年深度学习的算法研究和落地热潮。VGG 网络采用大量的 3 ×3 的尺寸的卷积层叠加,在特征提取和减少计算量方面取得了非常好的平衡。GoogleNet 引入了 Inception 结构,在一个网络结构中,采用多支路不同尺寸的卷积核的卷积层来提取特征。ResNet 通过引入了残差结构的连接,成功训练数百层的神经网络,目前应用非常广泛。DenseNet 通过将多层输出特征同时作为输入,以达到充分利用网络提取到的特征的目的。MobileNet 主要引入深度可分卷积能够有效加速和压缩模型。ShuffleNet 主要引入逐深度卷积和通道的 shuffle 操作以实现模型的加速和压缩。

8.3 深度学习图像识别的 PyTorch 实现

8.3.1 PyTorch 框架下的深度学习图像识别

1. 数据集的处理

PyTorch 框架下与数据交互的两个主要工具是数据集和数据加载器。数据集是一个 Python 类,使人们能够获得提供给神经网络的数据。数据加载器则从数据集向网络提供数据。每个数据集不论是包含图像、音频、文本、3D 景观、股市信息或者任何其他数据,只要满足这个抽象 Python 类,就能与 PyTorch 交互。数据集获取一个元素,返回张量和标签(label,tensor)。

torchvision 包中有一个名为 ImageFolder 的类,它能很好地完成很多任务。只要图像在一个适当的目录结构中,其中每一个目录分别是一个标签。通过 Resize(64)转换把得到的每个图像缩放为相同的分辨率 64×64,然后将图像转换为一个张量,最后根据一组特定的均值和标准差对张量归一化。归一化很重要,因为输入通过神经网络层时会完成大量乘法,保证到来的值在 0 ~ 1 之间可以防止训练阶段中值变得过大,这称为梯度爆炸。PyTorch 可以很容易地完成图像旋转和倾斜等操作来实现数据增强。

2. 模型和训练

一个简单的神经网络可以包含三个节点的输入层、包含三个节点的隐藏层和一个包含两个节点的输出层。权重确定了信号从这个节点进入下一层的强度。训练网络时,就是要更新这些权重,通常会从随机初始化开始。

激活函数是为系统加入非线性的一种方法。激活函数包含 softmax 和 Relu 等。PyTorch 提供了一个完备的损失函数集合,涵盖了大多数应用。当然,如果有一个很特别的领域,也可以自行编写损失函数。CrossEntropyLoss 是一个内置的损失函数,这是多类分类任务推荐使用的损失函数。可能遇到的另一个损失函数是 MSELoss,这是一个标准均方损失,进行数值预测时可能会用到。

训练一个网络包括将数据传入网络,使用损失函数确定预测与实际标签的差别,然后用这个信息更新网络的权重,希望损失函数返回的损失尽可能小。优化器的一种常用可视化方法就是像滚弹珠,试图在一系列山谷中找到最低点或极小值。这种跳步的幅度称为学习率。

在训练过程中,训练周期也称回合 epoch,训练集是指在训练过程中用来更新模型。验证集用来评价模型在这个问题领域的泛化能力,而不是与训练数据的拟合程度,不用来直接更新模型。测试集是最后一个数据集,训练完成后对模型的性能提供最后的评价。

考虑一个批次中的样本随机梯度,这称为随机梯度下降 SGD。Adam 所做的一个重要改进是对每个参数使用了一个学习率,并根据这些参数的变化率来调整学习率。为了计算梯度,可以在模型上调用 backward( )方法,然后 optimizer. step( )方法使用这些梯度完成权重调整。使用 zero_grad( )方法就是为了确保循环完成后将梯度重置为 0。通过使用一定的构造,可以在代码一开始确定是否有一个 GPU,然后在其余的程序中使用 model. to(device),并且相信模型在正确的位置上。

网络训练完成后会在每个 epoch 的最后得到模型在验证集上的准确度输出。如果需要保存模型,Python 和 PyTorch 都可以轻松做到。可以使用 torch. save( )方法采用 Python 的 pickle 格式保存模型的当前状态。反过来,也可以使用 torch. load( )方法加载之前保存的一个模型迭代。更常见的做法是保存模型的 state_dict,这是一个标准的 Python dict,其中包含模型中每一层参数的映射。

深度学习面临的一个危险是过拟合概念。即模型确实能很好地识别所训练的数据,不过不能泛化到它没有见过的例子。这种问题需要在训练中采用相应的技术去克服。

8. 3. 2 PyTorch 框架下的迁移学习的图像分类

1. 模型的微调

能不能下载一个已经训练的模型,再进一步训练? 答案是肯定的。这在深度学习领域是一个极其强大的技术,称为迁移学习。通过迁移学习,可以将为一个任务训练的网络调整为另外一个任务。利用迁移学习,只用几百个图像就可以构建达到人类水平的分类器。例如,微调 ResNet-50 模型,对这个架构稍作修改,在最后包括一个新的网络模块,来取代正常情况下完成 ImageNet 分类的标准线性层。然后冻结所有现有的 ResNet 层,训练时只更新新层中的参数,不过还是要从冻结层得到激活值。这使得可以快速地训练新层,同时保留预训练层已经包含的信息。创建一个预训练的 ResNet-50 模型,需要冻结一些层,然后需要把最后的分类模块替换为一个新模块,如要训练来检测是猫还是狗的模块。在这个例子中,把它替换为两个 Linear 层、一个 ReLU 和 Dropout,不过这里也可以有额外的 CNN 层。

2. 数据集的处理

torchvision. transforms 库包含很多转换函数,可以用来增强训练数据。torchvision 提供了一个丰富的转换集合,包含可以用于数据增强的大量转换,另外还提供了两种构造新转换的方法。ColorJitter 会随机地改变图像的亮度、对比度、饱和度和色调。对于亮度、对比度和饱和度,可以提供一个 float 或一个 float 元组,都是在 0 ~ 1 范围之内的非负数,随机性将介于 0 到所提供的 float 之间,或者使用元组来生成随机性。如果想翻转图像,转换会在水平或垂直的轴上随机地翻转图像。要么提供一个 0 ~ 1 的 float 作为出现翻转的概率,要么接受默认 50% 的翻转概率。RandomCrop 和 RandomResizeCrop 会根据 size 对图像完成随机的裁剪,如果裁剪得过小,就有可能剪去图像中重要的部分,这可能导致模型在错误的数据上进行训练。

例如,如果一个图像中有一只猫在桌子上玩耍,假如裁剪将猫去掉而保留了桌子的部分,把它分类为猫就不合适了。如果要随机地旋转一个图像,RandomRotation 就在(min, max)之间变化。Pad 是一个通用的填充转换,会在图像边框上增加填充(额外的高度和宽度)。RandomAffine 允许指定图像的随机仿射转换,包括缩放、旋转、平移和切变或者它们的任意组合。缩放由另一个元组(min, max)处理,从这个区间随机采样一个统一的缩放因子。图像工作都是在相同标准的 24 位 RGB 颜色空间中进行的,其中每个像素有 8 位的红、绿、蓝值来指示这个像素的颜色。另一种选择是 HSV,对应的是色调、饱和度和明度,分别有一个 8 位的值。可能一个空间能够比另外一个空间更好地捕捉数据中的特征。

与组合结合时,可以很容易地创建一系列模型,将在 RGB、HSV、YUV 和 LAB 颜色空间上训练的结果结合起来,使预测的准确度再提高几个百分点。可以用来随机地将一个图像从标准 RGB 颜色空间转换为 HSV 颜色空间,用 Image.convert( ) 方法将一个 PIL 图像从一个颜色空间转换到另一个颜色空间。随机地改变每个批次中的图像,从而可以在不同的 epoch 中用不同的颜色空间表示图像。可以更新原来的函数来生成一个随机数,并使用这个随机数生成一个改变图像的随机概率。可以实现一个转换类,它会为一个张量增加随机高斯噪声。用较低的分辨率训练时,模型会学习图像的总体结构。

3. 模型和训练

除了传统的迁移学习和微调外,还有没有其他辅助模型选择?与使用一个模型相比,如何能更好地预测?用一组模型怎么样?组合是更传统的机器学习方法中一种相当常用的技术。它在深度学习中同样能很好地完成工作。其思想是由一系列的模型分别得到一个预测,结合这些预测来生成一个最后的答案。由于不同的模型在不同领域会有不同的优势,所有这些预测结合起来,与单独一个模型相比,可能会生成更准确的结果。

训练时,在一个 epoch 期间,首先从一个小的学习率开始,每个小批次增加到一个更大的学习率,直到这个 epoch 结束时得到一个很大的学习率。计算每个学习率的相应损失,然后查看一个图,选出使损失下降最大的学习率。在目前为止的训练中,对整个模型只应用一个学习率,不过对于迁移学习,正常情况下如果尝试不同的做法可能会得到更好的准确度。就是用不同的学习率训练不同的层组。可以使用的一种方法是数据增强。如果有一个图像,可以对这个图像进行很多不同的处理,这样能避免过拟合,并使模型更泛化。在这个图像上的模型训练会学习识别靠左或靠右的猫的形状,而不只是将整个图像与猫关联。

8.3.3 猫狗数据集分类的深度学习的 PyTorch 实现

1. 数据集的制作和处理

从完整的猫狗数据集中制作用于自己的深度学习的数据集。本节实验使用的数据集为目录 dogsandcats 中的子目录 train、vaild 和 test 目录。其中,train 目录中各有猫和狗的图片 1000 张,vaild 目录中各有猫和狗的图片 200 张,test 目录中各有猫和狗的图片 50 张。数据集包括训练数据集、验证数据集和测试数据集。

如图 8-6 所示,使用 PyTorch 的 torchvision 库中的 transforms 对数据集中的图片进行批量处理,将分辨率修改为 224×224 像素,转换成张量并标准化。在本节的程序中,只使用训练数据集和验证数据集,不使用测试数据集,并使用 torch.utils 来加载数据集,同时指定 batch_size 为 32。

2. 深度学习的神经网络设计和实现

如图 8-7 所示,使用类 Net 进行深度学习的神经网络设计和实现。神经网络使用了两个卷积核 5×5 的卷积层、Dropout 层和三个全连接层,激活函数使用 relu( ) 函数,softmax 实现二分类。

```
simple_transform = transforms.Compose([transforms.Resize((224,224))
                         ,transforms.ToTensor()
                         ,transforms.Normalize([0.485, 0.456, 0.406], [0.229, 0.224, 0.225])
                         ])
train = ImageFolder('dogsandcats/train/',simple_transform)
valid = ImageFolder('dogsandcats/valid/',simple_transform)

print(train.class_to_idx)
print(train.classes)

imshow(valid[100][0])

train_data_loader = torch.utils.data.DataLoader(train,batch_size=32,shuffle=True)
valid_data_loader = torch.utils.data.DataLoader(valid,batch_size=32,shuffle=True)
```

图 8-6   PyTorch 数据集处理

```
class Net(nn.Module):
    def __init__(self):
        super().__init__()
        self.conv1 = nn.Conv2d(3, 10, kernel_size=5)
        self.conv2 = nn.Conv2d(10, 20, kernel_size=5)
        self.conv2_drop = nn.Dropout2d()
        self.fc1 = nn.Linear(56180, 500)
        self.fc2 = nn.Linear(500,50)
        self.fc3 = nn.Linear(50, 2)

    def forward(self, x):
        x = F.relu(F.max_pool2d(self.conv1(x), 2))
        x = F.relu(F.max_pool2d(self.conv2_drop(self.conv2(x)), 2))
        x = x.view(x.size(0), -1)
        x = F.relu(self.fc1(x))
        x = F.dropout(x, training=self.training)
        x = F.relu(self.fc2(x))
        x = F.dropout(x,training=self.training)
        x = self.fc3(x)
        return F.log_softmax(x,dim=1)


model = Net()
if is_cuda:
    model.cuda()
```

图 8-7   深度学习的神经网络设计和实现

3. 训练过程的代码实现

训练过程的代码如图 8-8 所示,数据集只使用训练集和验证集,学习率设置为 0.01。每一个 epoch 回合都要计算损失和精度,以方便 Matplotlib 绘图显示分析。

```
optimizer = optim.SGD(model.parameters(),lr=0.01,momentum=0.5)

train_losses , train_accuracy = [],[]
val_losses , val_accuracy = [],[]
for epoch in range(1,num_epochs):
    epoch_loss, epoch_accuracy = fit(epoch,model,train_data_loader,phase='training')
    val_epoch_loss , val_epoch_accuracy = fit(epoch,model,valid_data_loader,phase='validation')
    train_losses.append(epoch_loss)
    train_accuracy.append(epoch_accuracy)
    val_losses.append(val_epoch_loss)
    val_accuracy.append(val_epoch_accuracy)
```

图 8-8   深度学习的神经网络模型训练

4. 运行结果分析

运行硬件环境为 Sony VAIO 笔记本电脑、GTX 1650TI 显卡、i7 CPU、16 GB 内存。运行软件环境为 Windows 11 X64、Anaconda、CUDA 11.0,虚拟 Python 环境为 pytorch。

运行主程序 PyTorch_CNN. py,结果如下：

```
(pytorch) D:\cxl_python_2022\Deep_Learning\exp_1 >python PyTorch_CNN. py
Your Computer CUDA is ： True
{'cats': 0, 'dogs': 1}
['cats', 'dogs']
training loss is 0. 7 and training accuracy is 981/2000        49. 05
validation loss is 0. 69 and validation accuracy is 219/400 54. 75
training loss is 0. 69 and training accuracy is 998/2000        49. 9
validation loss is 0. 69 and validation accuracy is 228/400 57. 0
training loss is 0. 69 and training accuracy is 1076/2000     53. 8
validation loss is 0. 69 and validation accuracy is 232/400 58. 0
training loss is 0. 68 and training accuracy is 1115/2000     55. 75
validation loss is 0. 67 and validation accuracy is 242/400 60. 5
training loss is 0. 68 and training accuracy is 1161/2000     58. 05
validation loss is 0. 67 and validation accuracy is 241/400 60. 25
training loss is 0. 67 and training accuracy is 1159/2000     57. 95
validation loss is 0. 65 and validation accuracy is 252/400 63. 0
training loss is 0. 66 and training accuracy is 1193/2000     59. 65
validation loss is 0. 64 and validation accuracy is 258/400 64. 5
training loss is 0. 65 and training accuracy is 1208/2000     60. 4
validation loss is 0. 63 and validation accuracy is 247/400 61. 75
training loss is 0. 65 and training accuracy is 1247/2000     62. 35
validation loss is 0. 62 and validation accuracy is 244/400 61. 0
training loss is 0. 64 and training accuracy is 1248/2000     62. 4
validation loss is 0. 62 and validation accuracy is 262/400 65. 5
training loss is 0. 63 and training accuracy is 1260/2000     63. 0
validation loss is 0. 61 and validation accuracy is 266/400 66. 5
training loss is 0. 63 and training accuracy is 1296/2000     64. 8
validation loss is 0. 62 and validation accuracy is 265/400 66. 25
training loss is 0. 62 and training accuracy is 1290/2000     64. 5
validation loss is 0. 61 and validation accuracy is 262/400 65. 5
training loss is 0. 61 and training accuracy is 1346/2000     67. 3
validation loss is 0. 61 and validation accuracy is 259/400 64. 75
training loss is 0. 61 and training accuracy is 1342/2000     67. 1
validation loss is 0. 62 and validation accuracy is 268/400 67. 0
training loss is 0. 6 and training accuracy is 1351/2000        67. 55
validation loss is 0. 62 and validation accuracy is 248/400 62. 0
training loss is 0. 59 and training accuracy is 1379/2000     68. 95
validation loss is 0. 61 and validation accuracy is 261/400 65. 25
training loss is 0. 56 and training accuracy is 1416/2000     70. 8
validation loss is 0. 6 and validation accuracy is 270/400 67. 5
training loss is 0. 56 and training accuracy is 1426/2000     71. 3
validation loss is 0. 64 and validation accuracy is 259/400 64. 75
```

由上面输出的文本结果以及图 8-9 来看,20 个 epoch 回合后,训练精度由第一个回合的 49.05% 上升到训练结束时的 64.75。由于设计的神经网络是从头开始训练,而且缩减了数据集大小,所以精度不够高。在训练模型的时候,使用的是猫狗数据集。事实上还可以应用一些技巧,例如数据增强和使用不同的 dropout 值来改进模型的泛化能力,这样再通过几轮训练,模型可能会得到一些改进;另外还可以尝试使用不同的 dropout 值。

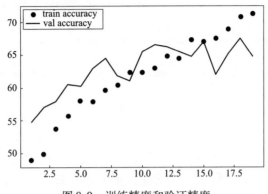

图 8-9　训练精度和验证精度

由于机器的计算力有限,所以使用的数据量不够大,而且只训练了 20 个回合。在计算力更强的计算机上可以使用更多的数据来训练更多的回合以达到更好的进度。改进模型泛化能力的另一个重要技巧是添加更多数据或进行数据增强。将通过随机地水平翻转图像或以小角度旋转图像来进行数据增强。torchvision 转换为数据增强提供了不同的功能,它们可以动态地进行,每轮都发生变化。另外,调试不同的超参数也能达到更好的效果。下面要讲的迁移学习也是能用少量的数据达到好的精度和效果。

8.3.4　猫狗数据集分类的迁移学习的 PyTorch 实现

迁移学习是指在类似的数据集上使用训练好的算法,而无须从头开始训练。CNN 架构的前几层专注于较小的特征,如线条或曲线的外观。CNN 架构的随后几层中的滤波器识别更高级别的特征,如眼睛和手指,最后几层学习识别确切的类别。预训练模型是在相似的数据集上训练的算法,大多数流行的算法都在流行的 ImageNet 数据集上进行了预训练,以识别 1000 种不同的类别。

VGG16 架构包含五个 VGG 块。每个 VGG 块是一组卷积层、一个非线性激活函数和一个最大池化的函数。所有算法参数都是调整好的,可以达到识别 1 000 个类别的最先进的结果。该算法以批量的形式获取输入数据,这些数据通过 ImageNet 数据集的均值和标准差进行归一化。在迁移学习中,尝试通过冻结架构的大部分层的学习参数来捕获算法的学习内容。通用实践是仅微调网络的最后几层。使用最初为不同用例训练的模型权重的能力,被称为迁移学习。

下面的实验使用迁移学习训练 VGG16 模型来对狗和猫进行分类。

1. 数据集的制作和处理

从完整的猫狗数据集中制作用于自己的深度学习的数据集。本节实验使用的数据集为目录 dogsandcats2 中的子目录 train 和 test 目录。其中，train 目录中各有猫和狗的图片 100 张，test 目录中各有猫和狗的图片 20 张。数据集包括训练数据集和测试数据集。

```
train_dir = "./dogsandcats2/train"
test_dir = './dogsandcats2/test'

simple_transform = transforms.Compose([transforms.Resize((224,224))
                        ,transforms.ToTensor()
                        ,transforms.Normalize([0.485, 0.456, 0.406], [0.229, 0.224, 0.225])
                        ])
train = ImageFolder('dogsandcats2/train/',simple_transform)
test = ImageFolder('dogsandcats2/test/',simple_transform)

train_loader = torch.utils.data.DataLoader(train,batch_size=16,shuffle=True)
test_loader = torch.utils.data.DataLoader(test,batch_size=16,shuffle=True)
```

图 8-10   迁移学习的数据集处理

如图 8-10 所示，使用 PyTorch 的 torchvision 库中的 transforms 对数据集中的图片进行批量处理，将分辨率修改为 224×224 像素，转换成张量并标准化。在本节的程序中，只使用训练数据集和测试数据集，不使用验证数据集，并使用 torch. utils 来加载数据集，同时指定 batch_size 为 16。

2. 迁移学习的神经网络微调和实现

如图 8-11 所示，使用类 model 进行迁移学习的神经网络微调和实现。PyTorch 在 torchvision 库中提供了一组训练好的模型。这些模型大多数接收一个称为 pretrained 的参数，当这个参数为 True 时，它会下载为 ImageNet 分类问题调整好的权重。冻结包含卷积块的 features 模型的所有层，冻结层中的权重将阻止更新这些卷积块的权重。由于模型的权重被训练用来识别许多重要的特征，因而算法从第一个迭代开始就具有了这样的能力。

```
class model(nn.Module):
    def __init__(self, num_classes=2):
        super(model, self).__init__()
        self.vgg16 = torchvision.models.vgg16(pretrained=True)
        for param in self.vgg16.parameters():
            param.requires_grad = False
        in_features = self.vgg16.classifier[6].in_features
        # redefine the 6th classifier
        self.vgg16.classifier[6] = nn.Linear(in_features=in_features, out_features=num_classes)

    def forward(self, x):
        x.to(device)
        x = self.vgg16(x)
        return x

model = model().to(device)
print(model)
```

图 8-11   迁移学习的神经网络微调

神经网络的原型为 VGG16 的预训练模型，冻结层的参数不需要进行梯度运算。VGG16 模型被训练为针对 1 000 个类别进行分类，但没有训练为针对狗和猫进行分类。因此需要将最后一层的输出特征从 1 000 改为 2，以实现微调 VGG16 模型。所以分类改为猫和狗的二分类。

3. 训练过程的代码实现

训练过程的代码如图 8-12 所示,数据集只使用训练集和测试集。损失函数使用交叉熵损失函数,优化算法使用 Adam。每一个 epoch 回合都要计算损失,训练结束打印精度。

```
criterion = nn.CrossEntropyLoss()
optimizer = torch.optim.Adam(model.parameters(), lr=learning_rate)

n_total_steps = len(train_loader)
print("Begin to train")
for epoch in range(num_epoches):
    for i, (imgs, labels) in enumerate(train_loader):
        imgs, labels = imgs.to(device), labels.to(device)
        outputs = model(imgs)
        loss = criterion(outputs, labels)
        optimizer.zero_grad()
        loss.backward()
        optimizer.step()
        if (i+1)%1 == 0:
            print(f'Epoch {epoch+1}, Step {i+1}/{n_total_steps}, Loss:{loss.item():.4f}')
print("Finished Training")
```

图 8-12　迁移学习的神经网络训练

4. 运行结果分析

运行硬件环境为 Sony VAIO 笔记本电脑、GTX 1650TI 显卡、i7 CPU、16 GB 内存。运行软件环境为 Windows 11 X64、Anaconda、CUDA 11.0,虚拟 Python 环境为 PyTorch。

运行主程序 PyTorch_VGG16_Fine_Tune. py,结果如下:

```
(pytorch) D:\cxl_python_2022\Deep_Learning\exp_2 >
python PyTorch_VGG16_Fine_Tune. py
Your Computing Device is： cuda
model(
  (vgg16)：VGG(
    (features)：Sequential(
      (0)：Conv2d(3, 64, kernel_size = (3, 3), stride = (1, 1), padding = (1, 1))
      (1)：ReLU(inplace = True)
      (2)：Conv2d(64, 64, kernel_size = (3, 3), stride = (1, 1), padding = (1, 1))
      (3)：ReLU(inplace = True)
      (4)：MaxPool2d(kernel_size = 2, stride = 2, padding = 0, dilation = 1, ceil_mode = False)
      (5)：Conv2d(64, 128, kernel_size = (3, 3), stride = (1, 1), padding = (1, 1))
      (6)：ReLU(inplace = True)
      (7)：Conv2d(128, 128, kernel_size = (3, 3), stride = (1, 1), padding = (1, 1))
      (8)：ReLU(inplace = True)
      (9)：MaxPool2d(kernel_size = 2, stride = 2, padding = 0, dilation = 1, ceil_mode = False)
      (10)：Conv2d(128, 256, kernel_size = (3, 3), stride = (1, 1), padding = (1, 1))
      (11)：ReLU(inplace = True)
      (12)：Conv2d(256, 256, kernel_size = (3, 3), stride = (1, 1), padding = (1, 1))
      (13)：ReLU(inplace = True)
      (14)：Conv2d(256, 256, kernel_size = (3, 3), stride = (1, 1), padding = (1, 1))
      (15)：ReLU(inplace = True)
      (16)：MaxPool2d(kernel_size = 2, stride = 2, padding = 0, dilation = 1, ceil_mode = False)
```

```
    (17): Conv2d(256, 512, kernel_size = (3, 3), stride = (1, 1), padding = (1, 1))
    (18): ReLU(inplace = True)
    (19): Conv2d(512, 512, kernel_size = (3, 3), stride = (1, 1), padding = (1, 1))
    (20): ReLU(inplace = True)
    (21): Conv2d(512, 512, kernel_size = (3, 3), stride = (1, 1), padding = (1, 1))
    (22): ReLU(inplace = True)
    (23): MaxPool2d(kernel_size = 2, stride = 2, padding = 0, dilation = 1, ceil_mode = False)
    (24): Conv2d(512, 512, kernel_size = (3, 3), stride = (1, 1), padding = (1, 1))
    (25): ReLU(inplace = True)
    (26): Conv2d(512, 512, kernel_size = (3, 3), stride = (1, 1), padding = (1, 1))
    (27): ReLU(inplace = True)
    (28): Conv2d(512, 512, kernel_size = (3, 3), stride = (1, 1), padding = (1, 1))
    (29): ReLU(inplace = True)
    (30): MaxPool2d(kernel_size = 2, stride = 2, padding = 0, dilation = 1, ceil_mode = False)
  )
  (avgpool): AdaptiveAvgPool2d(output_size = (7, 7))
  (classifier): Sequential(
    (0): Linear(in_features = 25088, out_features = 4096, bias = True)
    (1): ReLU(inplace = True)
    (2): Dropout(p = 0.5, inplace = False)
    (3): Linear(in_features = 4096, out_features = 4096, bias = True)
    (4): ReLU(inplace = True)
    (5): Dropout(p = 0.5, inplace = False)
    (6): Linear(in_features = 4096, out_features = 2, bias = True)
  )
 )
)
```

以上输出为预训练模型 VGG16 的网络架构。10 个回合的迁移学习的微调训练如下：

```
Begin to train
Epoch 1, Step 1/13, Loss:0.8269
Epoch 1, Step 2/13, Loss:0.0270
Epoch 1, Step 3/13, Loss:0.0313
Epoch 1, Step 4/13, Loss:0.7033
Epoch 1, Step 5/13, Loss:0.1580
Epoch 1, Step 6/13, Loss:0.1741
Epoch 1, Step 7/13, Loss:1.0523
Epoch 1, Step 8/13, Loss:0.2292
Epoch 1, Step 9/13, Loss:0.3912
Epoch 1, Step 10/13, Loss:0.0028
Epoch 1, Step 11/13, Loss:0.0052
Epoch 1, Step 12/13, Loss:0.0012
Epoch 1, Step 13/13, Loss:0.7825
Epoch 2, Step 1/13, Loss:0.0001
Epoch 2, Step 2/13, Loss:0.0225
Epoch 2, Step 3/13, Loss:0.0259
Epoch 2, Step 4/13, Loss:0.3442
```

```
Epoch 2, Step 5/13, Loss:0. 0000
Epoch 2, Step 6/13, Loss:0. 1448
Epoch 2, Step 7/13, Loss:0. 0000
Epoch 2, Step 8/13, Loss:0. 0353
Epoch 2, Step 9/13, Loss:0. 0000
Epoch 2, Step 10/13, Loss:0. 8262
Epoch 2, Step 11/13, Loss:0. 0000
Epoch 2, Step 12/13, Loss:0. 3282
Epoch 2, Step 13/13, Loss:0. 0009
Epoch 3, Step 1/13, Loss:0. 0002
Epoch 3, Step 2/13, Loss:0. 0181
Epoch 3, Step 3/13, Loss:0. 0000
Epoch 3, Step 4/13, Loss:0. 0000
Epoch 3, Step 5/13, Loss:0. 4470
Epoch 3, Step 6/13, Loss:0. 0002
Epoch 3, Step 7/13, Loss:0. 0000
Epoch 3, Step 8/13, Loss:0. 0001
Epoch 3, Step 9/13, Loss:0. 0000
Epoch 3, Step 10/13, Loss:0. 0008
Epoch 3, Step 11/13, Loss:0. 2235
Epoch 3, Step 12/13, Loss:0. 0000
Epoch 3, Step 13/13, Loss:0. 0000
Epoch 4, Step 1/13, Loss:0. 0000
Epoch 4, Step 2/13, Loss:0. 0000
Epoch 4, Step 3/13, Loss:0. 8162
Epoch 4, Step 4/13, Loss:0. 0000
Epoch 4, Step 5/13, Loss:0. 0002
Epoch 4, Step 6/13, Loss:0. 0000
Epoch 4, Step 7/13, Loss:0. 0000
Epoch 4, Step 8/13, Loss:0. 0000
Epoch 4, Step 9/13, Loss:0. 0003
Epoch 4, Step 10/13, Loss:0. 0000
Epoch 4, Step 11/13, Loss:0. 0000
Epoch 4, Step 12/13, Loss:0. 0455
Epoch 4, Step 13/13, Loss:0. 0000
Epoch 5, Step 1/13, Loss:0. 0019
Epoch 5, Step 2/13, Loss:0. 0000
Epoch 5, Step 3/13, Loss:0. 2066
Epoch 5, Step 4/13, Loss:0. 0000
Epoch 5, Step 5/13, Loss:0. 0451
Epoch 5, Step 6/13, Loss:0. 0001
Epoch 5, Step 7/13, Loss:1. 1261
Epoch 5, Step 8/13, Loss:0. 0000
Epoch 5, Step 9/13, Loss:0. 0264
Epoch 5, Step 10/13, Loss:0. 1507
Epoch 5, Step 11/13, Loss:0. 0000
Epoch 5, Step 12/13, Loss:0. 0000
```

Epoch 5, Step 13/13, Loss:0. 0000
Epoch 6, Step 1/13, Loss:0. 0000
Epoch 6, Step 2/13, Loss:0. 0012
Epoch 6, Step 3/13, Loss:0. 0178
Epoch 6, Step 4/13, Loss:0. 0000
Epoch 6, Step 5/13, Loss:0. 0003
Epoch 6, Step 6/13, Loss:0. 0010
Epoch 6, Step 7/13, Loss:0. 0018
Epoch 6, Step 8/13, Loss:0. 0003
Epoch 6, Step 9/13, Loss:0. 2262
Epoch 6, Step 10/13, Loss:0. 2513
Epoch 6, Step 11/13, Loss:0. 0330
Epoch 6, Step 12/13, Loss:0. 5171
Epoch 6, Step 13/13, Loss:0. 0000
Epoch 7, Step 1/13, Loss:0. 0000
Epoch 7, Step 2/13, Loss:0. 0000
Epoch 7, Step 3/13, Loss:0. 0000
Epoch 7, Step 4/13, Loss:0. 0010
Epoch 7, Step 5/13, Loss:0. 0000
Epoch 7, Step 6/13, Loss:0. 0724
Epoch 7, Step 7/13, Loss:0. 0000
Epoch 7, Step 8/13, Loss:0. 0000
Epoch 7, Step 9/13, Loss:0. 0000
Epoch 7, Step 10/13, Loss:0. 0016
Epoch 7, Step 11/13, Loss:0. 0000
Epoch 7, Step 12/13, Loss:0. 0000
Epoch 7, Step 13/13, Loss:0. 0000
Epoch 8, Step 1/13, Loss:0. 0000
Epoch 8, Step 2/13, Loss:0. 0001
Epoch 8, Step 3/13, Loss:0. 0019
Epoch 8, Step 4/13, Loss:0. 0000
Epoch 8, Step 5/13, Loss:0. 0000
Epoch 8, Step 6/13, Loss:0. 0000
Epoch 8, Step 7/13, Loss:0. 0000
Epoch 8, Step 8/13, Loss:0. 0021
Epoch 8, Step 9/13, Loss:0. 1701
Epoch 8, Step 10/13, Loss:0. 0000
Epoch 8, Step 11/13, Loss:0. 0000
Epoch 8, Step 12/13, Loss:0. 0000
Epoch 8, Step 13/13, Loss:0. 0000
Epoch 9, Step 1/13, Loss:0. 0000
Epoch 9, Step 2/13, Loss:0. 5553
Epoch 9, Step 3/13, Loss:0. 0243
Epoch 9, Step 4/13, Loss:0. 0000
Epoch 9, Step 5/13, Loss:0. 0000
Epoch 9, Step 6/13, Loss:0. 0000
Epoch 9, Step 7/13, Loss:0. 0000

```
Epoch 9, Step 8/13, Loss:0. 0000
Epoch 9, Step 9/13, Loss:0. 0052
Epoch 9, Step 10/13, Loss:0. 0000
Epoch 9, Step 11/13, Loss:0. 1008
Epoch 9, Step 12/13, Loss:0. 0000
Epoch 9, Step 13/13, Loss:0. 0000
Epoch 10, Step 1/13, Loss:0. 1592
Epoch 10, Step 2/13, Loss:0. 0002
Epoch 10, Step 3/13, Loss:0. 0000
Epoch 10, Step 4/13, Loss:0. 0000
Epoch 10, Step 5/13, Loss:0. 0002
Epoch 10, Step 6/13, Loss:0. 0000
Epoch 10, Step 7/13, Loss:0. 0000
Epoch 10, Step 8/13, Loss:0. 0000
Epoch 10, Step 9/13, Loss:0. 0000
Epoch 10, Step 10/13, Loss:0. 0000
Epoch 10, Step 11/13, Loss:0. 0000
Epoch 10, Step 12/13, Loss:0. 0000
Epoch 10, Step 13/13, Loss:0. 0611
Finished Training
accuracy = 97. 5
```

可以看到最后的训练精度达到 97.5%。和上一节的实验对比,迁移学习由于使用了成熟的 VGG16 预训练模型,冻结了其中很多层的大量参数,微调训练使用了更小的数据集和更少的回合却达到了更好的精度。迁移学习尤其适合在计算力不强的计算机上使用,具有良好的应用前景。

习　题

8-1　简述机器学习和深度学习的区别与联系。

8-2　图像识别是如何实现的?

8-3　利用 PyTorch 完成手写数字识别这个实战任务,它的本质上是个 10 分类问题。

第9章　智能控制中的强化学习

9.1　人工智能的强化学习概述

强化学习是人工智能的一个科技领域。强化学习系统框图如图 9-1 所示。智能主体和环境进行交互时,智能主体从环境当中获取的信息是环境的状态,智能主体产生动作施加影响给环境,环境给予智能主体动作的收益(奖励 reward)。策略 policy 对强化学习而言往往包含了一些序贯的动作,也就是说对于一个智能体的策略而言,给它一些环境的状态作为输入,让它根据一定的策略和算法来选择合适的动作,即状态对策略而言是输入。

在强化学习的过程当中,策略是一个序贯的策略,环境所给予智能体的奖励,它既可以是比较积极的一个奖励,可能是一个正的数值来表明所做的动作是比较有益的、较成功的。如果奖励是个负的数值,那么它很可能表明动作不对,或者说并不是一个优化的动作,所以说环境给出的奖励也是很重要的。在与环境交互当中强化学习是可

图 9-1　强化学习系统框图

以训练的,训练好的模型可以模拟人类的一些智能,如智能体可以来控制机械手的操作,智能体可以下象棋、下围棋,甚至这个水平是不在人类之下,这都是需要一个强化学习的过程。

下面来看一个简单的例子,它是日常生活当中常见的一个学习的过程。人类通过动作对环境产生影响,向前走一步是什么情况? 向后走一步是什么情况? 环境会给人反馈一些状态,如一个小孩子不注意撞到了一个树上,这个时候给出的奖励肯定是一个惩罚性的数值,尤其在训练强化学习模型的过程,让智能体清楚这样一个动作是错的,给予惩罚性的具体数值。对于人类而言,如一个小孩子学走路不小心撞到一个小树上,在这个过程这个孩子会有一个疼痛的感觉,但是在这个过程当中他可以逐渐学会走路,当然经常是在有大人看管的情况下,保证一定的安全性。在这个过程中,学习的过程也是一个强化的过程。在下一个回合场景当中,他就会选择没有树的方向再往前走。这个强化学习的过程,是通过奖励的不同正的数值或者是负的数值,通过奖励的不同让学习产生效果使得模型收敛,让强化学习的过程更加科学合理。

下面看一下强化学习的要素:策略 policy、奖励 reward 或 return、值 value。这些重要的术语如图 9-2 所示。值在强化学习当中一般是指的是状态的值,它可以表征状态。状态怎么理解? 状态是

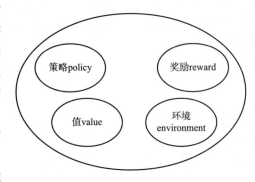

图 9-2　强化学习重要术语图

在强化学习的过程当中,在序贯实现每个步骤的过程,走到了某一步,认为这个状态是好的状态、中等的状态还是比较差的状态。强化学习对状态给予一个合理的评价,用值 value 来表示。例如,大学生将来在企业工作时是企业的工程师,他所处于那个时间段那个年龄段所具备的一些本领和技能,就类似于强化学习的状态值 value,企业领导者会根据他的状态和工作能力给予相应的奖励 reward(工资、奖金)。但是有的时候一个人当时的科技价值不仅包括月薪,还包括后续的项目的后续奖励、年终的分红等。这表明该工程师得到的奖励reward 既有现在的,也有未来的。

当然,强化学习在处理状态值和奖励的联系上时,可能和上述举的例子有不一样的地方。因为强化学习是基于序贯的有很多步骤的过程,如后续的奖励要不要打一些折扣。一般来说,强化学习既要看现在这个状态,也要看未来的奖励。那么下一个状态的奖励要不要打折?是否乘以一个 0~1 之间的系数?这就是强化学习需要处理的,也就是说,强化学习和上述例子有类似的地方,也有不同的地方。

下面再看一下模型 model,这里的模型指的是环境的模型,那么这个环境是可知的还是不可知的?怎么了解这个环境?可以用哪些强化学习的一些算法?人类在探索自然界的过程中,也是去分析很多环境模型是完全可知的、部分可知的,还是不可知的,需要去探索,这都是强化学习当中比较关键的地方,也构成了强化学习的要素。

下面看一下强化学习的特点,利用环境来评估当前的策略并进行优化。在强化学习的过程中,基于某个策略能不能连续运行,能否序贯的过程完成任务是很关键的。模型和策略能不能配合在一起往下迭代运行是一个重要的环节。事实上,智能体的策略和环境的交互让序贯的步骤能够往下走,回合完成后可以回过头来看一下,用别的策略是不是会更好,当前的策略到底怎么样。所以,有的时候强化学习是可以去评估一个策略,但是在评估策略之前,先要评估强化学习的某一个点上的状态如何,在这个状态下可以采取哪些动作。Q 值可以表示在某状态下采取某个动作好不好,这个值一般来说是应该是越大越好。对某一个步骤下的状态如何评价以及在这个状态下采用某个动作的评价,这些都是需要去分析的,只有这些东西都分析好了,靠策略来引导的序贯过程才是可以分析的,策略才是可以分析的。例如,乒乓球运动的某一局当中采取什么样策略或战术?当然,采取战术或策略时需要基于运动员具有的乒乓球运动的技能。技能以及采取的策略决定了在某一个比分下可能会采取的动作,这个动作会达到什么样的价值称为动作价值,它是在某一个状态下的动作的价值。在某这个比分下评价状态值如何,在这个状态下采取什么样的动作都不太合适,效果都不好,那么这个状态值不好。可以认为状态值反映了在该状态下做所有可能的动作的整体情况。

如何看待奖励滞后和基于采样?奖励实际上是强化学习系统中的反馈数值,是环境反馈给智能体的。和自动化控制系统对比一下,奖励就类似传感器的反馈值。事实上,传感器反馈值由于被控物理对象和/或传输过程中可能有一定的滞后,这会导致控制系统的控制难度。在强化学习中,奖励也可能有一定的滞后。在对于强化学习的环境模型缺乏一定的了解的情况下,基于采样需要去采样一些回合,形成一些数据来帮助进行强化学习的算法实现。

从强化学习的发展历史来看,强化的思想最早源于对心理学的研究。人工智能需要模拟人类的推理思维。而在此之前也可以分析一下低级的动物是如何去分析和处理问题的,这就是效果率,而这对于人工智能算法也会有一些启迪。一些场景会让动物智能体产生特定的感觉,也就是说,动物智能体和环境之间也是有互动的。

另外,强化学习是和试错学习有关的。1954 年,Minsky 提出了试错学习,1969 年 Minsky 凭借人工智能的特别的贡献获得了计算机的图灵奖。试错学习的思想可以帮助强化学习的一些理论算法在走向实践应用,尤其在模型训练的过程中。在训练强化学习模型的过程当中,可以有很多的回合 episode,每个回合当中又有很多步 step,经过不断的试错过程积累成功和失败的经验,就会找到非常好的强化学习的模型,这个模型经过训练后收敛后就具备了很强的智能。

在强化学习的历史发展过程中有一个重要的突破性贡献来自 Bellman。1953—1957 年,Bellman 提出了马尔科夫决策过程 MDP 和动态规划,这些都是强化学习的理论基础。1972 年时序差分跟试错学习进行了结合,1989 年强化学习界提出了 Q-Learning,1992 年强化学习成功地应用到一些游戏中。在这个发展过程中,还有些经典的例子,如 Alpha go 和 Alpha zero。这些强化学习的围棋智能算法可以战胜人类选手。

下面看一下强化学习中智能体与环境的交流。图 9-3 将智能体显示成类似于人脑的结构,环境就是看起来类似地球的架构,人类可以去探索自然界的规律,去应用成熟的模型、经验和算法。当然,人类既能探索自然,也能改造自然。

从强化学习的运行过程来看,t 时刻智能体选择了动作集中的一个动作,观测环境来得到环境的观测值,环境给出的奖励通常用 R 表示。

下面类比一下强化学习与自动化控制系统的系统架构图,如图 9-4 所示。

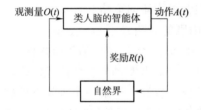 

图 9-3　智能体与自然界环境的交流图　　图 9-4　强化学习与自动化控制系统的对比图

强化学习可以理解为系统。自动控制系统需要靠传感器去检测系统的输出和理想的设定值之间的偏差,进行自动控制来达到系统的动态精度和稳态精度。强化学习系统环境通过状态和奖励提供给智能体,状态和奖励相当于环境提供给智能体强化学习的数据流。智能体接收到数据流后,需要根据一定的策略产生动作输出,类似于自动化控制系统的控制器的控制信号输出。不过在自动控制系统中往往对被控对象的机械物理结构的了解是比较充分的,而在强化学习过程中,对于环境系统的了解和建模可能没有那么充分,这需要分几种情况。强化学习即便是在对环境了解不够的情况下,也能探索规律和模型。

强化学习是需要奖励过程的,强化学习是要靠奖励来实现序贯的过程,奖励的数据流本身也是一个序贯系列。假设策略 1 和策略 2 是两个不同的策略,在与环境交互的过程中应该具有不同的奖励分值。奖励序列提供给智能体对环境的了解。

强化学习是一个时间序列化的序贯过程。那么,有没有一些理论算法能够描述这个过程?其实,科学家早就提出了马尔科夫决策过程可以完成过程的模拟。强化学习的很多任务都是可以使用 MDP 来描述。强化学习是个序贯的包含很多的状态的过程,状态的好与坏是需要研究的。只要当前的状态是可知的，当前的状态就可以决定未来，即只看现在和将来，这称为马尔科夫性。当需要去探索了解环境时，给出一个动作和环境互动，用动作来影响环境，执行一个动作以后，环境会进入下一个状态，那么它进入下一个状态的概率是多少？这就是我们马尔科夫决策过程需要关注的。它是以某种概率转移到下一个状态，所以对环境的了解程度实际上就体现在这里。如果这个环境是符合马尔科夫决策过程，那么就说明对这个环境的了解还是比较充分的。转移概率的矩阵在 MDP 中相当重要，它反映这个环境的可知性。一个环境如果有了转移概率矩阵，符合马尔科夫性，就被认为是马尔科夫决策过程。有了转移概率矩阵和奖励函数。就可以认为对这个环境的感知是比较充分的。如果它不符合马尔科夫决策过程，那么对强化学习的环境表征的困难就会更大一些。从本质上而言，智能体所做出的动作选择影响环境，环境也会按照一定的转移概率来形成状态的迁移。

当一个强化学习问题满足马尔科夫性，则可用马尔科夫决策过程 MDP 定义问题。强化学习的 MDP 可以由五元组 (S,A,P,R,γ) 定义，其中 S 表示状态集合，A 表示动作集合，P 表示转移概率集合（模型），R 表示奖励函数，γ 表示奖励的衰减率。对于后续的一些奖励，需要乘以一个 γ 的系数，γ 的系数往往是 $0 \sim 1$ 之间是衰减。

马尔科夫决策过程是指决策者周期地或连续地观察具有马尔科夫性的随机动态系统，序贯地做出决策。即根据每个时刻观察到的状态，从可用的行动集合中选用一个行动做出决策。也就是说，每个时刻观测到状态以后，根据观测到的状态，从可行动的集合当中，选择一个合适的动作，从而形成 MDP。

马尔科夫决策过程的本质是什么？当前的状态向下一个状态转移的概率和奖励的值，只取决于当前的状态和选择的动作。这表明跟历史是没有关系的，跟在这个状态时间点之前的一些状态和动作是没关系的，这就是 MDP 决策过程。这使得在处理一些理论算法时会方便很多，因为和历史状态和动作无关。从另外一个角度来看，当前选择的动作所产生出来的效果还要看下一步和下下一步等，就像人类下围棋的过程下，当前步走棋的价值到底如何还要看后续的步骤，事实上是当前的状态值和跟后续的是有关联的，所以状态值需要动态地更新。也就是说，下完几步棋以后，需要重新评估前面的一些步数的状态价值，这必然是个动态的过程。

动态规划（dynamic program）的方法就是从后续的状态回溯到前驱的状态来计算赋值函数，这里的赋值函数指的就是状态值。用动态规划的方法在 MDP 当中需要动态更新状态值和 Q 值。

智能体的策略决定了智能体发送给环境的动作行为。从另外一种意义上来说，它类似于一个策略函数在输入为状态值时采取的动作选择。例如，在计算机游戏俄罗斯方块的环境中，上下左右的按键就是可供选择的动作组，策略的输出就是选择哪个动作或选择该动作的概率，用 π 表示策略，策略函数是 $a = \pi(s)$，s 就是状态。这里指的是一个确定性的策略，是指输入是状态，输出是动作，函数是 $a = \pi(s)$。对于一个不确定性的策略，可以用式（9-1）表示：

$$\pi(\alpha|s) = P[A_t = \alpha | S_t = s] \tag{9-1}$$

式（9-1）表示的就是在状态时间点 t 并且状态等于 s 的情况下，选择动作为 a 的概率是多少。这是一个不确定性的策略。所以强化学习策略可以分为确定策略和不确定策略。

下面看一下表示状态的值函数。值函数是用来评价一个状态的好与坏，状态的连接反映了序贯的过程，符合 MDP 的情况下可以用式（9-2）：

$$V_\pi(S) = E_\pi\left[R_{t+1} + \gamma R_{t+2} + \gamma^2 R_{t+3} + \cdots | S_t = s\right] \tag{9-2}$$

在 t 时刻,智能体给环境选择了一个动作,环境反馈给智能体的奖励要等到下一步 $t+1$ 时刻,所以这个奖励叫 R_{t+1},γ 是个衰减系数。式(9-2)表明了在 t 时刻 s 状态下的状态值好不好,它是一个数学期望的值,这个期望值中包含了 R_{t+1},R_{t+2},R_{t+3} 等后续步数的奖励,不过未来的奖励没有现在的奖励重要,所以它要乘 γ 系数,γ 是 $0 \sim 1$ 之间的衰减系数式(9-2)可以评价在某一个点上的状态值的好与坏。

下面看一下环境的模型。智能体的智能描述为策略,对环境的了解描述为模型。如果这个环境可以用 MDP 来描述就等于说有了转移矩阵,那么环境就是可知的。转移矩阵是要靠转移概率来描述的,可以用式(9-3)表述:

$$P_{ss'}^a = P\left[S_{t+1} = s' | S_t = s, A_t = a\right]$$
$$R_s^a = E\left[R_{t+1} | S_t = s, A_t = a\right] \tag{9-3}$$

在当前的状态 s 下采取动作 a 到达下一个状态 s' 的概率是转移概率。转移概率合成在一起形成转移概率矩阵。转移概率矩阵可以描述环境,环境是根据转移概率矩阵变化的有统计规律的模型。如果环境既拥有转移概率矩阵,又给予智能体合理的奖励,那么环境的模型是可知的。

强化学习智能体可以采取一些不同的算法,算法有基于值的、基于策略的、基于 AC 的,还有兼顾值函数和策略的。基于 Model Free 的算法不依赖智能体的模型;基于 Model Based 的算法依赖智能体的模型和对智能体的了解程度。

强化学习需要学习和规划。智能体需要和环境进行交互,提高它的策略,学习时环境的模型是可知的,智能体的策略是可以提高的。探索和应用是强化学习中相当重要的概念,强化学习的过程是一个试错的过程。当智能体需要去学习出一个好的策略的时候,在对环境逐渐了解的过程当中积累对环境认识的经验,就像对一个网络游戏积累一些经验,那么就可以强化学习智能体替代人类来游戏。除了应用策略以外,强化学习还要去探索一定概率的新动作来形成序贯的操作,在某一步中一定的概率探索,也有一定的概率应用,在应用时会得到更多的奖励分数,探索所获得的奖励分数有一定的风险,但有利于发现新的策略。强化学习的模型训练既需要应用也需要探索,应用探索的百分比需要合理的设定,在很多算法中可以自行设计。例如,对于餐馆的就餐如果是应用,就应去一个自己了解的做菜比较好的餐馆;如果是探索,就应该尝试一个新的餐馆。所以在强化学习的算法设计中要设计好探索和应用的使用百分比。

下面看一下预测和控制的不同含义。预测在字面上理解就是一个预测评估,对于强化学习而言,是针对一个给定的策略的预测评估。而控制需要优化智能体的策略。比如,某一个策略可以完成一个比较好的计算机游戏的水平,能不能找到更好的策略? AI 和人类下围棋能不能有更好的策略?

一般来说,人工智能的常用编程开发语言为 Python。MATLAB 也可以训练人工智能的深度学习和强化学习的模型。但是,MATLAB 在人工智能的模型训练演示过程当中可视化编程会更方便,对神经网络的模型架构的可视化分析也更容易。Python 可以很方便地使用一些人工智能的开发框架,对于边缘计算的实现和应用更加方便。ONNX 开放模型标准让模型转换也更加方便,也为人工智能的理论实践的落地创造了更好的条件。

人工智能的深度学习和强化学习有些成熟的开发框架。目前用得比较多的有 PyTorch、

TensorFlow、Keras 等, Keras 是 TensorFlow 的前端, 后端还是要靠 TensorFlow 支持, 只是使用 Keras 编程的时候, 神经网络的架构更加清晰易懂。一些主要的开发框架对于开发人工智能项目非常重要。

Open AI 提供的 gym 是一个可以很轻松地去渲染强化学习环境的工具包。gym 既能实现一些游戏环境, 也能实现特定的应用场景, 如小车倒立摆 cartpole 等。一般来说, 在训练强化学习的模型过程中可以关闭环境的图形渲染。在演示或测试的过程当中, 能够既显示出环境的图形渲染, 也演示出来智能体根据训练成熟的智能体的模型策略, 使得倒立摆的小车很成功地接受强化学习的策略控制, 让倒立摆不掉下来。总的来说, gym 提供了很多环境的图形渲染, 可以比较方便地实现环境。这样就会有很多时间去关注智能体的策略算法的设计和可靠性, 有助于强化学习的系统实现。在 Python 环境中安装 OpenAI gym 的依赖库方便搭建强化学习的环境。

下面看一下 Python 语言结合 gym 的简单实现。加载 gym 的库可以使用 import gym, 用 gym 就可以渲染具体的环境, 然后可以设计智能体的算法以及处理智能体与环境的交互。智能体策略模型在训练过程中需要设置回合 episode 和步 step 等参数。智能体接收观察到的数据, 使用智能体策略来推理演算, 然后输出动作给环境。Python 结合 gym 使得交互的过程实现起来更加方便, 用程序实现这种交互的过程, 可以实现一些经典的强化学习的系统。

下面看一下强化学习的实例 CartPole, 版本为 CartPole v0 版。CartPole 实例中可以查看一些参数。动作组中的两个动作是离散量, 车往左边移还是往右边; 观察量包含小车位置和小车速度以及摆的角度和速度, 共四个连续量。在智能体和 CartPole 交互的过程中, 智能体以观察到的数据作为输入, 该输入是序贯的数据流, 智能体根据自身的策略算法推理合理的动作应该是向上还是向下, 而这些序贯的动作也是数据流。如果智能体的策略算法不是确定的而是有一定的随机性, 那么智能体给出的输出是往上移动的概率及往下移动的概率。这些都是可以使用 Python 语言结合 gym 库来实现的。CartPole 环境 env 的 state 返回有四个变量, 它们分别是:(位置 x,x 加速度, 偏移角度 theta, 角加速度), 初始值可以是四个 $[-0.05, 0.05)$ 之间的随机数。这个环境的 action 有 0 和 1 两个值, 0 表示小车向左, 1 表示小车向右。小车的世界就像一条 x 轴, 变量 env. x_threshold 里存放着小车坐标的最大值($=2.4$), 超过这个数值, 实例结束, 每 step() 一次, 就会奖励 1, 直到上次 done 为 True。这样可以观看到小车移动动画, 如图 9-5 所示。

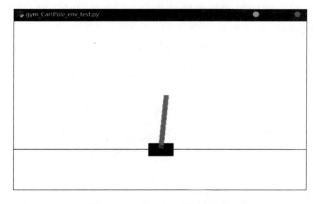

图 9-5 CartPole 环境的渲染

下面再看一下 gym 中的乒乓球游戏。如图 9-6 所示,策略网络的输入为乒乓游戏的画面帧,输出为向上动作和向下动作的概率。

图 9-6　强化学习的 gym 乒乓球游戏

图 9-7 为策略网络示意图,需要设计策略网络的网络架构以及在 gym 渲染的游戏环境中进行像素获取或关键图像帧的获取。

图 9-7　强化学习的策略网络和像素获取

回合的情况如图 9-8 所示。一个回合下来 win 就是赢了这一分,lose 就是失掉了这一分。一个回合能够完成靠的是很多动作连接的序贯。例如,先是向上 2 步,再向下 1 步,再向上 2 步,一个回合结束,获得 lose。所以一个回合就是序贯动作的组合。

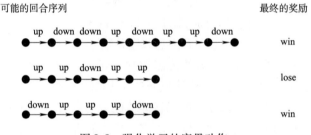

图 9-8　强化学习的序贯动作

在智能体和环境的交互过程中,每个点上都是有它的状态值,在这个点上选择某个动作也有它的动作价值。马尔科夫特性告诉我们,当前状态的状态值期望实际上是要依赖于后面的一些状态值乘以打折系数来动态更新。Q 值可以写成 $Q(s,a)$,用来描述在状态 s 下采取动作 a 的动作价值。状态值和动作价值互相之间是联系,这是马尔科夫过程的特性造成的。在强化学习过程中,如果某步失败则得到的奖励是负分,成功则奖励正分,这样下来试错的过程中智能体的策略算法就会迭代直至收敛。

强化学习在训练的过程当中还是尽量地要使用 GPU,GPU 有利于加速训练过程,尤其对于比较复杂的算法。强化学习来源于游戏但不局限于游戏,事实上它有很多应用场景,实际的应用领域包括机器人、机械手等。强化学习结合自动化控制可以让机械手通过摄像头来实现视觉感知并结合自控系统准确抓取物体和运输物体。强化学习在机器人领域中使用时精度是很关键的,在另一个应用领域——棋类运动时智能体智能程度即策略算法更为重要。

下面再看一下其他应用场景的分析。比如,一个仿生机器狗怎么走路,怎么做一些事情,怎么一边走路一边做一些事情。但往往是从基本的开始做起,首先要学会怎么走路。其次是要学会抓物体。那抓物体要怎么才能抓得准呢?就涉及精度,要么结合自动化控制的算法,要么通过机械手抓物数据集来训练强化学习模型,该 AI 模型可以操作机械手。强化学习的算法是可以分类的,有基于值的、有基于策略的、有基于环境的、有不依赖于环境的、有 Off-Policy 的、有 On-Policy 的。涉及的具体算法理论内容包括 Sarsa 算法、Q-learning、Deep-Q-network 等。具体的分类如图 9-9 所示。

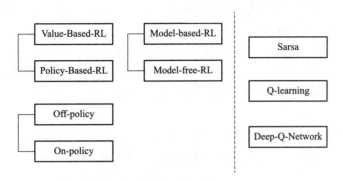

图 9-9　强化学习的算法分类

9.2　强化学习中的 Q 学习算法

Q 学习是强化学习的一种算法。强化学习往往是发生在智能体和环境之间相互沟通的过程。智能体需要观测环境的状态,经过智能策略的判断,产生相应的动作。强化学习在环境收到动作激励之后,会进入下一个状态,t 以后的下一个状态($t+1$ 的状态),同时对 t 时刻的智能体的所采取动作给予回报 reward。这样的过程是一个交互的过程,在交互的过程中,智能体所采取的动作会逐渐达到合理和优化,而这种续贯的动作形成的是续贯的策略,这种续贯的动作和策略是成为强化学习的主要原理。

在强化学习的过程中,在同一个状态下的不同动作会产生不同的奖励,奖励是针对动作的。动作所产生的效果好与坏是靠奖励来区分的,但是奖励的给出的时候会有一定的延迟性,并且对某一个动作的奖励是基于当前状态。如图 9-10 所示,Q 学习的核心是 Q 值表,Q 表的行与列分别表示的是状态和动作。通过 Q 表,可以把某一个状态和某一个动作的值映射到 Q 值即 $Q(s,a)$ 的值。也就是说,Q 表的输入是状态和动作,输出是 $Q(s,a)$ 所表示的 Q 值。

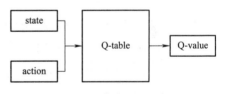

图 9-10　Q 学习算法的示意图

下面看一下 Bellman 的方程。在实际的强化学习的训练过程当中,使用 Bellman 方程去更新 Q 值表。Bellman 方程的公式如式(9-4)所示,可以看到 $Q(s,a)$ 等于奖励 r 加上 γ 乘以 $Q(s',a')$ 的最大的值。这里的 γ 是一个折扣系数,是一个 $0 \sim 1$ 之间的数。s' 是 s 的下一个状态,a' 是在 s' 的状态下所采取的动作。

$$Q(s,a) = r + \gamma(\max(Q(s',a'))) \tag{9-4}$$

在 Bellman 方程中,下一个状态是 s',在该状态下有可能采取很多动作。在这些动作当中,Q 值最大的被认为是比较好的动作。将该最大值乘一个 γ 再加上奖励后用来去更新 $Q(s,a)$。也就是说,Q 值表的更新除了环境给出的奖励以外,还需要下一个状态。下一个状态和采取的动作情况事实上反映了在上一个状态的情况,以此来更新,也就是说用后面一个时刻未来的值来更新当前的值。那么只有当时间从 t 时刻到了 $t+1$ 的时刻,才有了 $Q(s',a')$,才可以去动态地去更新 Q 值表。

实际的编程可以使用 MATLAB 或者 Python。在实际的编程过程当中,在更新 Q 值表的时候,使用了 numpy 里面有一个 max 函数,它可以把下一时刻的 Q 值的最大值求出来,小写的 y 就是 γ,lr 是学习率 learning rate,学习的速度是靠这个值来控制的。在更新 Q 表的时候需要动态地去更新,而这种更新只有当下一时刻的 Q 值出来了以后才可以去矫正一下当前时刻的 Q 值。那么对于 t 时刻而言,它就是当前时刻,如果时间到了 $t+1$ 时刻,那么上一时刻即 t 时刻的 $Q(s,a)$ 就需要更新。

Q 学习算法的核心是通过 Bellman 方程去更新 Q 值的表,具体在程序算法的实现过程中,需要设置的是回合数、循环次数等。算法根据当前的状态和 Q 表来选择动作,这就是 Q-Learning 算法,它是通过一个表来决定这个动作应该是什么,而这个动作既可以通过查表的方法来得到,也可以加入一定的随机性。一定的随机性体现的是探索的过程,随机地探索下一个动作应该是什么。算法根据当前的状态和动作来获得下一步的评价当前状态下的动作的奖励,这是环境给予的并且环境进入了下一个状态。

在使用 Python 结合 gym 的实现过程中,导入 gym 后可以快速编程实现环境,环境可以包括冰湖 FrozenLake 和小车倒立摆 cartpole 的例子,gym 库可以动态地显示环境,实现智能体和环境之间的交互也是比较方便的。

9.3 小车倒立摆的强化学习控制和 PID 控制

9.3.1 强化学习环境在 PyTorch 下的安装和测试

深度学习和强化学习的程序实验环境搭建在笔记本电脑 Sony VIAO 上,硬件:Nvidia 显卡为 GTX 1650 TI、i7 CPU、16 GB 内存,软件:Windows 11 X64、Anaconda、CUDA 11.0。

CUDA 版本信息如下:

```
(base) C:\Users\cxl > nvcc -V
nvcc:NVIDIA (R) Cuda compiler driver
Copyright (c) 2005-2020 NVIDIA Corporation
Built on Thu_Jun_11_22:26:48_Pacific_Daylight_Time_2020
Cuda compilation tools, release 11.0, V11.0.194
Build cuda_11.0_bu. relgpu_drvr445TC445_37.28540450_0
```

Conda Python 虚拟环境如下:

```
(base) C:\Users\cxl > conda env list
# conda environments:
#
base                    *    C:\Users\cxl\anaconda3
CXL_TF2                      C:\Users\cxl\anaconda3\envs\CXL_TF2
cxl_tf_gpu_1.14.0            C:\Users\cxl\anaconda3\envs\cxl_tf_gpu_1.14.0
```

pytorch	C：\Users\cxl\anaconda3\envs\pytorch

深度学习和强化学习实际使用 PyTorch 虚拟环境如下：

（base）E：\tmp > conda activate pytorch

1. gym 和 atari 的安装

```
(pytorch) E：\tmp > pip install gym -i https：//pypi. tuna. tsinghua. edu. cn/simple
Successfully installed cloudpickle-1. 6. 0 gym-0. 18. 3 pyglet-1. 5. 15 scipy-1. 7. 0
(pytorch) E：\tmp > pip install atari_py-1. 2. 2-cp38-cp38-win_amd64. whl
Successfully installed atari-py-1. 2. 2
```

2. pygame 的安装

```
(pytorch) E：\tmp > pip install pygame
Successfully installed pygame-2. 0. 1
(pytorch) E：\tmp > conda deactivate
```

3. gym 的测试

```
(base) D：\cxl_python_2022\Reinforcement_Learning > conda activate pytorch
(pytorch) D：\cxl_python_2022\Reinforcement_Learning > python gym_CartPole_env_test. py
```

其中，gym 环境是为了渲染强化学习的环境，pygame 是方便显示图形。CartPole 官方给出的观测值的范围如下：

0	Cart Position	−4. 8	4. 8
2	Pole Angle	−24°	24°

导入 Gym 包后可以创建一个名为 CartPole 的环境（见图 9-11）。这个环境来自"经典控制"组，其要点是用底部附着的棍子来控制平台。这根棍子往往会向右或向左倾斜，需要通过在每一步向右或向左移动平台来平衡它。

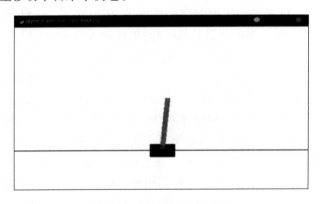

图 9-11　CartPole 环境测试

CartPole 环境的观察量是四个浮点数，包含关于棍子的质量中心的 x 坐标、它的速度、它与平台的角度、以及它的角速度等信息。当然，通过应用一些数学和物理知识，当需要平衡棍子时将这些数字转换为动作并不复杂，但问题更棘手：如何在不知道观察到的数字的确切含义的情况下学会平衡这个系统,只有通过获得奖励?每个时间步骤都给出了这个环境中的奖励,episode 一直持续到棍子落下。因此,为了获得更多的积累奖励,这里需要平衡平台以避免棍子倒下。

CartPole 环境包括动作空间和状态空间。action_space 字段属于 Discrete 类型,因此这里的动作只有 0 或 1,其中 0 表示向左推平台,1 表示向右推平台,观察空间是 Box(4),表示为 4 个连续值的向量。在测试 CartPole 环境时,可以在 action_space 和 observation_space 上使用 Space 类的 sample( )方法。在离散动作空间的情况下,意味着随机数为 0 或 1,对于观察空间则是四个数字的随机向量。观察空间的随机样本可能看起来不太有用,但这是正确的,当不确定如何执行动作时,可以使用来自动作空间的样本。这个功能特别方便,因为这时还不知道任何 RL 方法,但仍然想要使用 Gym 环境。这让我们可以足够了解 CartPole 在随机行为下的智能体表现。

9.3.2 小车倒立摆的强化学习 DQN 控制

小车倒立摆的强化学习控制使用 PyTorch 人工智能框架,采用 Python 语言编程,主要包括 gym CartPole 环境渲染、强化学习神经网络设计以及强化学习的 DQN 算法实现。

1. CartPole 环境和 Q 学习算法的分析

创建 CartPole 环境需要初始化步骤计数器和奖励累加器。重置环境以获得第一个观察结果。在一个循环中,采样一个随机动作,然后要求环境执行它并返回给下一个观察(obs)、reward 和 done 标志。如果 episode 结束,会停止循环并显示已经完成了多少步骤以及累积了多少奖励。如果智能体在棍子倒下和片段结束之前移动了 12 ~ 15 步,则意味着 episode 结束了。gym 中的大多数环境都有"奖励边界",这是智能体在 100 个连续 episode"解决"环境时应获得的平均奖励。对于 CartPole,此边界为 195,这意味着平均而言,智能体必须在 195 步或更长时间内保持棍子平衡。根据这种观点,这个随机智能体的表现看起来很差。但是,不要失望太早,因为才刚刚开始,很快将解决 CartPole 和许多其他更有趣和更具挑战性的环境。这里需要更深入地研究强化学习环境的奖励结构,在 CartPole 中,环境的每一步都给 1.0 的奖励,直到棍子倒下。所以,智能体平衡棍子的时间越长,获得的奖励就越多。由于智能体行为的随机性,不同的 episode 有不同的长度,这使 episode 的奖励成正态分布。在选择奖励边界后,需要拒绝不太成功的 episode,并学习如何重复更好的 episode(通过在成功的 episode 数据上进行训练)。

对于训练,episode 必须是有限的,最好是简短的。episode 的总奖励应具有足够的可变性,足以将好 episode 与坏 episode 分开。奖励体系对于智能体是成功还是失败是很重要的。奖励中使用的折扣因子也是为了使 episode 的总奖励依赖于 episode 的长度并在 episode 中添加变化性,这里使用折扣因子可以是 0.9 或 0.95。在 CartPole 训练中,首先对环境中的 episode 进行采样,用最好的 episode 进行训练,然后将它们扔掉。降低学习率将使网络有时间平均更多的训练样本。一般来说,强化学习需要一定的训练时间,由于成功回合 episode 的稀疏性以及动作结果的随机性,网络很难在任何特定情况生成最佳行为,所以要达到 50% 的成功 episode,需要很多次训练迭代。

Q 学习方法解决了迭代需遍历整个状态集的问题,但仍然需要面对可观察到的状态集的总数非常大这种情况。例如,gym 环境可以有各种不同的屏幕,如果决定使用原始像素作为单独的状态,就会面临太多的状态要跟踪且要为其计算近似值的问题。在某些环境中,不同的可观察到的状态的总数几乎是无限的。例如,在 CartPole 中,环境给出的状态是四个浮点数。值组合的数量是有限的(它们表示为位),但是这个数字非常大。可以创建一些区间块来对这些值进行离散化处理,但通常产生的新问题比解决了的问题还多。这就需要确定参数的哪些范围重要到可以区别不同的状态,哪些范围可以被聚类在一起。

Q 学习方法遇到的麻烦是近似值不完美(如在训练开始时)。在这种情况下,智能体在某些状态下会被坏的动作困住而不会尝试不同的动作,这就是探索与开发的困境。一方面,智能体需要探索环境,探索动作的效果;另一方面,应该有效地利用与环境的交互,不应该浪费时间随机地尝试那些已经尝试过并且已经知道结果的动作。随机行为在训练开始时会更好,因为这时 Q 近似值很差,而随机行为提供了更均匀的有关环境状态的分布信息。随着训练的进展,随机行为变得低效,这时希望采取 Q 近似值来决定如何行动。执行这两种行为的混合的方法被称为 ε-贪婪法,用概率参数使其在随机和 Q 策略之间切换。通过改变参数 ε 可以选择随机动作的比率。通常的做法是从 $\varepsilon = 1.0$(100% 随机动作)开始,然后慢慢将其降低到某个较小值,如随机动作的概率为 5% 或 2%。使用 ε-贪婪法有助于在开始时探索环境并在训练结束时保持住良好的策略。

2. 深度 Q 网络的算法 DQN 的分析

熟悉了 Bellman 方程及其称为值迭代的应用实践后,会发现这种方法能够在 Frozen Lake 环境中显著提高速度和收敛性。这是非常令人期待的结果,但可以走得更远吗? 为了应对这个新的更具挑战性的目标,可以讨论值迭代方法的问题并介绍其变体 Q 学习。特别的是,将 Q 学习应用在所谓的"网格世界"的简单环境中是很成功的,即所谓的表格式 Q 学习。然而对于复杂的环境,结合神经网络的 Q 学习更加有效,该组合的名称为 DQN。DQN 算法来源于 Deep Mind 在 2013 年发表的论文"Playing Atari with Deep Reinforcement Learning",这开创了强化学习发展的新时代。

DeepMind 是在 2015 年发布的深度 Q 网络(DQN)模型,讲述了在强化学习中使用非线性逼近器是可能的,从而对强化学习领域产生了重大的影响。对这一概念的证明激发了对深度 RL,尤其是深度 Q 学习领域的极大研究兴趣。从那时起,已经提出许多改进方案,并对其基本架构进行了调整,这些显著提高了 DeepMind 发明的基本 DQN 的收敛性、稳定性和样本效率。

2017 年 10 月,DeepMind 发表了一篇名为"Rainbow:Combing Improvements in Deep Reinforcement Learning"的论文,文中介绍了 DQN 的七个最重要的改进,其中一些改进是在 2015 年提出的,但是另一些改进则是在后来才提出的。通过将所有这七种方法结合在一起,介绍 Atari Games 套件的最新成果,可以形成 DQN 的一些扩展。

(1)gym CartPole 环境渲染

gym 是一个成熟的强化学习环境渲染工具包,可以实现很多种强化学习环境,包括方便实现环境和智能体之间的接口。该部分程序实现的关键代码如图 9-12 所示。从该段程序可以看出,状态空间中有四个状态,动作空间中有两个动作。整个 DQN 强化学习算法的超参数中,BATCH_SIZE 设置为 32,学习率 LR 设置为 0.01,EPSILON 设置为 0.9,折扣系数 GAMMA 设置为 0.9。

```
import torch
import torch.nn as nn
from torch.autograd import Variable
import torch.nn.functional as F
import numpy as np
import gym

# 1. Define some Hyper Parameters
BATCH_SIZE = 32    # batch size of sampling process from buffer
LR = 0.01         # learning rate
EPSILON = 0.9      # epsilon used for epsilon greedy approach
GAMMA = 0.9        # discount factor
TARGET_NETWORK_REPLACE_FREQ = 100    # How frequently target netowrk updates
MEMORY_CAPACITY = 2000              # The capacity of experience replay buffer

env = gym.make("CartPole-v0") # Use cartpole game as environment
env = env.unwrapped
N_ACTIONS = env.action_space.n # 2 actions
N_STATES = env.observation_space.shape[0] # 4 states
ENV_A_SHAPE = 0 if isinstance(env.action_space.sample(), int) else env.action_space.sample().shape    # to confirm the shape
```

图 9-12　CartPole 环境渲染

（2）强化学习神经网络设计

在 Python 语言编程设计中，使用类的方法实现强化学习神经网络设计。该部分程序实现的关键代码如图 9-13 所示。在类的初始化中完成了网络结构的初始化，forward 函数实现了前向连接和传输。

```
# 2. Define the network used in both target net and the net for training
class Net(nn.Module):
    def __init__(self):
        # Define the network structure, a very simple fully connected network
        super(Net, self).__init__()
        # Define the structure of fully connected network
        self.fc1 = nn.Linear(N_STATES, 10) # layer 1
        self.fc1.weight.data.normal_(0, 0.1) # in-place initilization of weights of fc1
        self.out = nn.Linear(10, N_ACTIONS) # layer 2
        self.out.weight.data.normal_(0, 0.1) # in-place initilization of weights of fc2


    def forward(self, x):
        # Define how the input data pass inside the network
        x = self.fc1(x)
        x = F.relu(x)
        actions_value = self.out(x)
        return actions_value
```

图 9-13　强化学习的神经网络

这个简单的神经网络与 gym CartPole 的数据接口进行对接，用 N_STATES 作为神经网络的输入，经过 fc1 和 fc2 的两个全连接层处理后，输出到 N_ACTIONS。权重的初始化使用了标准化的技术。在类 Net 的 forward 函数中实现了神经网络的正向传播，激活函数使用 relu( ) 函数。

（3）强化学习的 DQN 算法实现

在强化学习的 DQN 算法的类实现的初始化（见图 9-14）中，定义了两种神经网络：训练网络和目标网络。DQN 其实就是在 Q 学习的基础上加入深度神经网络进行预测。DQN 算法包括以下步骤：

```
# 3. Define the DQN network and its corresponding methods
class DQN(object):
    def __init__(self):
        # -----------Define 2 networks (target and training)------#
        self.eval_net, self.target_net = Net(), Net()
        # Define counter, memory size and loss function
        self.learn_step_counter = 0 # count the steps of learning process
        self.memory_counter = 0 # counter used for experience replay buffer

        # ----Define the memory (or the buffer), allocate some space to it. The number
        # of columns depends on 4 elements, s, a, r, s_, the total is N_STATES*2 + 2---#
        self.memory = np.zeros((MEMORY_CAPACITY, N_STATES * 2 + 2))

        #------- Define the optimizer------#
        self.optimizer = torch.optim.Adam(self.eval_net.parameters(), lr=LR)

        # ------Define the loss function-----#
        self.loss_func = nn.MSELoss()
```

图 9-14　DQN 算法类的初始化

①使用随机权重初始化 $Q(s,a)$ 和 $Q'(s,a)$ 的参数,设定参数并清空重放缓冲区。

②使用一定的概率,选择一个随机动作 a,否则 $a = \mathrm{argmax}Q$。

③在模拟器中执行操作 a 并观察奖励 r 和下一个状态 s'。

④在重放缓冲区中存储转换 (s,a,r,s')。

⑤从重放缓冲区中取一个随机的转换 minibatch。

⑥对于缓冲区中的每个转换,如果 episode 在此步骤结束,计算目标 $y = r$,否则,另外计算目标 y。

⑦计算损失 lost。

⑧用 SGD 算法使模型参数的损失最小化,并更新 $Q(s,a)$。

⑨每 N 步将权重从 Q 复制到 Q'。

⑩从步骤②开始重复直到收敛。

在强化学习的 DQN 算法的类实现的 choose_action 函数中,使用了 ε 贪婪策略来选取动作,同时通过 ε 的值来控制利用和探索的比例。利用就是使用原有的算法,探索使用的随机探索。智能体实体提供了一种统一的方法来桥接来自环境的观察以及这里想要执行的动作。到目前为止,这里只看到一个简单的 DQN 智能体,它使用神经网络从当前观察中获取动作的值,并对这些值进行贪婪操作。这里使用 ε 贪婪操作来探索环境,但有时不能提供太多改善。在强化学习领域,这可能更复杂。例如,智能体可以预测动作的概率分布,而不是预测动作的值。这些智能体称为策略智能体。另一个注意点可以是智能体中的某种内存。例如,通常一次观察(甚至最后 k 次观察)不足以做出关于动作的决定,这就希望在智能体中保留一些记忆以捕获必要的信息。上述复杂问题的情况包含部分可观察马尔可夫决策过程。

在 PyTorch 框架中,PyTorch(Argmax Action Selector)可以对所提供的值进行 argmax 操作,这可以对 Q 值进行贪婪操作,还有动作选择器支持 ε 贪婪行为,通过将 ε 作为参数,并以此概率采用随机动作而不是贪婪选择。将所有这些动作组合在一起,CartPole 创建智能体,通过 ε 贪婪动作选择。在运行期间,可以更改动作选择器中的 ε 属性,以更改训练期间的随机动作概率(见图 9-15)。

```
def choose_action(self, x):
    # This function is used to make decision based upon epsilon greedy

    x = torch.unsqueeze(torch.FloatTensor(x), 0) # add 1 dimension to input state x
    # input only one sample
    if np.random.uniform() < EPSILON:  # greedy
        # use epsilon-greedy approach to take action
        actions_value = self.eval_net.forward(x)
        #print(torch.max(actions_value, 1))
        # torch.max() returns a tensor composed of max value along the axis=dim and corresponding index
        # what we need is the index in this function, representing the action of cart.
        action = torch.max(actions_value, 1)[1].data.numpy()
        action = action[0] if ENV_A_SHAPE == 0 else action.reshape(ENV_A_SHAPE) # return the argmax index
    else:  # random
        action = np.random.randint(0, N_ACTIONS)
        action = action if ENV_A_SHAPE == 0 else action.reshape(ENV_A_SHAPE)
    return action
```

图 9-15　DQN 算法类的动作选择

在 DQN 算法中,有一个重要的抽象概念是所谓的经验源。经验源包括的经验部分有四个方面:在某个时间步骤观察到的环境状态 s、智能体采取的动作 a、智能体获得的奖励 r、下一个状态的观察 s'。这里使用组合值 (s,a,r,s') 并使用 Bellman 方程更新自己的 Q 值近似。但是,对于一般情况,可能会对更长的经验链感兴趣,包括智能体与环境交互的更多时间步骤。不过 Bellman 方程也可以展开到更长的经验链。

在 DQN 算法中,智能体获得经验后,很少直接从中进行学习。这时通常将它存储在一些大缓冲区中,并从中执行随机采样以获得要训练的 minibatch。这里需要实现的是经验源和缓冲区的大小,通过调用 populate(n) 方法可以实现缓冲区从经验源中提取 n 个示例并将它们存储在缓冲区中,通过调用 sample(batch_size) 方法从当前缓冲区内容中返回给定大小的随机样本。智能体需要接受批量观察(以 NumPy 数组的形式)并返回智能体所需的批量操作。批量处理可以用于提升处理效率,因为在 GPU 中一次处理多个观察值通常比单独处理它们要快得多。

在 DQN 算法类的 store_transition( ) 函数中,主要实现了经验回放缓冲区;在 learn( ) 函数中,定义了采样经验回放缓冲区、如何更新目标网络的参数、Q 值的计算以及如何实现反向传播。主程序实现了 PyTorch DQN 算法的训练过程,渲染环境使用 gym,根据环境状态设计奖励体系,通过采样经验回放缓冲区,DQN 算法实现学习迭代过程并更新网络参数。

(4)DQN 算法的实现

DQN 算法的落地采用 PyTorch 框架和 Python 语言编程。DQN 的全称是 Deep Q Network,其中的 Q 就是指 Q 学习。这是一种把 Q 学习和深度神经网络结合起来的模型构架。DQN 算法就是让当前的环境状态变量 s 通过当前的网络产生动作价值。然后,将其中评分最高的动作作为输出到环境中的动作。这个动作相比一开始的动作也许有些不好,跟随机没什么两样。不过,这个动作将逐渐进化,因为网络 Q 会逐步拟合 $s->Q(s,a)$ 这个映射过程。这个拟合过程和用神经网络拟合从一个输入到多维连续向量输出的过程没有太大的区别。

2015 版 DQN 的其他内容与 2013 版 DQN 相比只多了一个 Target 网络。Target 网络在这里只提供了一个估值,供主网络作为标签值去学习。在这个过程中,每隔一定的步数,就把目标网络的参数赋值为主网络的参数。事实上,这就把 2013 版的 DQN 从一个网络变成了两个网络组成的模型,出现了主网络(Main Network)和目标网络(Target Network)的概念。

处理动作的网络是主网络完成的,首先,使用概率 ε 去做一个随机的动作 a,然后,使用概率 $1-\varepsilon$ 进行网络的计算。真正输出动作的网络是由主网络完成的,收集产生临时信息并进行状态 s 的估值计算不是由主网络给出的,而是由目标网络给出的。损失函数的优化过程是与 2013 版 DQN 一样的,优化的是主网络。

对于基本 DQN 的认识充分后,就可以优化 DQN,以更短但更灵活的方式重新实现相同的 DQN 智能体。DQN Agent 类需要在创建时传递第二个对象:动作选择器。动作选择器的目的是将网络的输出(通常是数字向量)转换为某个动作。在离散动作空间的情况下,该动作将是即将采取的一个或多个动作索引。在 DQN 训练时,为了提高 DQN 稳定性和收敛性可以将 Bellman 方程向前展开到 k 步,这可以显著提高训练收敛的速度。为了以通用方式支持这种情况,在 PyTorch 中有相应的类,它接受环境和智能体并提供经验元组流。

DQN 训练循环之前所需的最后一步是设计优化器和计数器。在训练循环开始时,创建奖励跟踪器,它将报告完成的每一个 episode 的平均奖励,递增计数器并要求经验重放缓冲区从经验源中提取一个转换。在 PyTorch 中可以启动以下动作链:经验回放缓冲区要求经验源进行下一次转换,经验源将当前观察结果提供给智能体以获得动作,智能体将神经网络应用在计算 Q 值,然后请求动作选择器选择要采取的动作,动作选择器将生成随机数以检查如何操作:贪婪或随机。在这两种情况下,它将决定采取哪种动作。该动作将返回到经验源,该经验源将其提供给环境以获得奖励和下一次观察。所有这些数据(当前观察、动作、奖励和下一次观察)将返回缓冲区。缓冲区将存储转换,推出旧观察以保持其长度不变。

```
( base )  D:\cxl_python_2022\Reinforcement_Learning > conda activate pytorch
( pytorch )  D:\cxl_python_2022\Reinforcement_Learning > python PyTorch_DQN_CartPole. py
```

上面的训练循环向经验源询问已完成的训练奖励列表,并将其传递给奖励跟踪器用来报告和检查培训是否完成。如果奖励跟踪器返回 True,则表明平均奖励已达到分数界限,可以停止自己的训练。如果执行标准的随机梯度下降(SGD)更新,从经验重放缓冲中对 minibatch 进行采样,并使用相应的函数计算损失。训练循环的最后一部分可以在主模型(正在训练)和用于计算 Bellman 更新中的动作值的目标网络之间执行周期性同步。然后开始训练模型并检查它的收敛性,如图 9-16 所示。

```
(pytorch) D:\cxl_python_2022\Reinforcement_Learning>PyTorch_DQN_CartPole.py
Collecting experience...
Ep: 390 | Ep_r: 116.91
Ep: 391 | Ep_r: 45.58
Ep: 392 | Ep_r: 82.74
Ep: 393 | Ep_r: 294.02
Ep: 394 | Ep_r: 1379.78
Ep: 395 | Ep_r: 210.2
Ep: 396 | Ep_r: 77.03
Ep: 397 | Ep_r: 400.82
Ep: 398 | Ep_r: 190.3
Ep: 399 | Ep_r: 617.55
```

图 9-16　PyTorch gym CartPole DQN 算法的运行

PyTorch 框架下使用 gym CartPole 的环境以及 DQN 算法的运行效果图如图 9-17 所示,程序还可以改进和处理。可以在输出中的每一行都写下一个 episode 的结尾,显示当前计数器、已完成 episode 的数量、过去 100 个回合的平均奖励、epsilon 和计算速度。在训练前期,需要等待重放缓冲区被填充。训练结束后,可以检查 TensorBoard 中训练过程的变化,其中显示了 ep-silon、原始奖励值、平均奖励和训练速度的图。

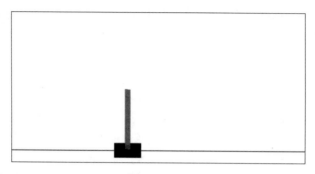

图 9-17　PyTorch gym CartPole 运行效果

9.3.3　强化学习和传统 PID 控制的结合

一般来说,算法关注的是计算逻辑,是人类用自己的思维方式书写的完整的计算过程。而强化学习的有些概念则不同,它们只是映射的逻辑或者结构,是人类摆出来"架子","架子"上放满了待定系数。要想实现它们,需要进行大量的样本训练,并在训练中确定那些待定系数(也就是权重),从而确定计算逻辑。深度强化学习将二者做了结合,吸收了二者的优点。也就是说,在做深度强化学习实验的时候,会受到两个领域的影响,这是深度强化学习需要关注的问题。

值迭代方法每一步都对所有状态进行一个循环,对于每个状态,它使用 Bellman 近似值对值进行更新。Q 值(动作值)的更新几乎相同,但这里需要近似并存储每个状态和动作的值。那么,这个过程有什么问题? 第一个明显的问题是环境状态的计数以及迭代它们的能力。在值迭代中,假设事先知道环境中的所有状态,可以迭代它们并且可以存储与状态相关的值的近似值。对于像 Frozen Lake 这样的简单"网格世界"环境来说,这绝对是正确的,但其他任务呢? 首先,试着理解值迭代方法的可扩展性,换句话说,可以在每个循环中轻松迭代多少个状态,即使是中等规模的计算机也可以在内存中保留数十亿个浮点值(32 GB RAM 中为 85 亿),因此值表所需的内存看起来并不是一个很大的限制因素。但是对数十亿个状态和行动的迭代将需要更多的内存,这是一个不可逾越的问题。

Q 学习过程的核心是借鉴了有监督学习。实际上,这里试图用神经网络逼近一个复杂的非线性函数 $Q(s,a)$。为此,使用 Bellman 方程计算此函数的目标,然后假设有一个监督学习问题。不过,SGD 优化的基本要求之一是训练数据是独立同分布的。有些情况下,用于 SGD 更新的数据不符合这些标准:

①样本不是独立的。即使积累了一个大的数据样本 batch. 它们彼此也会非常接近,因为它们属于同一 episode。

②这里训练数据的分布与想要学习的最佳策略提供的样本不同。已经拥有的数据是其他策略(目前的策略,随机,或前两者经贪婪概率因子挑选的策略)的结果,但这里不想学习如何随机执行,而是想要一个最好的奖励的优化策略。

为了解决这种麻烦,通常需要大量的缓冲并使用过去的经验以及从中抽取的训练数据,而不是使用最近的经验。此方法称为重放缓冲区。最简单的实现是设一个固定大小的缓冲区，新的数据被添加到缓冲区的末尾，并将最老的经验推掉。重放缓冲区允许在或多或少的独立数据上训练，但数据仍然足够新鲜，可以训练最近的策略生成的样本。

Bellman 方程通过 $Q(s,a')$（具有自举的名称）提供 $Q(s,a)$ 的值。然而，两个状态 s 和 s' 之间只差一步。这使它们非常相似，神经网络很难区分它们。当执行网络参数的更新时，为了使 $Q(s,a)$ 更接近期望的结果，这样间接地可以改变 $Q(s',a')$ 和邻近其他状态产生的值，这使得训练非常不稳定，犹如自己追赶自己的尾巴。当更新状态 s 的 Q 时，会发现随后的状态的 $Q(s,a')$ 变得更糟，尝试更新它会破坏 $Q(s,a)$ 近似值，等等。为了使训练更加稳定，有一种称为目标网络的技巧，即保留网络的副本并将其用于 Bellman 方程中 $Q(s,a')$ 的值。该网络仅定期与主网络同步，例如，在 N 个步骤中只同步一次（其中 N 通常是相当大的超参数，如 1 000 或 10 000 次训练迭代）。也就是说，强化学习在处理算法上造成的步骤之间的相关性有一定的困难。

强化学习算法使用 MDP 形式作为基础，假设环境服从马尔可夫性，环境中的观察是优化行动的所有依据（换句话说，观察结果允许将状态彼此区分开来）。目前，也可以使用一种小技术将环境推回到 MDP 领域，解决方案是保留过去的几个观察结果并把它们当作一个状态。在 Atari 游戏中，通常将后续 k 个帧堆叠在一起，将它们用作每个状态的观察。这可以让智能体推断当前状态的动态，例如，获得球的速度及其方向。Atari 通常的"经典" k 数为 4。当然，它只是一个设定值，因为在环境中可能存在更长的依赖性，但对于大多数游戏而言，它运行良好。强化学习对环境有马尔可夫性的要求，而实际的环境还是有一定差距的。

一般来说，在可以确定控制变量如位置、速度、加速度等时，可以采用自动化控制系统，由于确定性控制量是实时在线的，因此总的数据量并不大；如果环境的不确定性因素多，无法采用确定性变量的自控系统，可以考虑采用强化学习的算法，虽然需要的数据量大一些。

在确定性变量的自控系统中，也可以结合强化学习的算法，如干扰等不确定因素使用强化学习来补偿。在机器人控制的领域中，传统的自控系统结合深度学习和强化学习是常见的处理方法。在强化学习的算法中，也可以加入确定性变量的控制系统的封装。下面的例子体现了传统的自控系统，该算法可以融合到前面介绍的强化学习算法中。

程序 PID_Control_gym_CartPole. py 使用自编的 PID 控制器的函数，简单地实现了 PID 控制算法，主要是为了和强化学习算法做对比和补充。observation[0] 和 observation[2] 为观察值，可以类比自控系统中的传感器。这个算法其实是带死区的 PID 控制，为修正的 PID 控制，死区的位置由小车位置 x 值确定。PID 的控制算法参数为 $K_P=1,K_I=0.2,K_D=0.1$。

（1）PID 控制算法的实现

PID 控制算法的实现如图 9-18 和图 9-19 所示。其中，set_point 为设定值，反馈值 feedback 为 gym 返回的车杆的角度 theta。PID 的控制算法参数为 Kp,Ki,Kd,PID 确保车杆不会掉落。然而，小车可能会向左或向右漂移过多。当超过某一极限时，通过执行以下操作覆盖 PID 控制：如果小车太偏右，且杆倾斜在右侧，将推车向右推，使杆向后倾斜到左边。这将限制 PID 移动小车的向左移动以防止车杆掉落。如果小车在可接受的 x 边界内，应用 PID 控制。如果控制为正，则需要增加角度，即必须通过将小车推向左侧来将杆推向右侧，此时动作 =0，反之亦然。

（2）主程序 run_cart( ) 函数的实现

主程序 run_cart( ) 函数首先通过与 gym CartPole 环境交互获取角度和小车位置 x 值，使用角度作为控制变量进行 PID 控制;然后,通过调用 control_to_action()函数将 PID 控制控制转换为在小车上执行左/右动作,如图 9-20 所示。

```
#set_point:设定值, feedback: gym返回的车杆的角度theta
def pid_control(Kp,Ki,Kd,set_point,feedback):
    global integral,last_error
    error= set_point - feedback

    proportional = Kp * error
    integral += Ki * error
    derivative = Kd * (error - last_error)
    last_error = error

    control = proportional + integral + derivative

    return control
```

图 9-18　PID 控制算法的实现

```
def control_to_action(control, angle, x):

    #小车太偏右, 角度顺时针超过0为正, action=1表示小车向左移动
    if x > X_LIMIT and angle > 0:
        return 1
    #小车太偏左, 角度逆时针超过0为负, action=0表示小车向右移动
    elif x < -X_LIMIT and angle < 0:
        return 0

    #控制值control为正, 小车action=0表示小车向右移动
    #控制值control为负, 小车action=1表示小车向左移动
    action = 0 if control > 0 else 1
    return action
```

图 9-19　PID 控制转换为对小车的执行动作

(3)小车倒立摆的 PID 控制的运行

(base) D:\cxl_python_2022\Reinforcement_Learning>conda activate pytorch

(pytorch) D:\cxl_python_2022\Reinforcement_Learning>python PID_Control_gym_CartPole.py

　　小车倒立摆 CartPole 在 PID 控制下的运行图如图 9-21 和图 9-22 所示。事实上,PID 控制系统和强化学习的 DQN 算法都可以通过 gym 软件库从 CartPole 获取输入量即观测变量,类似于自动控制系统中的传感器检测环节,带死区的 PID 控制算法和强化学习的 DQN 算法相当于自控系统的控制器,算法的输出产生动作类似于自控系统的执行元件。输出的动作通过

```
def run_cart(Kp,Ki,Kd):
    global episode_angle
    global episode_x
    env = gym.make("CartPole-v1")
    env = env.unwrapped
    observation = env.reset()
    for t in range(total_episodes):
        env.render()
        #获取角度和小车位置x值
        angle = observation[2]
        x = observation[0]
        #使用角度作为控制变量
        #PID控制器, setpoint=0表示零角度, 意思是杆子是垂直的。
        control = pid_control(Kp, Ki, Kd, 0.0,angle)
        #使用角度作为控制变量, 将PID控制器返回的控制转换为在小车上执行左/右动作
        action = control_to_action(control, angle, x)
        #模拟仿真步骤, 返回cartpole的新状态。
        observation, reward, done, info = env.step(action)
        #在屏幕上打印状态
        print((observation, reward, done, info))
        episode_angle.append(angle)
        episode_x.append(x)
        if done:
            observation = env.reset()
    env.close()
```

图 9-20　run_cart()函数的实现

gym 软件库作用于环境小车倒立摆 CartPole,此时可以观察整个系统的控制效果。从控制效果来看,强化学习和自控系统对于小车倒立摆 CartPole 都有着良好的控制。

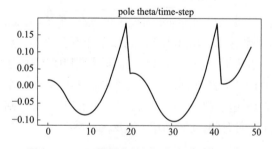

图 9-21　PID 控制中的倒立摆的角度波形图

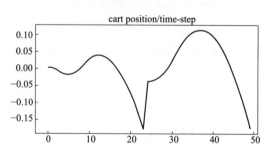

图 9-22　PID 控制中的小车位置的波形图

　　在自动控制的角度来看,也可以使用模糊控制、最优控制、预测控制以及自适应控制等算法辅助强化学习的算法来组建系统控制器。对于强化学习算法而言,在使用动态规划法、蒙特卡罗法及时间差分法分别对一个估值进行更新时,会发现蒙特卡罗法有一个很大的问题:因为它每一次都是从一个 Episode 开始,一直走到这个 Episode 的 Terminal 状态,才进行奖励值回溯,所以这条路上的仅来自某个策略的某一次行动。总结一下,问题就是估算会存在偏颇。如果不打乱顺序,每次回溯时都按照邻近的样本序列来更新,就会使每次估算都比较偏,更新时估值的方差过大。方差越大,收敛的效果越差。也就是说,对每个状态 s 的每个动作 a 的估值,每次估算的差距都非常大。因此,在强化学习算法中,DQN 算法是一个很好的算法。

　　从 DQN 算法的角度来看,DQN 算法也可以扩展。DQN 的扩展包括:如何通过简单展开贝尔曼方程来提高收敛速度和改善稳定性,使用双 DQN 处理 DQN 对动作值的过高估计问题,如何通过向网络权重添加噪声来提高探索效率,如何使用优先级重放缓冲区,使用决策 DQN 的网络架构更贴切地去表征正在解决的问题从而提高收敛速度,使用分类 DQN 去超越单个的预期的动作值并使用完整的分发。

　　改进后的强化学习算法具有更强的生命力,和传统的自控系统的控制算法结合更加符合一些工业场景的需要。对确定性变量实施自动控制算法,对不确定性因素的强化学习去改进算法不失为一个很好的办法。

习　　题

9-1　强化学习有哪几个重要因素?

9-2　马尔科夫决策中的五元组分别是哪些? 它们分别代表什么?

9-3　设计一个适合 MDP 框架的任务,确定其状态、操作和奖励。

9-4　为什么 Q 学习被认为是一种非策略控制方法?

9-5　简述 Q 学习与深度 Q 学习的区别。

9-6　一个由门连接的建筑物中有五个房间,如图 9-23 所示。有一个机器人随机出现在房间每处,请通过 Q 学习方法使机器人最快走到屋外。

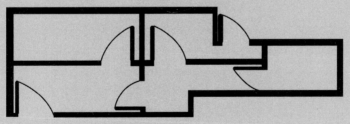

图 9-23　建筑物中五个房间的分布

参 考 文 献

［1］梁景凯,曲延滨. 智能控制技术［M］. 哈尔滨:哈尔滨工业大学出版社,2016.

［2］蔡自兴. 智能控制原理及应用［M］. 北京:清华大学出版社,2019.

［3］韦巍. 智能控制技术［M］. 北京:机械工业出版社,2017.

［4］易继锴,侯媛彬. 智能控制技术［M］. 北京:北京工业大学出版社,2007.

［5］孙曾圻,邓志东,张再兴. 智能控制理论与技术［M］. 北京:清华大学出版社,2011.

［6］李士勇. 模糊控制、神经控制和智能控制论［M］. 哈尔滨:哈尔滨工业大学出版社,1996.

［7］王耀南,孙炜. 智能控制原理及应用［M］. 北京:机械工业出版社,2008.

［8］刘金琨. 智能控制:理论基础、算法设计与应用［M］. 北京:清华大学出版社,2019.

［9］钱征. 基于强化学习的倒立摆控制研究［D］. 北京:北京工业大学,2005.

［10］ZADEH L A. Fuzzy Sets［J］. Information and Control, 1965(8):338-353.

［11］RAJANI K M, NIKHIL R P. Arobust self-tuning scheme for PI and PD-type fuzzy controllers［J］. IEEE Trans. Fuzzy Syst. ,2013, 7(1):2-16.

［12］DAHL G E, YUD, DENG L, et al. Context-dependent pre-trained deep neural networks for large-vocabulary speech recognition［J］. IEEE Transactions on Audio, Speech, and Language Processing, 2012,20(1):30-42.

［13］BONSIGNORIOF, HSUO, ROBERSON M J, et al. Deep learning and machine learning in robotics［J］. IEEE Robotics & Automation Magazine. 2020, 27(2):20-21.

［14］CHIN T L, Lee C S G. Reinforcement structure/parameter learning for neural network-based fuzzy logic control systems［J］. IEEE Transaction on Fuzzy Systems,1994,2(1):46-63.

［15］MNIH V, KAVUKCUOGLU K, SILVER D, et al. Human-level control through deep reinforcement learning［J］. Nature,2015,518(7540):529-533.